PROTOPLASMATOLOGIA

HANDBUCH DER PROTOPLASMAFORSCHUNG

HERAUSGEGEBEN VON

L. V. HEILBRUNN UND F. WEBER
PHILADELPHIA GRAZ

BAND II

CYTOPLASMA

B

CHEMIE

2

SPEZIELLE CYTOCHEMIE UND HISTOCHEMIE

b

ORGANISCHE VERBINDUNGEN

α

DIE ASCORBINSÄURE IN DER PFLANZENZELLE

VITAMIN C IN THE ANIMAL CELL

SPRINGER-VERLAG WIEN GMBH

1957

DIE ASCORBINSÄURE IN DER PFLANZENZELLE

VON

HELMUT METZNER
GÖTTINGEN

MIT 26 TEXTABBILDUNGEN

VITAMIN C IN THE ANIMAL CELL

BY

G. H. BOURNE
LONDON

WITH 49 FIGURES

SPRINGER-VERLAG WIEN GMBH
1957

ISBN 978-3-211-80453-7 ISBN 978-3-7091-5761-9 (eBook)
DOI 10.1007/978-3-7091-5761-9

Protoplasmatologia
II. Cytoplasma
B. Chemie
2. Spezielle Cytochemie und Histochemie
b) Organische Verbindungen
α) Die Ascorbinsäure in der Pflanzenzelle

Die Ascorbinsäure in der Pflanzenzelle

Von

Helmut Metzner, Göttingen

Mit 26 Textabbildungen

Inhaltsübersicht

Im Text finden folgende Abkürzungen Verwendung:

AS = l-Ascorbinsäure,
DAS = Dehydro-l-ascorbinsäure,
VC = Vitamin C (l-Ascorbinsäure + Dehydro-l-ascorbinsäure),
DIP = 2,6-Dichlorphenolindophenol.

A. Chemie des Vitamin C

I. Chemie der l-Ascorbinsäure

Nur über wenige Pflanzenstoffe ist so viel gearbeitet worden wie über die l-Ascorbinsäure. Die Fülle der vorliegenden Veröffentlichungen macht eine monographische Erfassung der Literatur unmöglich. Im Rahmen eines Handbuchs der Protoplasmaforschung erübrigt sich aber auch die Erwähnung der meisten Arbeiten; das Hauptgewicht hat vielmehr auf der Darstellung der Methoden und Ergebnisse der cytochemischen Untersuchungen zu liegen. Andererseits darf aber auch nicht übersehen werden, daß wir unsere heutigen Kenntnisse über das Vitamin C in erster Linie biochemischen, nicht cytochemischen Studien verdanken. Zudem lenken die modernen Untersuchungen über die Biosynthese und die physiologische Bedeutung der AS unsere Aufmerksamkeit mehr und mehr auf mikrochemische Methoden. Daher sollen auch die für den Pflanzenphysiologen in Betracht kommenden biochemischen Bestimmungsverfahren ebenso Berücksichtigung finden wie die inzwischen erarbeiteten Erkenntnisse über die Biosynthese der AS sowie über deren physiologische Bedeutung.

Die Entdeckungsgeschichte der AS beginnt mit dem Studium des Krankheitsbildes, das der menschliche Organismus erkennen läßt, sobald ihm ausreichende Mengen an frischem Obst oder Gemüse vorenthalten werden. Diese Mangelerscheinungen, der Skorbut, stellen eine offenbar bereits im Altertum wohlbekannte — und vielleicht auch weitverbreitete — Erkrankung dar; ihre erste uns bis heute bekannt gewordene Erwähnung findet sich in einem alten ägyptischen Papyrus, dem sogenannten Ebers-Papyrus, aus Theben (etwa 1500 v. Chr.)[1]. Auch Hippokrates (~460—377 v. Chr.) kannte den Skorbut[1]. Es dürfte aber auch schon vielen Völkern bekannt gewesen sein, daß sich diese Erkrankung durch den Genuß frischer Pflanzenteile oder auch pflanzlicher Absude völlig heilen läßt. So berichtet uns Plinius (23—79 n. Chr.), daß die Soldaten des Britannicus auf dessen Feldzug in Germanien von einer Krankheit befallen wurden, die sicherlich als Skorbut anzusprechen war. Die kranken Legionäre genasen aber nach dem Genuß einer kleinen Pflanze, auf deren Heilwirkung die Germanen sie aufmerksam gemacht hatten. Diese Pflanze, der die Römer den Namen „Britannica" gaben, dürfte mit *Rumex aquaticus* identisch sein (vgl. Giroud 1938). Sicherlich hat es schon früh eine ganze Reihe von Volksmitteln gegen den Skorbut gegeben, die aber später vielfach in Vergessenheit gerieten. So sollen in den Kreuzzügen mehr Menschen dem Skorbut zum Opfer gefallen sein als den Sarazenen (vgl. Vilter 1954). Besonders große Verluste erlitten die Seefahrer. Vasco da Gama verlor durch den Skorbut mehr als die Hälfte seiner 160 Mann starken Besatzung, Magellan büßte sogar 90% seiner Crew ein[2]. Nur durch einen glücklichen Zufall konnte Cartier (1536) bei der Erforschung des St.-Lorenz-Stromes seine vom Skorbut schwer heim-

[1] Zitiert nach Vilter (1954).
[2] Zitiert nach Vilter (1954).

gesuchte Mannschaft vor dem sicher erscheinenden Tode retten; er ließ alle Kranken einen Aufguß von Kiefernnadeln trinken, ein Mittel, dessen Kenntnis er den Indianern verdankte (vgl. BIGGAR 1924). Coniferennadeln, die deutliche, wenn auch keineswegs besonders große VC-Mengen enthalten (s. z. B. SCHEUNERT und RESCHKE 1940, BUKATSCH 1943, VILLELA 1944 u. a.), haben auch später noch eine gewisse Rolle gespielt; so wurden sie auch im Schwedisch-Russischen Krieg (1708—1709) als antiskorbutisch wirksames Mittel verwendet (VILLELA 1944).

Daß Skorbut durch Früchte geheilt bzw. verhindert werden kann, beschrieb zuerst VENETTE (1671)[3], der neben Himbeere, Brombeere und Sauerkirsche auch schon die antiskorbutische Wirksamkeit der *Citrus*-Früchte erwähnt. Eine eingehendere Untersuchung über den Skorbut gab dann LIND (1757) heraus. Auch ihm war bekannt, daß der Genuß frischen Gemüses und Obstes den Ausbruch der Erkrankung verhindert. Diese LINDsche Arbeit dürfte aber seinerzeit nur wenig bekannt geworden sein; sicherlich aber fanden immer noch verschiedene Volksmittel Verwendung, deren Kenntnis in einer Reihe von pharmazeutischen Büchern ihren Niederschlag gefunden hat. So gibt JADELOT (1784)[3] eine Zusammenstellung von Heilpflanzen gegen den Skorbut, von denen nur die Wurzeln von *Cochlearia armoracia* und *Petroselinum sativum,* die Blätter von *Veronica beccabunga, Rumex acetosa, Fumaria officinalis* und *Cochlearia officinalis* sowie die — gekeimten? — Samen von *Sinapis arvensis* erwähnt sein mögen. In der Folgezeit erwiesen sich dann Preßsäfte verschiedener *Citrus*-Früchte als besonders wirksam. Zur Verhütung von Skorbuterkrankungen auf langen Seereisen wurde ihr regelmäßiger Genuß in der britischen Flotte (1795) allgemein eingeführt (CHICK, HUME, SKELTON und SMITH 1918, s. auch HOLST und FRÖLICH 1912).

Einen gewaltigen Fortschritt bedeutete die Entdeckung von HOLST und FRÖLICH (1912), daß auch mit einer Mangelkost ernährte Meerschweinchen an Skorbut erkranken können. Mit dem *Citrus*-Preßsaft war nun ein Ausgangsmaterial gegeben, in dem man nach dem wirksamen Prinzip suchen konnte. Durch dessen chemische Fraktionierung konnten HARDEN und ZILVA (1918) nachweisen, daß der antiskorbutische Faktor nicht mit der Citronensäure und ihr verwandten organischen Säuren identisch ist. Wenig später gelang es dann BEZSSONOFF (1922), das gesuchte Vitamin aus Kohlblättern zu isolieren und es kristallin bereits so weitgehend gereinigt herzustellen, daß sich auf ein *o*-Diphenol schließen ließ (BEZSSONOFF 1925). Offenbar unabhängig davon wurde das C-Vitamin kurz darauf aus *Citrus*-Preßsaft (KING und WAUGH 1932, WAUGH und KING 1932) sowie aus Paprikaschoten (SVIRBELY und SZENT-GYÖRGYI 1933) isoliert. Dieser wirksame Faktor, den SZENT-GYÖRGYI (1928) auch aus der Nebennierenrinde gewonnen hatte, erhielt zunächst die Bezeichnung „Hexuronsäure". SZENT-GYÖRGYI (1931) trennte ihn auch aus Kohlblättern ab, hielt ihn aber zunächst für einen Atmungsfaktor, dessen Identität mit dem gesuchten C-Vitamin sich erst später herausstellte. Daß die „Hexuronsäure" tatsächlich mit dem anti-

[3] Zitiert nach GIROUD (1938).

skorbutischen Vitamin identisch war, wurde recht bald erwiesen (vgl. SVIRBELY und SZENT-GYÖRGYI 1932, HARRIS und RAY 1932, 1933 a, b, BIRCH, HARRIS und RAY 1933 a, REICHSTEIN, GRÜSSNER, und OPPENAUER 1933 u. a.). Nachdem sich bei der chemischen Untersuchung herausgestellt hatte, daß das Vitamin C keine Uronsäure darstellt (vgl. z. B. KARRER, SALOMON, MORF und SCHÖPP 1933), gaben SZENT-GYÖRGYI und HAWORTH (1933) der isolierten Substanz die Bezeichnung „A s c o r b i n s ä u r e".

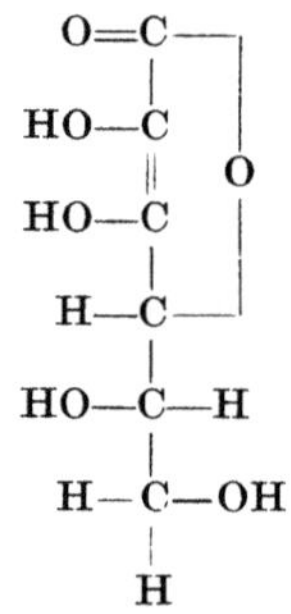

Abb. 1. l-Ascorbinsäure.

Die l-Ascorbinsäure (Formel, s. Abb. 1) bildet farblose Kristalle, die bei etwa 190° C unter Zersetzung schmelzen. Diese sind in Wasser sehr leicht, in organischen Lösungsmitteln dagegen zumeist nur beschränkt löslich: In Alkoholen nimmt ihre Löslichkeit mit steigender Zahl der C-Atome ab; in Äther, Benzol, Benzin und Chloroform ist das VC praktisch unlöslich (vgl. VOGEL 1943). Die Alkalisalze sind ebenso wie die freie Säure leicht wasserlöslich; schwer löslich hingegen ist das Bleisalz (vgl. v. EULER und HASSELQUIST 1950). Die spezifische Drehung der AS, $[\alpha]_D^{20°}$, ändert sich sehr beträchtlich mit der Azidität. Die Drehung der frisch im Wasser aufgelösten Säure beträgt $[\alpha]_D^{20°} = +23°$ (in Methanol +48°). Im Laufe von drei Tagen steigt dieser Wert jedoch bis auf +31°, fällt dann aber langsam bis auf 0° (BRIGL und PLOETZ 1931). Die Drehung des Alkalisalzes (Anion) beträgt +102° (HERBERT, HIRST und WOOD 1933). Werden Vitamin C-Lösungen in Alkali abgebenden Gläsern aufbewahrt, so beobachtet man daher eine stetige Drehungszunahme; in alkalifreiem Wasser zeigt die AS aber keine Mutarotation (KING 1936, VOGEL 1943).

Die AS zeigt ein Absorptionsband bei 2450 Å, das sich bei Alkalizusatz bis auf 2650 Å verschiebt (vgl. v. EULER und HASSELQUIST 1950). Diese pH-Abhängigkeit des Absorptionsverhaltens ist zur quantitativen Vitaminbestimmung ausgenutzt worden (s. u.).

Die Bezeichnung „Ascorbinsäure" ist nicht sehr glücklich gewählt, da es sich beim antiskorbutischen Vitamin, chemisch gesehen, um das Lacton einer Säure handelt. Nichtsdestoweniger aber benimmt sich die AS wie eine einbasische Säure ($p_{K\,1} = 4{,}20$; $p_{K\,2} = 11{,}8$ bei 16° C) und ist in wässeriger Lösung als solche zu titrieren. Sie ist ein sehr starkes Reduktionsmittel, das selbst in saurer Lösung eine Reihe von Metallsalzen zu reduzieren vermag. Von praktischer Bedeutung ist vor allem die Reduktion des

Silbernitrats, auf der ihr cytochemischer Nachweis beruht. Auch die meisten chemischen Bestimmungsmethoden gründen sich auf diese hohe Reduktionsfähigkeit. Spezielle Methoden erlauben dabei die Unterscheidung von anderen starkreduzierenden Pflanzeninhaltsstoffen. z. B. von Ferro-Ionen und Sulfhydrylverbindungen (s. u.). Die exakte Messung des Redoxpotentials der AS ist jedoch wegen der raschen Hydrolyse der DAS (s. u.) außerordentlich schwierig; es werden daher auch sehr verschiedene Werte angegeben. Als besonders zuverlässig mag der Wert $E_0' = +0{,}217$ Volt (LAUERSEN und ORTH 1943) angesehen werden (vgl. auch GREEN 1933, FRUTON 1934, KARRER und SCHWARZENBACH 1934, KUBLI 1936, GHOSH und CHAR 1937). Trotz dieses niedrigen Potentiales ist die AS in wässeriger Lösung in Abwesenheit von Cu^{++}-Ionen und spezifischen Fermenten verhältnismäßig stabil (vgl. KUBLI 1936, RUDOLPH 1937); ihre Oxydation wird aber durch Licht deutlich beschleunigt (GÉRO 1951), wobei dem kurzwelligen Teil des Spektrums besondere Bedeutung zukommt (KON und WATSON 1936).

Die Atomgruppierung —COH=COH—, die sogenannte Endiolgruppe, reiht die AS in die Gruppe der sogenannten Reduktone ein. Unter diesem Sammelbegriff faßte v. EULER Verbindungen zusammen, die durch den Besitz der Endiolgruppe oder sehr ähnlicher Gruppierungen — in denen ein oder zwei Endiol-Hydroxyle durch NH_2- oder SH-Gruppen ersetzt sein können — gekennzeichnet sind (vgl. v. EULER und HASSELQUIST 1950). Reduktone sind im Pflanzen- und Tierreich weit verbreitet; insbesondere sind eine ganze Anzahl aromatischer Endiole bekannt, z. B. unter den Flavonkörpern und deren Derivaten (Anthocyane, Catechine u. a.). Auch das Dioxyphenylalanin (vgl. NAGAI 1955) und das im intermediären Tryptophanstoffwechsel auftretende 3-Oxy-kynurenin (BUTENANDT, WEIDEL und SCHLOSSBERGER 1949) gehören hierher.

Die Endiolgruppierung ist offenbar auch eine notwendige Voraussetzung für die Vitaminwirksamkeit der AS. Die Strukturspezifität des VC ist sehr hoch; im allgemeinen genügen geringe Veränderungen des Moleküls, um die antiskorbutische Wirkung völlig aufzuheben. Wir kennen jedoch einige wenige synthetisch gewonnene Derivate der AS, denen eine gewisse Vitaminwirksamkeit zukommt, so die 6-Desoxy-AS, die l-Rhamno-AS, die d-Arabo-AS, die l-Gluco-AS, die l-Fuco-AS sowie die d-Glucohepto-AS (vgl. REICHSTEIN und DEMOLE 1936). Dagegen ist die — natürlich nicht vorkommende — d-AS antiskorbutisch völlig unwirksam. Das läßt darauf schließen, daß außer der Endiolgruppe auch noch eine hydroxylierte Seitenkette vorhanden sein und das betreffende Derivat überdies zur gleichen Konfigurationsreihe wie die l-AS gehören muß.

II. Biochemische Bestimmung der l-Ascorbinsäure

a) Extraktion

Ein Verfahren zur quantitativen Auswertung cytochemischer Reaktionen auf AS fehlt uns bis heute; daher müssen alle VC-Bestimmungen in Extrakten durchgeführt werden. Die Problemstellung des vorliegenden Handbuchs verbietet es, die Analysenmethoden im einzelnen wiederzugeben, zumal gute zusammenfassende Darstellungen über diese methodischen Fragen vorliegen (vgl. z. B. Van Eekelen 1938, Olliver 1954, Franke 1955). Da aber der Cytologe in vielen Fällen auf Paralleluntersuchungen mit rein biochemischer Methodik angewiesen sein wird, kann auf eine Erwähnung der wichtigsten Extraktions- und Bestimmungsverfahren auch an dieser Stelle nicht verzichtet werden.

Die AS ist sehr leicht wasserlöslich (s. o.); dennoch ist ihre quantitative Extraktion aus pflanzlichen Geweben nicht einfach. Mit Wasser oder Phosphatlösungen läßt sie sich selbst aus weitgehend homogenisiertem Material nicht vollständig herauslösen (Johnson 1933). Zudem bedingt ihre hohe Reduktionsfähigkeit mehr oder minder beträchtliche Verluste, so daß wir nur in wenigen Fällen die erhaltenen Analysendaten als zuverlässig garantieren können. Wesentlich ist vor allem, daß das auf seinen Gehalt an AS zu untersuchende Pflanzenmaterial unmittelbar nach seiner Ernte verarbeitet wird. Eine Konservierung ohne Vitaminverluste ist wohl nur durch Anwendung der Gefriertrocknung möglich (Gustafson 1954); gewöhnliches Einfrieren und Wiederauftauen der Pflanzenteile führt zu AS-Verlusten (Mills 1932). Besonders wichtig ist sodann die sofortige Inaktivierung aller die AS oxydierenden Fermentsysteme (s. u.). Die Oxydation wird jedoch schon durch Cu^{++}-Spuren katalytisch beschleunigt, so daß für die Herstellung von VC-Lösungen nur quarzdestilliertes Wasser verwendet werden darf. Auch hierin aber liegt noch kein ausreichender Schutz vor AS-Verlusten, da im homogenisierten Pflanzenmaterial stets — vor allem durch die Chloroplastensubstanz — Kupfer vorhanden ist (Whatley, Ordin und Arnon 1951). Zur Verlangsamung der Oxydationen mag es sich vor dem Aufschluß besonders interzellularenreichen Gewebes empfehlen, die Interzellularenluft durch infiltrierten Stickstoff zu ersetzen (Paech 1938, 1939).

Die Ausfällung der Oxydasen ist durch Zerkleinern der Pflanzen unter Trichloressigsäure möglich. Dieses Verfahren wurde früher häufig angewendet; die Säure erschwert aber die anschließende titrimetrische Vitaminbestimmung (Fujita und Iwatake 1935), so daß man von ihrem Gebrauch heute nahezu völlig abgekommen ist (vgl. Franke 1955). Eine bedeutende Rolle als Extraktionsmittel für die AS hat dagegen lange Zeit hindurch die auch heute noch sehr häufig (vgl. z. B. Braun und Meyer 1949) benutzte Metaphosphorsäure gespielt. Sie bietet den Vorteil, nicht nur die Proteine zu inaktivieren, sondern darüber hinaus die Cu^{++}-Ionen abzufangen (vgl. Wendland 1952 a). In vielen Fällen mag es auch als Vorteil empfunden werden, daß HPO_3 wohl die Ascorbinsäure, nicht aber die übrigen Reduktone stabilisiert (Wendland 1952 a). Da aber die Metaphosphorsäure Eiweißkörper nur unvollständig denaturiert (King 1936), kommt ihr allein noch kein ausreichender Oxydationsschutz zu (Marx 1954 a); überdies ist sie nur in höheren Konzentrationen ($>7\%$) wirklich wirksam (Okrent und Wachholder 1940). Es wurden daher neben HPO_3 noch eine Reihe anderer Extraktionsmittel erprobt, die sich z. T. auch ausgezeichnet zu bewähren scheinen. Dies gilt insbesondere für die Oxalsäure (Roe 1934, 1936, Gillam 1945, Wokes 1947, Guild, Lockhart und Harris 1948, Babbar und Ahmad

1949 u. a.), die sich in vergleichenden Untersuchungen (PONTING 1943) der Metaphosphorsäure als mindestens ebenbürtig erwies; vorteilhaft ist ihr wesentlich geringerer Preis. Auch ausgesprochene Antioxydantien sind als Extraktionsmittel benutzt worden, so vor allem Cystein und Glutathion, besonders in Verbindung mit der eiweißfällenden Sulfosalicylsäure (OKRENT und WACHHOLDER 1940), sowie Cyanide (MOHLER und LOHR 1938). Darüber hinaus scheinen sich konzentrierte Lösungen einzelner Mineralsalze als Oxydationsschutz zu bewähren; mehrfach sind NaCl- und $(NH_4)_2SO_4$-Lösungen verwendet worden (MARX 1951, 1952, 1954b). Offenbar vermögen sie über ihr Anion das Kupfer unschädlich zu machen (MAPSON 1941).

b) Quantitative Bestimmung

1. Titrimetrische Bestimmungsmethoden

Reine AS läßt sich leicht titrimetrisch bestimmen. So schreibt z. B. auch das Deutsche Arzneibuch (Erg.-Bd. 6) eine jodometrische Titration vor. Daneben sind titrimetrische Verfahren unter Verwendung von KJO_3 (DESMUKH und BAPAT 1955), $KBrO_3$ (SCHULEK, KOVÁCS und RÓZSA 1941) und Chloramin (LEONHARDT und MOESER 1941) beschrieben worden. Allen diesen Methoden gemeinsam ist ihre Störung durch andere reduzierende Pflanzeninhaltsstoffe; sie sind daher nur für weitgehend gereinigte Lösungen, nicht aber für Rohextrakte verwendbar.

Wesentlich besser durchgearbeitet sind die Titrationen mit Redoxindikatoren (s. z. B. SCHWARZE und GÜNTHER 1947, 1949). Dabei ist es zweckmäßig, als Oxydationsmittel — und gleichzeitig als Indikator — einen Farbstoff zu wählen, dessen Potential nur wenig negativer ist als das der AS. Auf diese Weise wird die Zahl der möglichen Störsubstanzen bedeutend eingeengt. Besonders gut würde sich demnach das Methylenblau ($E_0' = +0{,}011$ Volt) eignen müssen. Mehrfach ist auch die Verwendung dieses Farbstoffes vorgeschlagen worden (MARTINI und BONSIGNORE 1934a, b, LUND und LIECK 1936, MENTZER und VIALARD-GOUDOU 1937, BUTLER, CUSHMAN und MACLACHLAN 1943 u. a.), doch ergeben sich leicht Fehlbestimmungen, da die Reduktion des Methylenblau extrem pH- wie auch lichtabhängig ist (NEUWEILER 1936, VAN EEKELEN 1938, SABALITSCHKA und PRIEM 1941). Wenn auch bei Beachtung gewisser Vorsichtsmaßregeln recht zuverlässige Werte erhalten werden können (vgl. EMMERIE und VAN EEKELEN 1937), so ist doch ein anderer Farbstoff vorzuziehen: das bereits von ZILVA (1927) benutzte 2,6-Dichlorphenolindophenol (DIP), dessen Standardisierung wir TILLMANS (1930) verdanken. Die Titration mit DIP ist zweifellos die am häufigsten angewandte VC-Bestimmung. Sie ist in zahlreichen Spezialarbeiten sowie in den Handbüchern der biochemischen Methodik ausführlich beschrieben (vgl. SABALITSCHKA 1943, GÜNTHER, HEEGER und ROSENTHAL 1952 u. a.). Die Extraktion des Vitamins mit Metaphosphorsäure bzw. Oxalsäure bedingt dabei eine Titration im stark sauren Bereich, in dem der Farbumschlag von Rot auf Farblos erfolgt. Die ursprüngliche TILLMANSSCHE Vorschrift hat bis heute zahlreiche Abwandlungen erfahren (s. z. B. BESSEY und KING 1933, HARRIS und RAY 1933a), die sie vor allem für

Mikrobestimmungen geeignet machen (BIRCH, HARRIS und RAY 1933 b, GLICK 1935, GLICK und BISKIND 1935 a, b).

Eine gewisse Schwierigkeit bietet die VC-Bestimmung in Extrakten mit starker Eigenfarbe. In diesem Falle kann man den Redoxindikator mit einem organischen Lösungsmittel aufnehmen, in dem sich der Farbstoff des Extraktes nicht mit auflöst. Neben dem Benzol eignen sich besonders Xylol und Nitrobenzol (SIEBERT 1931, STROHECKER und VAUBEL 1936, BUKATSCH 1939 a). Für anschließende kolorimetrische AS-Bestimmungen kann man den Indikator auch mit Amylazetat ausschütteln (FUJITA und NUMATA 1941).

Die Titration mit Redoxindikatoren erfaßt aber nicht nur die AS, sondern auch eine Reihe anderer reduzierender Pflanzeninhaltsstoffe, in frischem Pflanzenmaterial insbesondere Thiolverbindungen (Cystein, Glutathion) und Gerbstoffe. Von anorganischen Verunreinigungen stören vor allem Ferro-Ionen. Überdies treten beim Erhitzen vieler Pflanzen Reduktone auf, die oft nur schwer von der AS zu trennen sind (WENDLAND 1952 a). Dies ist vor allem bei der Untersuchung von Konserven in Betracht zu ziehen, deren Analyse außerdem durch eine Verunreinigung mit Zinn erschwert werden kann (WINTER 1952 c). Das Vorhandensein derartiger Störsubstanzen äußert sich besonders darin, daß bei der Titration kein klarer Titrationsendpunkt erreicht wird (vgl. WENDLAND 1952 b). Eine solche sogenannte „ziehende Tritration“ läßt sich vor allem dann erkennen, wenn der Entfärbungsverlauf photometrisch verfolgt wird (GUTHE und NYGAARD 1938, KUHN und GERHARD 1943, LAUERSEN und ORTH 1943).

Es ist sehr viel Sorgfalt auf die Ausarbeitung von Methoden verwendet worden, die den Einfluß pflanzeneigener Störstoffe auf das Titrationsergebnis auszuschalten erlauben (vgl. z. B. MAPSON 1943, CHAPMAN, ROCHON und CAMPBELL 1951). Die Extraktion mit Metaphosphorsäure bzw. Oxalsäure und das dadurch bedingte Arbeiten in stark saurer Lösung bringt bereits den Vorteil mit sich, eine Störung durch die meisten zelleigenen Reduktionsmittel auszuschalten. So sollen bei Verwendung von Metaphosphorsäure Thiolverbindungen nicht mit erfaßt werden (MARTIUS und v. EULER 1934, s. aber KING 1936). Ihre Beseitigung ist aber jedenfalls durch Zusatz von *p*-Chloromercuribenzoesäure zum Extrakt zu erreichen (OWEN, IGGO und HORN 1954). Bei der Gesamt-VC-Bestimmung (s. u.) werden sie mit Sicherheit entfernt, da sie durch Mercuriacetat entweder ausgefällt oder doch irreversibel oxydiert werden (EMMERIE 1934, EMMERIE und VAN EEKELEN 1934, vgl. aber KING 1939). Auch Tannine und Phenolkörper sollen in stark saurer Lösung nicht mehr stören (KING 1936); zudem können Gerbstoffe durch Ausschütteln mit Hautpulver aus den Extrakten entfernt werden (BUKATSCH 1942). Für die Ausschaltung des Einflusses der Reduktone sind spezielle Verfahren ausgearbeitet worden (ROE, MILLS, OESTERLING und DAMRON 1948, PATSCHKY 1950). Ferro-Ionen lassen sich durch vorherige Behandlung des Extraktes mit H_2O_2 (WINTER 1952 b, vgl. auch WENDLAND 1947) oder auf dem Wege über die Adsorptionschromatographie beseitigen (PARKINSON 1952). Neben diesen allgemeiner auftretenden Störstoffen kommen gelegentlich noch andere pflanzeneigene Reduktionsmittel vor, z. B. das Hydrojuglon (FRIEDRICH 1953), deren Berücksichtigung dann zumeist besondere Vorsichtsmaßregeln erfordert (vgl. BREINLICH 1944). Die leistungsfähigste Methode zur Unterscheidung der AS von allen anderen pflanzeneigenen Reduktoren stellt das von LUGG (1942) entwickelte Formaldehydverfahren dar. In einem ganz bestimmten pH-Bereich gelingt es, die Reduktionsfähigkeit der AS durch Formaldehydzusatz völlig aufzuheben, ohne die der anderen reduzierenden Pflanzeninhaltsstoffe zu beeinflussen (vgl. auch SNOW und ZILVA 1943, ZELLER 1952). Ermittelt man die Reduktionsfähigkeit eines Pflanzenextraktes vor und nach Zusatz von HCOH, so kann man aus der Differenz auf den AS-Gehalt schließen.

Eine besonders hohe Spezifität läßt sich bei der titrimetrischen — und ebenso bei der kolorimetrischen (s. u.) — Vitaminbestimmung dadurch erreichen, daß man die Reduktion des Extraktes vor und nach der spezifischen Ausschaltung des VC mit Hilfe der AS-Oxydase durchführt (NEUWEILER 1936, STEWART und SHARP 1945). Brauchbare Fermentpräparate lassen sich aus verschiedenen Pflanzen isolieren. Besonders geeignet scheinen Cucurbitaceen zu sein (TAUBER und KLEINER 1935 b, HUSZÁK 1937, FUJITA und SAKAMOTO 1938 u. a.), doch sind auch Verfahren beschrieben worden, das Enzym aus anderen Pflanzen zu gewinnen (SRINIVASAN 1937). Leider ist die Spezifität der betreffenden Fermente noch immer umstritten; es ist nicht ausgeschlossen, daß sie auch die Reduktone angreifen (ZILVA 1936, STOTZ, HARRER und KING 1937).

Im Laufe der letzten Jahre hat sich die Papierchromatographie zu einem wichtigen Hilfsmittel für die Trennung nahe verwandter Naturstoffe entwickelt. Sie gestattet auch die Abtrennung der AS von ihren Begleitsubstanzen (vgl. z. B. ULMANN 1954). Dabei kann man die Säure selbst wie auch ihr 2,4-Dinitrophenylosazon (PATSCHKY 1950) chromatographieren. Als Lösungsmittel finden dabei sehr verschiedene Systeme Verwendung, vor allem die Kombinationen Butanol-Eisessig-Wasser (4 : 1 : 5 oder 10 : 2 : 5), Phenol-Eisessig und wassergesättigtes Collidin (vgl. LINSKENS 1955). Die Lokalisation des Vitamins auf dem Papier läßt sich mit sehr verschiedenen Reagenzien durchführen, zumal die AS durch ihren R_F-Wert hinreichend gekennzeichnet ist und daher auf einen spezifischen Nachweis verzichtet werden kann. Neben DIP, Tetrazoliumsalzen und $AgNO_3$ (vgl. LINSKENS 1955) ist auch das Kakothelin brauchbar (TEGETHOFF 1953). Neuerdings ist es sogar gelungen, die Papierchromatographie der AS zu einer quantitativen VC-Bestimmung auszunutzen (CHEN, ISHERWOOD und MAPSON 1953 u. a.).

2. Kolorimetrische Bestimmungsmethoden

Neben der Titration mit Redoxindikatoren sind eine Reihe von kolorimetrischen Verfahren im Gebrauch, die aber alle nicht die weite Verbreitung etwa der TILLMANSschen Methode finden konnten. Zum Teil beruhen auch sie auf der Reduktionsfähigkeit des VC; sie sind dann denselben Einschränkungen unterworfen, was ihre Spezifität anbetrifft. So läßt sich das Kation des Ferripyridylsulfats zum roten Ferropyridylion umsetzen, dessen Extinktion innerhalb eines weiten Konzentrationsbereichs dem BEERschen Gesetz genügen soll. Nach Angaben von KOENIG, SCHIEFELBUSCH und JOHNSON (1943) soll sich das Verfahren so gestalten lassen, daß andere Reduktionsmittel nicht mit erfaßt werden. Störanfälliger ist sicherlich die — durch SH-Verbindungen beeinflußbare (TAUBER 1935) — Reduktion des Kaliumferricyanids zum -ferrocyanid. Dieses läßt sich dann entweder mit Ferrisulfat zum Berliner Blau umsetzen (TAUBER und KLEINER 1935 a) oder auch auf dem Wege über eine Fällung mit Ammoniummolybdat mikrochemisch nachweisen (GIRI 1938).

Aus der Fülle der in der Literatur vorgeschlagenen Farbreaktionen sollen hier nur die wichtigsten herausgegriffen werden: Die Umsetzung mit *p*-Sulfophenylhydrazin ergibt einen gelben Farbstoff (BARAUD 1951, CREAC'H und BARAUD 1954); die Reaktion ist typisch für Verbindungen mit der Endiolgruppe (s. o.). Ebenso für die Endiolgruppierung bezeichnend soll die Blaufärbung mit diazotiertem 4-Methoxy-2-nitroanilin sein (SCHMALL, PIFER und WOLLISH 1953, SCHMALL, PIFER, WOLLISH, DUSCHINSKY und GAINER 1954). Noch spezifischer ist vielleicht die Rotfärbung, die das 2,4-Dinitrophenylhydrazinderivat der DAS mit Schwefelsäure ergibt (SCHAFFERT und KINGSLEY 1955, SCHWARTZ und WILLIAMS 1955). Diese Reaktion beruht auf der Kupplung des Reagens mit der durch die AS-Oxydation entstehenden Diketogulonsäure (PENNEY und ZILVA 1943); sie läßt sich so gestalten, daß man AS, DAS und Diketogulonsäure nebeneinander bestimmen kann (ROE, MILLS, OESTERLING und DAMRON 1948, HARTZLER 1948, vgl. auch GLICK, ALPERT und STECKLEIN 1953); auch hier soll das BEERsche Gesetz gelten.

Neben diesen wichtigeren Reaktionen seien lediglich erwähnt die Farbreaktionen mit diazotiertem Sulfanilamid (SCUDI und RATISH 1938), mit Silicomolybdänsäure (ISAACS 1942), Monomolybdänphosphorwolframsäure (BEZSSONOFF und STOERR 1936), Phosphorwolframsäure (FUJITA und EBIHARA 1937 a, b), Phosphormolybdänsäure (MANNELLI 1950) sowie die offenbar spezifischere Reaktion der AS mit Uranylnitrat zu Uranylascorbat (BARAKAT, BADRAN und SHEHAB 1952). Nur anhangsweise sei erwähnt, daß sich auch die Entfärbung von Redoxindikatoren zu einer kolorimetrischen Vitaminbestimmung ausbauen läßt, indem man die Restextinktion einer im Überschuß zugesetzten Farblösung mißt. Diese Bestimmung ist sowohl mit DIP (HOCHBERG, MELNICK und OSER 1943) als auch mit Thionin (WANKA und HEROUT 1949) durchführbar.

Ein auf anderem Prinzip beruhendes Verfahren zur quantitativen Bestimmung der AS besteht in der Umsetzung des Vitamins mit kochender Salzsäure; es entsteht Furfurol, das dann nach einer der üblichen Methoden, z. B. mit Anilinacetat oder Phloroglucin, nachgewiesen werden kann. Diese Bestimmung (vgl. ROE 1934, 1936) wird aber durch viele Substanzen, insbesondere durch Kohlehydrate, empfindlich gestört. Zucker lassen sich zwar durch Vergärung aus dem Extrakt entfernen (vgl. ROE 1936), doch wird das Verfahren auf diese Weise sehr zeitraubend.

Einzelne dieser Farbreaktionen eignen sich auch für den empfindlichen Vitaminnachweis im Tüpfeltest und damit im Papierchromatogramm (s. o.). Sowohl die Entfärbung des DIP (WEBER 1939, PIETSCH 1942) als auch die Berlinerblaureaktion (TAUBER 1934) sind als Tüpfelteste ausgewertet worden, daneben auch noch die Entfärbung des Kakothelin (WEBER 1950) sowie die Reduktion des Silbernitrats zum metallischen Silber (WEBER 1938 b).

3. Physikochemische Bestimmungsmethoden

Die AS zeigt ein Absorptionsband bei 2450 Å, das sich durch Alkalizusatz auf 2650 Å verschieben läßt (s. o.). Damit liegt die UV-Absorption des VC in einem Bereich, in dem auch zahlreiche andere Pflanzeninhaltsstoffe (z. B. Nucleinsäuren) absorbieren (vgl. SCHAUENSTEIN 1948). Eine unmittelbare spektrophotometrische Gehaltsbestimmung der AS ist dadurch normalerweise unmöglich. Trotzdem läßt sich aber das Absorptionsverhalten der AS zu deren quantitativer Erfassung auswerten, da die erwähnte Verschiebung der Absorptionsbande bei Aziditätsänderungen eine Unterscheidung von anderen Naturstoffen gestattet (VACHER und FAUCQUEMBERGUE 1949, DAGLISH 1951 a u. a.). Erforderlich ist allein die Messung bei zwei verschiedenen Wasserstoffionenkonzentrationen. Leider scheint diese elegante Methode aber noch nicht völlig durchgearbeitet zu sein (vgl. auch CHAYEN 1953). Besser anwendbar ist jedenfalls zur Zeit die Löschung der UV-Absorption durch Oxydation der AS zur DAS, die im UV-Bereich keine Absorptionsbande zeigt (vgl. z. B. FUJIMURA und MATSUDA 1954). Am einfachsten läßt sich dies durch Zusatz von Kupfersalzen erzielen (vgl. JOHNSON 1936, KELLIE und ZILVA 1936). Diese Bestimmungsmethode, die die quantitative Erfassung der AS neben anderen Reduktionsmitteln gestattet, eignet sich besonders für Mikrobestimmungen (vgl. CHAYEN 1953) und dürfte in der Folgezeit noch eine größere Bedeutung gewinnen.

Neben dem UV-Absorptionsspektrum kann auch das Infrarotspektrum zur Erkennung und in gewissem Umfange wohl zur quantitativen Bestimmung der AS herangezogen werden (vgl. JOHNSON 1936, WILLIAMS und ROGERS 1937). Voraussetzung ist hier allerdings die vorherige Abtrennung der Nucleinsäuren (FRASER und CHAYEN 1952).

Die AS ist auch potentiometrisch (HARRIS, MAPSON und WANG 1942) sowie polarographisch (KODÍČEK und WENIG 1938, GILLAM 1945) zu bestimmen. Insbesondere die Polarographie hat in der Hand verschiedener Autoren brauchbare Ergebnisse geliefert (vgl. z. B. COZZI 1939). Allerdings treten bei manchen Gewebsextrakten gewisse Schwierigkeiten auf (KODÍČEK und WENIG 1938), so daß es vorläufig noch fraglich bleiben muß, inwieweit diese Methode allgemein anwendbar ist. Vorläufig jedenfalls spielt die physikochemische VC-Bestimmung gegenüber den Standardmethoden, insbesondere gegenüber der titrimetrischen AS-Bestimmung, noch keine nennenswerte Rolle.

4. Biologische Bestimmungsmethoden

Auf die biologischen Methoden zur quantitativen Bestimmung des VC kann hier nicht im einzelnen eingegangen werden (vgl. z. B. CHAYEN 1953, OLLIVER 1954). Sie alle nutzen die Tatsache aus, daß auch das Meerschweinchen VC-heterotroph ist und demgemäß bei entsprechender Mangelkost an Skorbut erkrankt (HOLST und FRÖLICH 1912). Ebenso wie der Mensch ist auch das Meerschweinchen durch *Citrus*-Preßsäfte vor den Skorbutsymptomen zu schützen (DAVEY 1921). Die biologischen Teste beruhen nun auf der Hemmung bzw. Beseitigung der Krankheitssymptome durch Behandlung der Versuchstiere mit dem zu prüfenden Extrakt. Dabei hat man zwischen den sogenannten kurativen Testen (MILLS 1932, HARRIS und RAY 1932), den Wachstumstesten (s. z. B. COWARD und KASSNER 1936) und dem sogenannten „Zahntest“ zu unterscheiden, bei dem die Hemmung der Dentinbildung bei AS-Mangel ausgewertet wird (HARRIS und RAY 1932). Nach Untersuchungen von HARRIS und OLLIVER (1942) stimmt das Ergebnis der biologischen Methoden gut mit dem der DIP-Titration überein. Jedenfalls können die biologischen Methoden keine höhere Genauigkeit als die biochemischen Bestimmungsmethoden beanspruchen, besonders dann nicht, wenn das VC den Versuchstieren peroral verabreicht wird. SEYBOLD und MEHNER (1948) konnten zeigen, daß die Meerschweinchen einen Teil der dargebotenen AS im Kot wieder ausscheiden. Es bleibt aber zu prüfen, in welchem Umfang diese Ausscheidung bestehen bleibt, wenn das VC subcutan oder intraperitoneal geboten wird, zumal bekannt ist, daß die Tiere auf verschiedene Applikationsarten unterschiedlich reagieren (GROLLMANN und FIROR 1934, HOU 1936).

Die biologischen Methoden sind für Routineanalysen viel zu umständlich und kostspielig. Wertvoll waren sie bisweilen bei der Entscheidung der Frage, ob die reduzierenden Inhaltsstoffe gewisser Pflanzen mit dem VC identifiziert werden durften. So ist z. B. durch Fütterungsexperimente nachgewiesen worden, daß in einigen Pilzen VC vorkommt (HARA 1923). Heute ist aber auch diese Entscheidung biochemisch — z. B. durch papierchromatographische Analyse — zu treffen.

III. Gebundene Ascorbinsäure

Es ist bis heute noch umstritten, in welcher Form die AS in der lebenden Zelle vorkommt (vgl. MARX 1952, 1954 b). Viele Autoren nehmen an, daß das VC nicht nur molekular gelöst, sondern auch noch als Bestandteil eines Komplexes vorliegen kann, ja daß es in einzelnen Pflanzen, z. B. in *Ligustrum* und *Syringa*, ausschließlich in gebundener Form gefunden wird (SCHWARZE und GÜNTHER 1947). Diese Ansicht gründet sich auf die Beobachtung, daß sich mit heißer Metaphosphorsäure größere Vitaminmengen extrahieren lassen, als das mit kalter Säure möglich ist (AHMAD 1935 a, GUHA und SEN-GUPTA 1938, SEN-GUPTA und GUHA 1939 u. a.). Der fragliche Komplex soll nicht dialysierbar (SCARBOROUGH und STEWART 1938) und durch HPO_3 nur unvollständig fällbar sein. Diese Befunde sprechen gegen eine bloße Esterbindung, wie sie MCHENRY und GRAHAM (1935 a, b) annahmen. Es liegt vielmehr nahe, eine Bindung des VC an einen Eiweißträger anzunehmen (vgl. REEDMAN und MCHENRY 1938), zumal sich die AS leicht an Proteine anlagert (REEDMAN und MCHENRY 1938). Die gebundene AS — die nach GUHA und SEN-GUPTA (1938) vielfach als

„Ascorbigen" bezeichnet wird — soll ein Absorptionsmaximum bei 2650 Å besitzen (Chayen und Miles 1953). Nach den Untersuchungen russischer Forscher (vgl. z. B. Terenteva 1952) kommt Protein-AS-Komplexen ein ungewöhnlich niedriges Redoxpotential zu. Weiterhin ist angenommen worden, daß die AS über leicht abspaltbares Eisen an die Nucleinsäure des Plasmas gebunden ist (Goldstein und Volkenson 1947). Japanische Forscher (Fujimura und Hamaguchi 1951) glauben, einen Chlorophyll-AS-Komplex nachgewiesen zu haben. In einem solchen System, das im Absorptionsgebiet der Chlorophylle noch Substanzen mit Redoxpotentialen bis herab zu $E_0' \approx -0{,}32$ Volt zu reduzieren vermag (Krasnovskii und Brin 1950), würde das Vitamin weitgehend vor der Autoxydation geschützt sein (Rakshit 1938).

Eine ganze Reihe von Autoren konnte aber keine Anhaltspunkte für die Existenz einer gebundenen AS erbringen (Widenbauer und Koschorreck 1937, Fujita und Ebihara 1939 c); andere fanden sie nur in bestimmten Pflanzen (Ahmad 1935 b, Reedman und McHenry 1938, Marx 1952). So gibt es bis heute viele Gegner der Ascorbigen-Hypothese. Diese versuchen zumeist, die in der Literatur niedergelegten positiven Befunde auf die Ungleichmäßigkeit des benutzten Materials oder auf eine unvollständige Vitaminextraktion zurückzuführen. Vielfach wird auch angenommen, daß der Aufschluß mit heißer Säure zu einer rascheren und wirksameren Zerstörung der zelleigenen Oxydasen führt, wodurch dann eine höhere AS-Ausbeute vorgetäuscht werden müßte (Van Eekelen 1935, Fujita und Ebihara 1939 c, Wachholder und Okrent 1940, Harris und Olliver 1942, Marx 1954 b u. a.). Dieser letzte Einwand läßt sich vorläufig nicht ausschließen, zumal die unzureichende Oxydations-Schutzwirkung kalter HPO_3 hinreichend bekannt ist (s. z. B. Marx 1954 a). Andererseits vermag dieser Effekt keineswegs alle positiven Befunde zu erklären. Man müßte dann wenigstens finden, daß die Gesamtmenge des VC (AS + DAS, s. u.) konstant bleibt, da doch eine Oxydation über die Stufe der DAS hinaus in nennenswertem Umfange kaum anzunehmen sein dürfte. Dies aber stimmt durchaus nicht mit den Resultaten vieler Autoren überein; die Frage der Existenz einer gebundenen AS bleibt demnach noch offen.

IV. Die fermentative Oxydation der l-Ascorbinsäure

In den höheren Pflanzen kommen mindestens fünf verschiedene Fermentsysteme vor, die AS zu oxydieren vermögen. Sie alle sind Schwermetallenzyme. Nur eines dieser Enzyme kann die direkte Oxydation mit O_2 katalysieren; es ist dies die AS-Oxydase. Dieses Ferment scheint sehr weit — ob allgemein? (Stone 1937) — verbreitet zu sein (vgl. z. B. Kertész, Dearborn und Mack 1936). Es enthält Kupfer, das, wie z. B. Versuche mit radioaktiv markiertem Cu gezeigt haben (Joselow und Dawson 1951), recht fest gebunden und keinesfalls nur locker adsorbiert ist. Im Gegensatz zu der Ansicht von Stotz, Harrer und King (1937) dürfte die AS-Oxydase ein wohldefiniertes Enzym darstellen. Zum Unterschied von der durch freie Cu^{++}-Ionen katalysierten AS-Oxydation läuft die Dehydrierung unter dem Einfluß der AS-Oxydase nicht über das H_2O_2 (STEINMANN und DAWSON 1942, HAND und GREISEN 1942). Neben der AS werden — wenngleich deutlich langsamer — auch andere Dienole oxydiert (SNOW und ZILVA 1938). In der Tomate zeigt die AS-Oxydase — oder ein dieser sehr ähnliches Ferment — annähernd die gleiche Verteilung wie die AS selbst (WOKES und ORGAN 1943). Beobachtungen an Pilzsporen legen es nahe, das Enzym an der Zellgrenzschicht zu lokalisieren (MANDELS 1953); es bleibt aber abzuwarten, ob sich dieser Befund an anderen Objekten reproduzieren läßt.

Kupferhaltig sind noch zwei weitere die AS oxydierende Enzyme, und zwar die Laccase und die in Chloroplasten nachgewiesene (ARNON 1948, 1949) Polyphenoloxydase (vgl. MAPSON 1953). Beide katalysieren aber nicht eine direkte Oxydation mit Sauerstoff (vgl. aber BERTRAND 1945); vielmehr oxydiert die Polyphenoloxydase *o*-Diphenole zu Chinonen, die dann ihrerseits die AS dehydrieren (KERTÉSZ 1952). Eine solche indirekte Wirkung auf das VC üben auch noch zwei eisenhaltige Fermente aus: die Cytochrom-Oxydase und die Peroxydase. Erstere ist nur in Gegenwart des Cytochrom c wirksam (MAPSON 1953). Es muß daher beim Aufschluß der pflanzlichen Gewebe auch dann mit einem Verlust an AS gerechnet werden, wenn AS-Oxydase selbst nicht nachzuweisen ist.

V. Die Dehydro-l-ascorbinsäure

Erstes Oxydationsprodukt der AS ist die Dehydro-l-ascorbinsäure (DAS), die als reversibel dehydrierte Form mit der AS in einem Gleichgewicht steht (Abb. 2). Dieser nicht weiter reduzierenden Verbindung

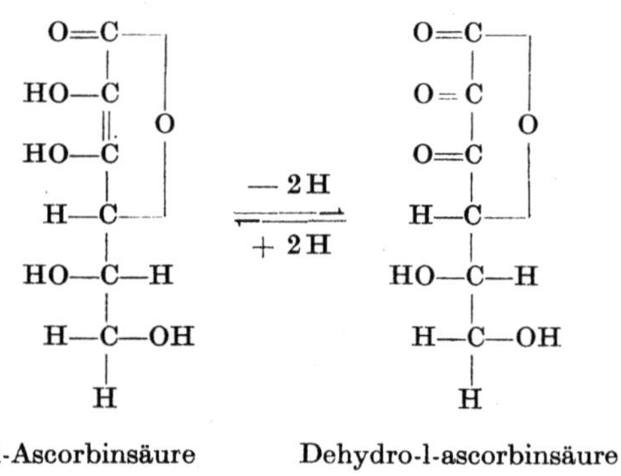

Abb. 2. Gleichgewicht l-Ascorbinsäure : Dehydro-l-ascorbinsäure.

kommt im biologischen Test die gleiche VC-Wirksamkeit zu wie der reduzierten Form. Die antiskorbutische Wirkung eines Extraktes ergibt sich somit aus der Summe der in ihm nachgewiesenen AS- und DAS-Mengen. Zum Unterschied von der AS besitzt die DAS keine UV-Absorptionsbande (FUJIMURA und MATSUDA 1954, u. a.). Die weitere Oxydation der in wässeriger Lösung rasch hydrolysierten (vgl. HERBERT, HIRST, PERCIVAL, REYNOLDS und SMITH 1933, KENYON und MUNRO 1948) DAS verläuft nicht mehr reversibel. In Gegenwart von Sauerstoff bzw. Luft (ROSENFELD 1943) wird sie, insbesondere bei gleichzeitiger Anwesenheit von Kupferspuren, in Oxalsäure und l-Threonsäure aufgespalten (vgl. Abb. 3). In anderen Fällen ist

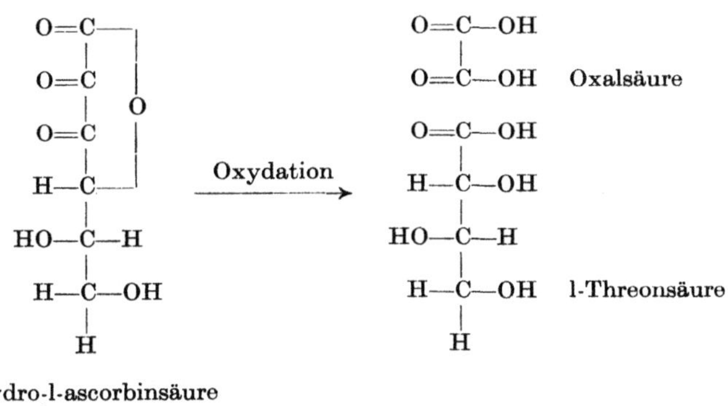

Abb. 3. Oxydativer Abbau der Dehydro-l-ascorbinsäure.

ihre — ebenfalls irreversible — Umsetzung zur 2, 3-Diketo-l-gulonsäure (Abb. 4) beschrieben worden (PENNEY und ZILVA 1943, 1945 u. a.).

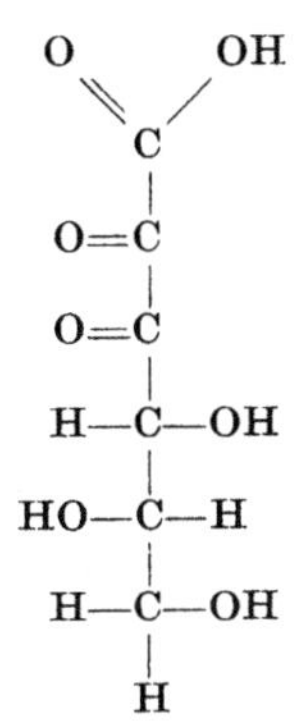

2, 3-Diketo-l-gulonsäure

Abb. 4. 2, 3-Diketo-l-gulonsäure.

Die Lage des Gleichgewichts AS : DAS läßt sich nicht durch einen konstanten Wert wiedergeben; vielmehr dürfte sie eine Funktion der stoffwechselphysiologischen Aktivität des betreffenden Gewebes darstellen (vgl. MOLL und WIETERS 1937, MCMILLAN und TODHUNTER 1946, LECAT 1951). So wird das AS : DAS-Verhältnis z. B. beim Apfel nach erreichtem Reifezustand zugunsten der reduzierten Form verschoben (ZILVA, KIDD und WEST 1938). Gestört wird diese Relation durch mechanische Schädigung der Zellen (SZENT-GYÖRGYI 1931, STONE 1937) sowie durch Narkotika und Enzymgifte (MAPSON und BARKER, unveröffentlicht, zitiert nach CHAYEN 1953). Es ist sehr schwer zu sagen, welcher Anteil des VC in der reversibel oxydierten Form vorliegt, da bei der Aufarbeitung pflanzlicher Gewebe trotz aller Vorsichtsmaßregeln doch stets mit einer Dehydrierung mehr oder weniger großer AS-Mengen gerechnet werden muß. Es scheint aber doch so, als enthielten physiologisch aktive Zellen recht wenig — offenbar weniger als 10% der Gesamt-VC-Menge — DAS (HARRIS und OLLIVER 1942, SCHEUNERT und THEILE 1952 u. a.). In manchen Geweben ist überhaupt keine DAS aufgefunden worden (STONE 1937, vgl. auch MOLDTMANN 1939), so daß vielfach die Ansicht vertreten wurde, die reversibel oxydierte Form stelle lediglich ein Kunstprodukt dar, das erst beim Aufschluß der Gewebe entstehe (vgl. PAECH 1939). Vermutlich sind aber in einigen Fällen sehr geringe DAS-Mengen lediglich der analytischen Erfassung entgangen; wir müssen wohl annehmen, daß ein bestimmter Anteil des antiskorbutischen Vitamins auch im lebenden Gewebe in der dehydrierten Form vorliegt. Andererseits sind für einige Pflanzen — vor allem auch für Samen (vgl. Tab. 2) — recht erhebliche DAS-Konzentrationen angegeben worden (BUKATSCH 1940, VILLELA 1944, MCMILLAN und TODHUNTER 1946, MILLER 1947, LECAT 1951, KURC 1953, vgl. auch MOLL und WIETERS 1937). Ein Teil dieser Daten bedarf der kritischen Nachprüfung, doch können wir ihnen offensichtlich entnehmen, daß in wenig aktiven Geweben das AS : DAS-Gleichgewicht beträchtlich zur DAS hin verschoben sein kann.

Da auch der DAS Vitaminwirksamkeit zukommt (s. o.), genügt es vielfach nicht, allein die Menge eines Extraktes an AS zu bestimmen; vielmehr muß auch die oxydierte Form erfaßt werden. Methodisch geschieht dies i. a. durch eine Oxydation der AS mittels einer Mischung von Mercuriacetat und Blei-Natrium-Acetat (vgl. z. B. FRANKE 1955). Dabei werden zugleich störende Reduktionsmittel ausgefällt oder doch irreversibel oxydiert. An dieser Methode sind jedoch gelegentlich Zweifel geäußert worden, da es durch Bildung von Blei- oder Quecksilbersalzen zu Vitaminverlusten kommen kann (KING 1936). Die Oxydation bis zur Stufe der DAS ist aber auch durch Jod (BARAUD 1951, CREAC'H und BARAUD 1954) oder 2,6-Dichlorbenzenonindophenol (BOLIN und BOOK 1947), besonders aber durch Aktivkohle („Norit") zu erreichen (ROE 1936, ROE und OESTERLING 1944, SCHAFFERT und KINGSLEY 1955 u. a.). Durch anschließende Behandlung des Extraktes mit Schwefelwasserstoff (vgl. FRANKE 1955) oder auch mit gelöstem Thioacetamid (WENDLAND 1953) wird dann das Gesamtvitamin wieder zur Stufe der AS reduziert und nunmehr nach einer der üblichen Bestimmungsmethoden ermittelt. Dabei verläuft die Reduktion zur AS aber nur dann vollständig, wenn der pH-Wert unterhalb $\approx 6{,}0$ liegt (FUJITA und EBIHARA 1939 a).

Die Reduktion der DAS gelingt weiterhin durch Beimpfen des Extraktes mit verschiedenen Mikroorganismen, vor allem mit *Escherichia coli* und *Staphylococcus albus* (GUNSALUS und HAND 1941, STEWART und SHARP 1945, MAPSON und INGRAM 1951 u. a.), jedoch ist diese Art der Reduktion für quantitative VC-Bestimmungen nur unter gewissen Vorsichtsmaßnahmen (Hemmung des Nitratasesystems) brauchbar (MAPSON und INGRAM 1951, vgl. auch EDDY, INGRAM und MAPSON 1952).

B. Die Lokalisation der l-Ascorbinsäure in der Pflanze

I. Die Verteilung der l-Ascorbinsäure in verschiedenen Geweben[4]

a) Niedere Pflanzen

Bereits sehr primitive Organismen scheinen AS enthalten zu können. Zwar ist sowohl für Bakterien (WOLLMANN 1921, BIELING 1925, KING 1936) als auch für Cyanophyceen (ERTL 1939) behauptet worden, daß sie kein VC aufweisen, doch sind diese Angaben zumindest für die Bakterien umstritten (BOURNE und ALLEN 1935, CARROLL 1943).

In Algen ist die AS weit verbreitet; möglicherweise kommt sie in allen autotrophen Arten vor. Jedenfalls wurde sie in Vertretern der ver-

Tab. 1. *Ascorbinsäuregehalt verschiedener Cryptogamen.*

Objekt	mg-% AS[1]	Autor
Algen:		
Spirogyra spec.	30	1
Ulva spec.	27	2
Chara fragilis	8	1
Fucus spec.	20—60 (u. U. 100)	2
Moose:		
Marchantia polymorpha	30	1
Sphagnum spec.	10	1
Polytrichum formosum	20	1
Polytrichum commune	102	3
Pteridophyten:		
Selaginella Martensii	11	3
Equisetum limosum	10	1
Dryopteris filix mas	40	1
Polypodium vulgare	72	1
	93	3
Osmunda regalis	56	3
Aspidium montanum	84	3
Scolopendrium vulgare	36	1
	49	3
Pteridium aquilinum	30	1
	257	3

[1] Ohne Berücksichtigung der DAS.

Autoren: 1: MOLDTMANN (1939). 2: LUNDE und LIE (1938). 3: SEYBOLD und MEHNER (1948).

---

[4] Es ist gebräuchlich, die Analysendaten in Milligramm AS pro 100 Gramm Pflanzensubstanz (mg-%) anzugeben. Dabei werden die Werte zumeist auf das Frischgewicht, seltener auf das Trockengewicht bezogen. In den im folgenden wiedergegebenen Tabellen sind ausschließlich auf das Frischgewicht berechnete VC-Gehalte (bzw. AS-Gehalte) aufgeführt.

schiedensten systematischen Einheiten aufgefunden (BOURNE und ALLEN 1935, FUJITA und EBIHARA 1939 b, ARASAKI 1948, KWIATKOWSKY 1950, NAGAI und OGATA 1952 a, CREAC'H und BARAUD 1954 u. a.), teilweise sogar in recht beträchtlicher Menge (s. Tab. 1). Auch in *Spirogyra,* in der man die starke $AgNO_3$-Reduktion anfänglich auf Tannine zurückführen wollte, fand sich bei sorgfältiger papierchromatographischer Untersuchung AS (NAGAI und OGATA 1952 a).

Pilzextrakte reduzieren i. a. nur recht schwach. In vielen Fällen konnte VC auch nicht gefunden werden (DI MATTEI 1923, STEIDLE 1924, SCHEUNERT 1930, MENTZER und VIALARD-GOUDOU 1937). In Einzelfällen ließ sich aber durch Fütterungsexperimente eine antiskorbutische Wirksamkeit höherer Pilze nachweisen (HARA 1923, vgl. LUNDE 1940). Zudem fand MANDELS (1953), daß Sporen des Pilzes *Myrothecium verrucaria* AS zu oxydieren vermögen. Nach Untersuchungen von BOURNE und ALLEN (1935) sollen in Flechten sowohl der Pilz als auch die Alge AS enthalten. Dagegen scheint das Vitamin in Hefen nicht vorzukommen (HESS 1916, s. aber FUJITA und EBIHARA 1939 a, RUDOLPH 1946), doch sollen Hefen eine reduktonartige Substanz enthalten (v. EULER 1936), die mit DIP wie AS reagiert (HARRIS 1933, HARRIS und RAY 1933 a, b).

Für Moose konnte AS sowohl durch rein chemische Bestimmungsmethoden (vgl. Tab. 1) als auch cytochemisch (GAVAUDAN 1930, HAGENE 1955 a) sichergestellt werden. Ebenso hat sich das VC in mehreren Pteridophyten (Farnen, Bärlappen und Schachtelhalmen) nachweisen lassen (vgl. MOLDTMANN 1939, SEYBOLD und MEHNER 1948, s. auch Tab. 1).

b) Höhere Pflanzen

1. Samen

In trockenen Samen findet man i. a. nur sehr geringe Mengen an VC; manche Autoren haben ruhende Samen sogar als vitaminfrei angesehen (s. z. B. HESS 1916, GLICK 1937, MOLDTMANN 1939). Es gibt aber doch einzelne

Tab. 2. *Vitamin C-Gehalt verschiedener Samen.*
(Nach SEYBOLD und MEHNER 1948.)

Objekt	mg-% AS	mg-% DAS	mg-% VC
Petroselinum sativum	2	1	3
Papaver somniferum	2	4	6
Zea mays	3	4—13	7—16
Soja hispida	7	9	18
Acer platanoides	12	9	21
Fagus silvatica	20	15	35
Castanea vesca	58	11	69
Aesculus hippocastanum	40	31	71
Quercus sessiliflora	20—57	102	122—159

Arten, so etwa *Castanea, Aesculus* und *Quercus,* die in ihren Samen recht erhebliche VC-Mengen speichern können (SEYBOLD und MEHNER 1948, vgl. Tab. 2). Normalerweise aber erscheint das Vitamin erst während der Keimung. Dies ließ sich jedenfalls sowohl für Gerste und Reis (Matsuoka 1935 a, b) als auch für Tomaten (Wokes und Organ 1943), Erbsen (Lee 1936, Wokes und Organ 1943) und Hafer (Harris und Ray 1933 b) zeigen. Dabei nimmt die AS-Menge im Gerstenembryo bis zum 2. Tag ständig zu; dann sinkt sie wieder ab (Glick 1937). Es ist anzunehmen, daß es sich bei dieser Vitaminbildung während der Keimung um eine sehr verbreitete Erscheinung handelt [5].

Das VC wird in den Cotyledonen synthetisiert und von dort aus der wachsenden Region des Keimlings zugeleitet (v. Hausen 1936 b, Virtanen 1949). Diese AS-Bildung erfolgt auch in völliger Dunkelheit (Eggleton und Harris 1925), doch soll bei Lichtkeimung ein höherer Vitamingehalt erreicht werden (Heller 1928, Reid 1938). Werden die Cotyledonen entfernt, so kümmern die Keimlinge; unterschreitet der AS-Gehalt einen Schwellenwert, so wird das Wachstum völlig sistiert (Mentzer 1940). Die Keimlinge benötigen dann künstliche VC-Zufuhr, um sich normal weiterentwickeln zu können (Virtanen 1949).

2. Meristematische Gewebe

Shaw und Tatchell (1951) konnten (titrimetrisch) zeigen, daß besonders große VC-Mengen in der Wurzelspitze (von *Vicia Faba*) vorliegen. Während des Mitosezyklus scheinen Schwankungen in der AS : DAS-Relation abzulaufen. Die maximale AS-Menge dürfte aber kaum mit der höchsten Mitoserate zusammenfallen; viel wahrscheinlicher ist eine Korrelation zwischen AS-Menge und Streckungswachstum. So beschreibt Reid (1938) eine Zunahme der Vitaminkonzentration in Wurzelspitzen auf das Siebenfache, sobald deren Zellen vom meristematischen zum Streckungswachstum übergehen (vgl. auch Neubauer 1939, Reid 1941 a, Newcomb 1951). Auch läßt sich durch künstlich zugeführte AS innerhalb eines bestimmten Konzentrationsbereichs das Längenwachstum steigern (Davies, Atkins und Hudson 1937, Dennison 1940, s. aber Clark 1937).

Bei der Untersuchung von Gewebeschnitten von Bohnen und Karotten erhält man in der meristematischen Region eine intensive Reduktion von Silbernitrat zu metallischem Silber. Innerhalb der Streckungszone liegen die Silberkörner vor allem im Siebteil vor, was vielfach als Beweis für eine AS-Leitung in den Siebröhren angesehen wurde (vgl. Chayen 1953, Hagen 1953 a). Im Blutungssaft zahlreicher daraufhin untersuchter Objekte (*Betula pendula, Acer platanoides, Carpinus betulus* u. a.) ließ sich aber kein VC nachweisen (Neubauer 1939). Nach Beobachtungen Wasiutas (1949) könnte sich dieser Widerspruch dadurch klären lassen, daß das VC (nach genauer Beobachtung mit dem Giroudschen Reagens, s. u.) gar nicht in den Siebröhren vorliegt, sondern in den Geleitzellen, was wiederum für eine extrafasciculäre Leitung sprechen könnte.

Zum Unterschied von Samen besitzen Winterknospen deutlich erkenn-

[5] Die antiskorbutische Wirksamkeit keimender Samen war schon Young (1782) bekannt (zitiert nach Johnson 1933).

bare VC-Reserven, die mit Beginn des Austreibens noch erheblich vermehrt werden. Durch frühtreibende Mittel ist eine sofortige Erhöhung der Vitaminkonzentration nicht zu erzwingen (Weber 1940 c).

3. Ausdifferenzierte Gewebe

Alle Teile der höheren Pflanze — mit Ausnahme des Holzes (Strohecker 1935) — enthalten AS; selbst in der Rinde liegen deutliche Vitaminmengen vor (Wasiuta 1949, Wodsak und Ueckermann 1955). Es existiert eine unübersehbare Fülle von Arbeiten, in denen über den AS-Gehalt einzelner Pflanzenteile berichtet wird. Zusammenstellungen über die mit biochemischer Methodik ermittelten VC-Mengen finden sich in zahlreichen Originalarbeiten und Sammelreferaten (vgl. z. B. Birch, Harris und Ray 1933 b, Harris und Olliver 1942, Seybold und Mehner 1948, s. auch Tab. 3).

Tab. 3. *Ascorbinsäuregehalt von Nadeln und Laubblättern.*

Objekt	mg-% AS[1]	Autor
Gymnospermen:		
Picea nigra	50	1
Taxus baccata	100	1
Larix europaea	120	1
Monocotylen:		
Potamogeton natans	45	1
Narcissus poeticus	60	1
Typha angustifolia	84	1
Iris squalens	330	1
Gladiolus communis	360	1
Gladiolus gandavensis	806—1101	2
Dicotylen:		
Stachys silvatica	6—12	2
Cichorium intybus	12	1
	32—38	2
Nicotiana tabacum	48—100	2
Anemone nemorosa	75	1
Ranunculus bulbosus	98	1
Solanum tuberosum	102—159	2
Daucus carota	111	2
Chelidonium maius	123	1
Fagus silvatica	147	1
Salix caprea	180	1
Euphorbia salicifolia	250	1
Prunus domestica	295	2
Pirus malus	341	2
Rhamnus cathartica	795—903	2

Autoren: 1: Moldtmann (1939), 2: Seybold und Mehner (1948).

[1] Ohne Berücksichtigung der Dehydroascorbinsäure.

Besonders reich an VC sind die Meristeme (vgl. GIROUD 1938, MEDAWARA 1950). Vergleicht man die verschiedenen Dauergewebe untereinander, so findet man in den oberirdischen Teilen weit größere Vitaminmengen als in

Tab. 4. *Ascorbinsäuregehalt von Laubblättern und Wurzeln.* (Nach GIROUD 1938.)

Objekt	Ascorbinsäuregehalt (mg-%)[1] Laubblätter	Wurzeln
Allium cepa	22	2
Daucus carota	47	6
Cichorium intybus	49	4
Solanum tuberosum	65	2
Cochlearia armoracia	73	36
Zea mays	96	5
Medicago sativa	232	20

[1] Ohne Berücksichtigung der Dehydroascorbinsäure.

der Wurzel. So weist die Gurke z. B. große AS-Mengen im Blatt, sehr wenig VC dagegen im Wurzelsystem auf (DAMANSKY, RAKIC und STANIMIROVIC 1952). Dieses Ergebnis stimmt gut überein mit den Resultaten von TONZIG und

Tab. 5. *Ascorbinsäuregehalt in panaschierten Blättern.*

Objekt	Ascorbinsäuregehalt (mg-%)[1] Grüne Blattabschnitte	Weiße bzw. gelbe Blattabschnitte	Autor
Pelargonium zonale	59	56	1
Luzula silvatica	59,8	4,6	3
Acer negundo (Mittelwert)	81,9 (340,4)[2]	66,7 (461,2)[2]	3
Glechoma hederacea	82	22	1
Prunus laurocerasus	93[3]	127[3]	2
Capsella bursa pastoris	94,4	35,7	3
Ligustrum vulgare	114	96	1
Aucuba japonica	118	116	1
Ficus Parzelli	141,1	128,4	3
Taxus baccata	178,6	163,6	3
Lavatera arborea	186,4	44,5	3

Autoren: 1: GIROUD (1938). 2: SEYBOLD und MEHNER (1498). 3: WEBER (1941).

[1] Ohne Berücksichtigung der Dehydroascorbinsäure.
[2] Eingeklammerte Werte auf Trockengewicht bezogen.
[3] Werte für Gesamt-VC-Gehalt (AS + DAS).

BRACCI (1951), wonach in Leguminosen die AS-Menge in der Reihenfolge Blatt > Sproß > Wurzel abnimmt (vgl. auch Tab. 4). Nach Abschluß der Samenkeimung wird die AS nur mehr in den assimilierenden Teilen gebildet (GIROUD, RATSIMAMANGA und LEBLOND 1934a, RANDOIN, GIROUD und LEBLOND 1935). In vielen Fällen besteht dabei ein auffälliger Zusammenhang zwischen der Chlorophyll- und der AS-Menge. Albinos pflegen vitaminarm, eventuell sogar völlig vitaminfrei zu sein (REUTER 1938). Die Entdeckung von MAIROLD und WEBER (1950), die in einem *Cephalanthera*-Albino noch fast die Hälfte der normalen VC-Menge nachweisen konnten, stellt eine Ausnahme dar. Ein direkter Zusammenhang zwischen Chlorophyllkonzentration und Vitaminmenge ist aber dennoch nicht gegeben (vgl. GIROUD 1938, MIRIMANOFF 1938 a, 1939 a, u. a.). So zeigen u. U. Chlorophylldefekt-Mutanten bzw. die pigmentarmen Abschnitte panaschierter Blätter einen unveränderten VC-Gehalt oder sogar mehr AS als die entsprechenden Kontrollen (MOLDTMANN 1939, BUKATSCH 1940, SEYBOLD und MEHNER 1948, vgl. auch Tab. 5). Besonders deutlich wird dies,

Tab. 6. *Ascorbinsäuregehalt von Kron- und Laubblättern.*

	Ascorbinsäuregehalt (mg.-%)[1]		
Objekt	Kronblätter	Laubblätter	Autor
Lamium album	0	100	1
Lilium album	1	3	2
Gladiolus spec.	11	496	2
Syringa spec.	19	99	1
Galanthus nivalis	21	41	2
Convallaria maialis	40	20	2
	240	98	1
Cyclamen persicum (weißbl.)	80	40	1
Dianthus spec.	86	86	2
Pisum sativum	99	55	1

[1] Ohne Berücksichtigung der Dehydroascorbinsäure.
Autoren: 1: MOLDTMANN (1939). 2: GIROUD (1938).

wenn die AS-Mengen nicht auf das Frischgewicht bezogen werden, sondern wenn man statt dessen das Trockengewicht als Bezugsgröße wählt (WEBER 1941). Auch in der chlorophyllfreien Korolle findet sich bisweilen mehr VC als im grünen Kelch (REID 1937) bzw. in den Laubblättern der entsprechenden Pflanzen (MOLDTMANN 1939, vgl. Tab. 6). Dabei ist natürlich zu bedenken, daß pigmentfreie Pflanzenteile das Vitamin lediglich zugeleitet erhalten.

Wenn Keimlinge, die in völliger Dunkelheit herangezogen wurden, dennoch VC enthalten (HAVAS 1935, v. HAUSEN 1935, DAVIES, ATKINS und HUDSON 1937, BONNER und BONNER 1938, LUSTIG und WACHTEL 1938, u. a.), so hängt dies damit zusammen, daß in den Samen — im Gegensatz zu allen Teilen erwachsener Pflanzen — eine lichtunabhängige AS-Bildung abläuft (WINTER 1952 a, s. u.).

Zur Zeit der Blütenbildung steigt der AS-Gehalt des Gewebes an (REID 1937). Inwieweit dem VC dabei für die Differenzierung der Blüte bzw. der einzelnen Blütenteile eine Bedeutung zukommen mag, ist nicht untersucht, doch liegen interessante Beobachtungen über charakteristische Veränderungen der AS-Konzentration im Zusammenhang mit der Vernalisation vor (SÉCHET 1953). In der fertig ausgebildeten Blüte dürfte die maximale Vitaminmenge den Samenanlagen zukommen; die Antheren sind wesentlich AS-ärmer. So gibt MOLDTMANN (1939) für den Fruchtknoten von *Rubus fruticosus* 62, für die Antheren 31 mg-% VC an (vgl. auch REID 1937, SOSA-BOURDOUIL 1941). Auch in Pollenkörnern lassen sich — ebenso wie in Sporen — oft ziemlich große AS-Mengen nachweisen, doch bleibt deren Gehalt hinter dem vergleichbarer Laubblattzellen zurück (SEYBOLD und MEHNER 1948, vgl. auch RIDI und WAFA 1950). Von gewissem praktischem Interesse ist der VC-Gehalt des Honigs: *Thymus*- und *Mentha*-Honige enthalten deutliche, *Fagopyrum*-Honig geringere AS-Mengen (GRIEBEL und HESS 1939).

Tab. 7. *Ascorbinsäuregehalt verschiedener Früchte.*

Objekt	Ascorbinsäuregehalt (mg-%)[1] nach GIROUD (1938)	SEYBOLD und MEHNER (1948)	OLLIVER (1954)
Malus silvestris		5—37	5
Cucurbita Pepo	3		10
Musa paradisiaca	7		10
Cucumis sativa		15	
Cydonia vulgaris	16		15
Ribes grossularia		15—58	37
Citrus medica	48		50
Solanum lycopersicum		60—65	
Hippophae rhamnoides		248—391	
Rosa canina	459	545	
Rosa rugosa		1060	
Rosa cinnamomea		1596	
Malpighia punicifolia		1000—3300[2]	

[1] Ohne Berücksichtigung der Dehydroascorbinsäure.
[2] Werte nach ASENJO und DE GUZMÁN (1946).

Zur Zeit der Reife nimmt der AS-Gehalt vielfach wieder ab (v. MILLER und HALL 1953); in anderen Früchten hingegen steigt er ständig an (RUBIN und SPIRIDONOVA 1941), so daß viele Früchte zu den vitaminreichsten Pflanzenteilen überhaupt zu rechnen sind (ROTTER, LOHWAG, NEUMAYER und HOLIK 1952, vgl. Tab. 7). Die besten uns bis heute bekannt gewordenen Vitaminquellen sind die Früchte von *Malpighia punicifolia* (ASENJO und DE GUZMÁN 1946, ASENJO und MOSCOSO 1950), in unserer heimischen Flora die von *Rosa* und *Hippophae* (GRIEBEL und ROHKOHL 1948, ROTTER, LOHWAG, NEUMAYER und HOLIK 1952). Dabei soll der Vitamingehalt in direkter Beziehung zur Menge der Carotinoide stehen (GIROUD, RATSIMAMANGA und LEBLOND 1935 a, GIROUD, RATSIMAMANGA, LEBLOND, CHALOPIN und RABINOWICZ 1936, vgl. aber MIRIMANOFF 1938 b, 1939 a). Früchte mit Carotinoiden vermehren ihre AS während der Reife; carotinoidfreie Früchte sind im reifen Zustand sehr vitaminarm. Es ist denkbar, daß dies auf eine Schutzwirkung der Carotinoide zurückgeht (vgl. v. EULER und KLUSSMANN 1933). Auch nach der Reife können noch AS-Änderungen ablaufen. So nimmt bei Lagerung von Äpfeln deren Vitamingehalt ständig ab; bei Kühllagerung (5° C) ist dieser Prozeß verlangsamt (KESSLER 1939).

In irreversibel gewelkten Pflanzenteilen fehlt das VC völlig (WAYGOOD 1950). Auch in pilzkranken Pflanzen nimmt der AS-Gehalt ab (NEUBAUER 1939). Dagegen finden die meisten Autoren in viruskranken Geweben mehr AS als im gesunden Kontrollgewebe (SMITH und PATERSON 1937, REPPEL 1954, vgl. aber GOLDIN 1940). Andererseits soll sich die Virusvermehrung im Pflanzengewebe durch Zufuhr von VC hemmen lassen. Diese Wirkung wird allerdings nicht der AS, sondern einem — nicht mit der DAS identischen — Oxydationsprodukt zugeschrieben (LOJKIN 1937).

Eine 10 Tage hindurch fortgesetzte Röntgenbestrahlung (2000 r) hemmt das Längenwachstum von *Vicia*-Keimlingen. Es hat sich zeigen lassen, daß dies nicht auf eine AS-Zerstörung zurückzuführen ist. Der AS-Gehalt der Cotyledonen und des Sproßgewebes liegt sogar höher als normalerweise. Lediglich in der Wurzelspitze kommt es vom 8. Tage an zu einer Vitaminabnahme (WEBER 1952).

In einer Reihe von Arbeiten wurde ein Zusammenhang zwischen der Chromosomenzahl (Polyploidiegrad) und dem VC-Gehalt des betreffenden Objektes gefunden. So berichteten CRANE und ZILVA (1931), daß triploide Äpfel einen höheren AS-Gehalt aufweisen als diploide Kontrollen. Allerdings ließ sich hier — wie die beiden Autoren selbst feststellten (1932) — wegen Sortenverschiedenheiten keine allgemeingültige Regel auffinden. SANSOME und ZILVA (1933) fanden, daß autotetraploide Tomatensprosse ungefähr den doppelten AS-Gehalt besitzen wie die diploiden Sprosse der gleichen Pflanze (vgl. aber KEY 1933). BONNER und BONNER (1938) stellten bei der Aufzucht verschiedener Erbsenvarietäten deutliche Unterschiede in deren Fähigkeit zur AS-Synthese aus Saccharose fest. Diese Beobachtungen — ganz gleich, ob nun ein regelmäßiger Zusammenhang wirklich existiert — zeigen die Notwendigkeit, bei Untersuchungen über das VC stets genetisch einheitliches Pflanzenmaterial zu verwenden.

Zwischen den Blättern männlicher und weiblicher Exemplare diöcischer Pflanzen sind Unterschiede im Vitamingehalt nicht feststellbar (SEYBOLD und MEHNER 1948, vgl. BURGEFF und SEYBOLD 1927).

II. Die intrazelluläre Verteilung der l-Ascorbinsäure

a) Cytochemische Methodik

Dem Charakter des vorliegenden Handbuches entsprechend, soll hier besonderer Wert auf die intrazelluläre Lokalisation der AS gelegt werden. Bis heute haben wir keine physikochemische Methode zu ihrer einwandfreien qualitativen, geschweige denn zu ihrer quantitativen Bestimmung. Ein spektroskopischer Nachweis im Gewebeschnitt ist nicht möglich, da im Absorptionsgebiet des Vitamins auch mehrere andere Zellinhaltsstoffe (z. B. Nucleinsäuren) absorbieren. Wir sind daher auf die Anwendung eines cytochemischen Nachweises festgelegt. An eine solche Reaktion sind folgende Anforderungen zu stellen:

1. Die Reaktion muß für den nachzuweisenden Stoff spezifisch sein (oder aber es müssen sich mögliche Störsubstanzen verhältnismäßig leicht ausschalten lassen);

2. das Endprodukt muß so intensiv gefärbt sein, daß der Nachweis genügend empfindlich ist;

3. das Endprodukt muß unlöslich sein; es darf in der Zelle keine Umlagerungen erfahren.

Es sind nur sehr wenige chemische Methoden bekannt, die einen einigermaßen spezifischen Nachweis der AS gestatten (s. o.); sie alle lassen sich nicht für cytochemische Zwecke verwenden. Es bleibt daher nur die Möglichkeit, die AS durch ihr Reduktionsvermögen zu kennzeichnen. Da nun andererseits das Reduktionsprodukt intensiv gefärbt, zum anderen nichtdiffusibel sein muß, scheiden Redoxindikatoren — zumindest für einen lokalisierten Nachweis — aus (vgl. GLICK 1935, GLICK und BISKIND 1935 a, b). Die Reduktion von Tri- bzw. Tetrazoliumsalzen wiederum liefert in den Formazanen stark lipoidlösliche Verbindungen, die sich nachträglich verlagern können (s. u.). Verwendbar hingegen ist die Reduktion von Metallsalzlösungen. AS reduziert Gold- (BOURNE 1936 b), Quecksilber-, Kupfer- (MIRIMANOFF 1938 c), besonders rasch aber Silbersalzlösungen. Diese Fähigkeit gestattet einen lokalisierten Nachweis. Die entstehenden Metallniederschläge sind je nach der Korngröße verschieden gefärbt; sie können schwarz, braun oder auch rötlich ausfallen. Durch geeignete Wahl der Reaktionsbedingungen — insbesondere der Konzentration der Metallsalzlösungen — hat man es einigermaßen in der Hand, den Dispersitätsgrad des Metalls zu bestimmen. Dieser Reduktionsnachweis genügt den Forderungen nach intensiver Färbung eines weitgehend indiffusiblen Reaktionsproduktes, nicht dagegen der Forderung nach Spezifität. Durch Arbeiten im sauren Bereich läßt sich diese allerdings erheblich steigern. Während eine ammoniakalische $AgNO_3$-Lösung von zahlreichen Pflanzeninhaltsstoffen reduziert wird — bei ihrer Anwendung findet man Silberkörner zumeist durch die ganze Zelle hindurch verteilt —, werden angesäuerte Silbernitratlösungen nur durch sehr starke Reduktionsmittel zersetzt; für einen cytochemischen VC-Nachweis kommen demnach nur saure Metallsalzlösungen in Betracht (GIROUD, RATSIMAMANGA und LEBLOND 1934 b).

Die Konzentration der von den verschiedenen Autoren angewandten $AgNO_3$-Lösungen ist sehr unterschiedlich. Sie schwankt zwischen 0,2 und 15%; LOEW und BOKORNY (1882) arbeiteten sogar mit 10^{-3}%igen Lösungen. Dabei gibt hochverdünntes $AgNO_3$ i. a. homogen erscheinende Metallniederschläge kolloidaler Größenordnung; konzentriertere Reagenslösungen führen zu körnigen schwarzen Niederschlägen (vgl. GAUTHERET 1935), die sich für lokalisierte Nachweise besser eignen (s. o.). Sehr gebräuchlich ist das von GIROUD und LEBLOND (1936) vorgeschlagene Reagens $AgNO_3$: Eisessig : Wasser (10 : 1 : 100), das einen pH-Wert von ≈ 4 aufweist. Für spezielle Untersuchungen mögen sich auch 10%ige wässerige Silbernitratlösungen empfehlen, deren Azidität durch Zusatz von HNO_3 auf den jeweils gewünschten pH-Wert eingestellt werden kann (METZNER 1952 a, b). Andere Autoren setzen der $AgNO_3$-Lösung noch Äthanol zu (vgl. BOURNE 1936 a, b). Abzulehnen ist die Anwendung siedender Metallsalzlösungen (s. z. B. KIYOHARA 1935), durch die es infolge der leichten Löslichkeit des VC zu Umlagerungen in der Zelle kommen kann (vgl. GEITLER 1922). Schwache Silberniederschläge lassen sich nachträglich „verstärken", indem man sie mit Goldsalzen „tont" (s. z. B. GRIEBEL und ROHKOHL 1948). Selbstverständlich ist man nicht an die Wahl des $AgNO_3$ gebunden. Einmal werden auch andere Kationen reduziert (s. o.), zum anderen sind auch weitere Silbersalze verwendbar, so das Sulfat, Acetat, Chlorat und Fluorid (GAUTHERET 1935); das Silber darf nur nicht Teil eines Komplex-Ions sein (GAUTHERET 1934).

Der AS-Nachweis im mikroskopischen Präparat wird i. a. so geführt, daß man den Gewebeschnitt direkt in die saure Reagenslösung einlegt. Dabei wirkt das $AgNO_3$ gleichzeitig als Oxydations- und Fixierungsmittel. In Kauf zu nehmen hat man dabei die nicht gerade gute Fixierungswirkung des Metallsalzes, die exakte cytologische Untersuchungen in den silbergeschwärzten Zellen stört (vgl. BARNETT und BOURNE 1941). Wir besitzen aber leider noch keine einwandfreie Methode, die Gewebe so schonend zu fixieren, daß dadurch der Ausfall der anschließenden Reduktionsprobe nicht beeinflußt wird. Möglicherweise wird sich einmal der Polyvinylalkohol dafür verwenden lassen, doch liegen vorläufig noch keine ausreichenden Erfahrungen darüber vor (vgl. CHAYEN und MILES 1953). Die Fixierung der Gewebe zunächst in Bichromatlösung und anschließend in Osmiumsäure, die CHAYEN (1953) anwandte, um die $AgNO_3$-Reduktion an Mikrotomschnitten durchführen zu können, ist jedenfalls abzulehnen: Die Verteilung der Silberkörner in den so behandelten Zellen war völlig verschieden von der in zur Kontrolle hergestellten und direkt mit dem Reagens behandelten Handschnitten.

Nach der Einwirkung wässeriger Silbernitratlösungen treten dreierlei Niederschläge auf (vgl. METZNER 1952 a):

1. Metallisches Silber: entstanden durch die Reduktion des Ag^+-Ions; unlöslich in Natriumthiosulfat.
2. Silberoxyd: Schwarzbrauner, wenig lichtempfindlicher Niederschlag, entstanden durch Umsetzung des $AgNO_3$ bei alkalischer Reaktion; löslich in Natriumthiosulfat; in Wasserstoffperoxyd zu Metall reduziert nach der Gleichung:
$$Ag_2O + H_2O_2 \rightarrow 2\,Ag + H_2O + O_2.$$
3. Silbersalze: Weiße oder gelbe, z. T. sehr lichtempfindliche Niederschläge, entstanden durch Umsetzung des Silbernitrats mit zelleigenen Mineralsalzen; löslich in Natriumthiosulfat.

Demnach müssen wir sorgfältig trennen zwischen Metallniederschlägen und Ausfällung von Silberverbindungen. Dies ist leider in sehr vielen

Arbeiten nicht genügend deutlich geschehen, so daß vielfach Salzfällungen, z. B. Silberphosphatniederschläge, als Silberkörner angesprochen wurden. Wie bereits angedeutet (s. o.), lassen sich Silberverbindungen durch Komplexbindung des Silberions aus den Präparaten entfernen. In einzelnen Fällen wurde dazu das in der photographischen Technik gebräuchliche Natriumthiosulfat benutzt (CHAYEN 1953); dieses Salz besitzt aber eine stark quellende Wirkung, so daß die Lokalisierung der verbleibenden Metallniederschläge oft nur unsicher möglich ist (vgl. auch SOSA 1952). Daher wurde von METZNER (1952 a, b) Natriumnitrit-, von HAGENE (1955 a) Natriumhyposulfitlösung eingeführt.

Über die Brauchbarkeit des GIROUDschen Reagens, insbesondere über die Spezifität des cytochemischen VC-Nachweises sind zahlreiche Untersuchungen angestellt worden (s. z. B. CARUSO 1938 d, WOLF-HEIDEGGER und WALDMANN 1942, MÜLLER 1952, CLARA 1952 u. a.). Im lebenden Gewebe kommen neben der AS noch andere Silbernitrat reduzierende Substanzen vor, in grünen Pflanzenteilen vielfach erhebliche Mengen von Gerbstoffen. Nach Untersuchungen von DISCHENDORFER (1937) sollen allerdings die Tannine keine Störungen verursachen, doch ist nach Ansicht mehrerer Autoren (vgl. GAUTHERET 1934) damit zu rechnen, daß Flavonderivate durch das Chlorophyll photosensibilisiert werden, so daß sie bei Belichtung Silbernitrat zu reduzieren vermögen. Wenn auch dieser Ansicht für den Fall der Tannine nicht zugestimmt werden kann — Gerbstoffe und Assimilationspigmente sind in der lebenden Zelle räumlich voneinander getrennt —, so ist es im Interesse einer hohen Spezifität dennoch geraten, den VC-Nachweis stets in völliger Dunkelheit zu führen (vgl. GIROUD und LEBLOND 1936). Der Einfluß von Ferroionen, deren Vorkommen im Blatt sich durch verschiedene Reaktionen leicht demonstrieren läßt (vgl. HILL und LEHMANN 1941, LIEBICH 1941 u. a.), hat sich in Einzelfällen ausschließen lassen, indem z. B. METZNER (1952 a) zeigen konnte, daß Mesophyllzellen der *Agapanthus*-Blätter selbst nach der Einwirkung von *αα'*-Dipyridyl (Komplexbindung des Fe^{++}) noch eine normale $AgNO_3$-Reduktion erkennen lassen. In anderen Fällen dagegen beteiligen sich neben der AS mit Sicherheit noch andere Substanzen an der Silbernitratreduktion. So kommt in *Spirogyra*-Zellen eine offenbar tanninartige, im einzelnen noch nicht näher identifizierte Substanz vor, durch die Silbernitrat — wenn auch schwächer als durch AS — reduziert wird (KWIATKOWSKY 1950). Für *Vicia Faba* konnte NAGAI (1951) zeigen, daß die Silberschwärzung der Zellen zwar im wesentlichen auf die AS zurückgeht, daß daneben aber noch ein weiteres Redukton vorhanden ist, das sich durch papierchromatographische Untersuchung als Dioxyphenylalanin identifizieren ließ. Diese cyclische Aminosäure kommt auch in anderen Pflanzen vor; mit ihrem störenden Einfluß auf die cytochemische VC-Bestimmung ist damit auch für andere Objekte zu rechnen.

Gibt es einerseits eine Reihe von Störsubstanzen, über die im einzelnen auch schon im Abschnitt über die biochemische Vitaminbestimmung berichtet wurde (s. o.), so kann andererseits die Silberschwärzung selbst in Geweben ausbleiben, die sich bei der biochemischen Analyse als vitaminreich erweisen (vgl. HARRIS und RAY 1933 a, IIJIMA und HIRAOKA 1950). Diese Tatsache wurde schon von mehreren Autoren (GIRI und KRISHNAMURTHY 1940, FUJIMURA und MATSUDA 1952, FUJIMURA, MATSUDA und HIRAO 1952 u. a.) auf einen noch unbekannten Schutzstoff zurückgeführt. Wir wissen, daß insbesondere die Anwesenheit von Glutathion, aber auch die von Proteinen, die Empfindlichkeit der Reduktionsprobe erheblich herabsetzen kann (REINER 1952 u. a.). Besonders auffallend ist der negative Ausfall der Silbernitratreduktion in den Laubblättern von *Diospyros caci,* die mit einem AS-Gehalt von 300 mg-% zu den VC-reichsten Geweben überhaupt zählen. Hier erwies sich gleichzeitig vorhandene Oxalsäure als Hemmfaktor (NAGAI und OGATA 1952 a).

In cytochemischen Untersuchungen sind neben Silbersalzen auch andere Oxydationsmittel erprobt worden. Recht häufige Verwendung fanden insbesondere Selen- (EIDMANN 1937) und Tellurverbindungen (SAVELLI und CARUSO 1938 u. a.), die manchmal die gleichen Strukturelemente anzufärben scheinen wie die Silbersalzlösungen. Die Tatsache jedoch, daß auch VC-freie Samen Selenite und Tellurite deutlich zu reduzieren vermögen, spricht dagegen, daß es sich bei dieser Reaktion um einen AS-Nachweis handeln kann (EIDMANN 1937). Zudem zeigt sich die Selen- und Tellurreduktion in manchen Fällen an anderen Zellorten als die $AgNO_3$-Reduktion (SAVELLI und CARUSO 1938). Möglicherweise kann in der Verteilung der Selen- und Tellurschwärzungen ein Hinweis auf die Lokalisation von Sulfhydrylverbindungen gesehen werden. Für den VC-Nachweis ist auch die Reduktion von Tetrazolium- bzw. Triazoliumsalzen zum gefärbten Formazan (vgl. LAKON 1942 a, b) unbrauchbar. Zwar beobachtete DYAR (1953) eine Diformazanbildung in den Chloroplasten bzw. an der Plastidenoberfläche (vgl. Abb. 5), doch bleibt es sehr fraglich, ob $AgNO_3$- und Tetrazoliumreduktion auf den gleichen Reduktor zurückgeführt werden dürfen. Die Hemmung der Formazanbildung durch Dehydrasehemmstoffe spricht vielmehr dafür, daß die Tetrazoliumreduktion Dehydrasen anzeigt (ZIEGLER 1953). Weiter ist zu berücksichtigen, daß die Formazane außerordentlich lipoidlösliche Verbindungen darstellen, bei denen mit nachträglichen Verlagerungen innerhalb der Zelle gerechnet werden muß. Sobald keine sichtbaren Lipoide vorhanden sind, scheinen die Formazane in Mikrosomen, nicht dagegen in Chondriosomen lokalisiert zu sein (ZIEGLER 1953).

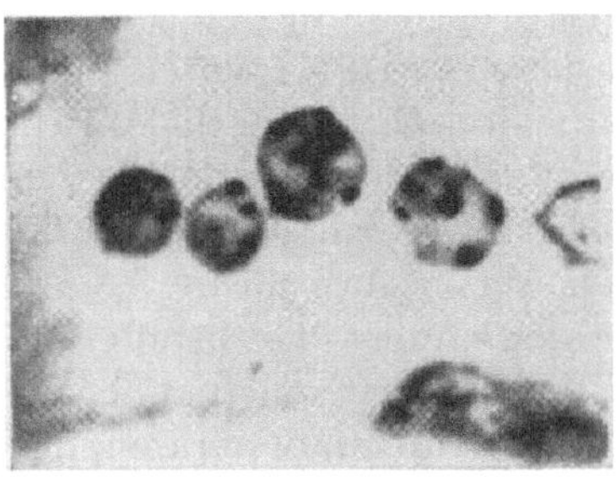

Abb. 5. Diformazan-Abscheidung an der Chloroplastenoberfläche. (Nach DYAR 1953.)

Demnach stellt die Silbernitratreduktion den einzigen cytochemischen AS-Nachweis dar. Ihre Spezifität ist nur gering, und der Cytologe wird in vielen Fällen darauf angewiesen sein, seine Beobachtungen durch biochemische Untersuchungen zu ergänzen. Es wäre daran zu denken, die Identität des $AgNO_3$-Reduktors mit der AS dadurch sicherzustellen, daß man die Präparate vor der Einwirkung des GIROUDschen Reagens mit AS-Oxydase behandelt — wie man z. B. die Ribonuclease für den cytochemischen Nachweis der Ribonucleinsäure einsetzt —, doch scheint sich noch niemand ernstlich mit dieser Möglichkeit beschäftigt zu haben. Zuvor wäre allerdings auch noch die umstrittene Frage der Spezifität der AS-Oxydase (s. o.) zu klären.

b) Cytochemie der l-Ascorbinsäure

1. Zellkern

Silberschwärzungen des Zellkerns bzw. der Kernmembran wurden häufig beschrieben (CARUSO 1938b, c, e, SAVELLI und CARUSO 1939 u. a.). Metallniederschläge nach Einwirkung von $AgNO_3$-Lösungen wurden dabei

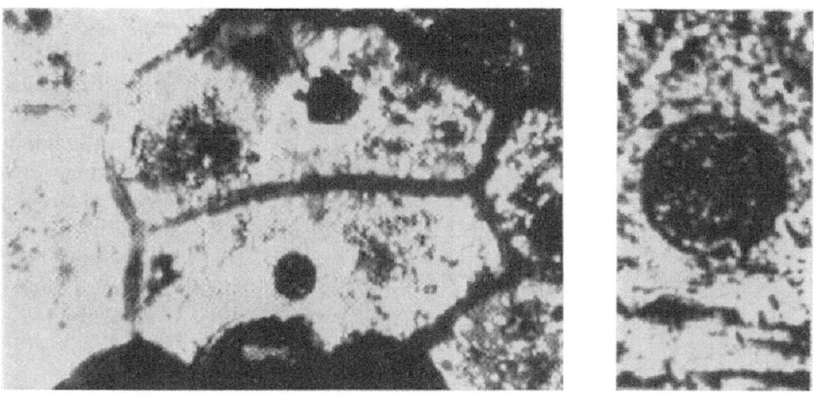

a *b*

Abb. 6. Silberabscheidungen im Zellkern von *a Arum italicum*, *b Clivia nobilis*. (Nach CARUSO 1938 c, e.)

sowohl an Interphasekernen (Abb. 6) als auch an Mitosechromosomen beobachtet (CHAYEN 1953). Pollenmutterzellen zeigen während der Meiose eine deutliche Silber- (oder Silbersalz-?) Abscheidung am Kern (HIRAOKA 1951). Es ist aber schwer zu entscheiden, inwieweit man bei der Kernreaktion mit Artefakten zu rechnen hat: So treten bisweilen in Quetschpräparaten Silberfällungen längs der Kernmembran auf, die sich in Schnittpräparaten nicht wiederfinden lassen (CHAYEN 1953). In einzelnen Fällen erwiesen sich die Kernschwärzungen als in Natriumhyposulfit löslich; SAVELLI und CARUSO (1940) vermuten daher, daß es sich bei diesen Niederschlägen um Ag_2O handelt.

Diese Befunde dürfen aber keinesfalls verallgemeinert werden. Bei Untersuchungen mit Silbernitratlösungen abgestufter Wasserstoffionenkonzentration ergab sich vielmehr, daß eine echte Ag-Abscheidung vorliegen kann. Die Reduktion innerhalb des Zellkerns bzw. längs der Kernmembran (vgl. Abb. 7) ist nur in einem relativ begrenzten (mittleren) pH-Bereich zu erhalten (METZNER 1952 a). Dies legt den Schluß nahe, daß es sich bei der Kernreaktion nicht um den Nachweis eines einfachen Reduktors — entsprechend der AS — handelt, sondern daß hier ein fermentativer Prozeß im Spiel ist. Lange Zeit hindurch konnten für den pflanzlichen Zellkern keine Oxydasen nachgewiesen werden, doch scheint es nach Untersuchungen von DOUNCE (1952) immerhin möglich, daß wenigstens die Äpfelsäure-Dehydrase und die Cytochrom-Oxydase vorkommen können. Selbst wenn sich diese Angaben nicht bestätigen sollten, so bleibt es doch möglich, daß an der Grenzschicht Cytoplasma-Zellkern dehydrierende Fermentsysteme lokalisiert sind, zumal für die Plasmagrenzschicht Oxydasen nachgewiesen werden konnten (QUASTEL 1926, QUASTEL und WOOLDRIDGE 1927 a, b, MANDELS 1953). Es ist denkbar, daß derartige Enzyme während der ersten Phase der Silbernitratbehandlung noch genügend aktiv sind, um einen Teil des Metallsalzes zu reduzieren.

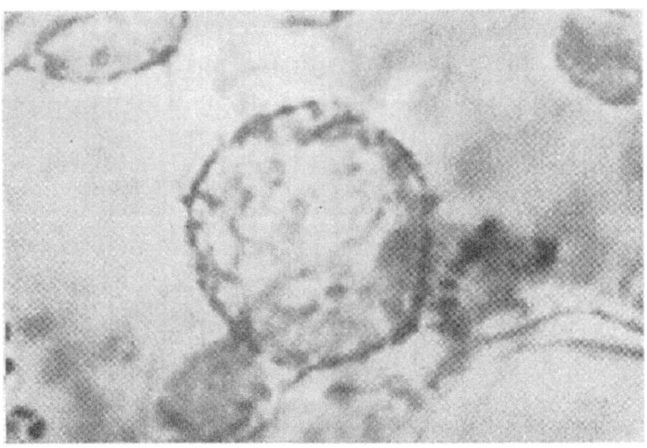

Abb. 7. Silberabscheidung längs der Kernmembran von *Agapanthus umbellatus*.
(Nach METZNER 1952 a.)

In isolierten (tierischen) Zellkernen wurde AS entdeckt (STERN und TIMONEN 1954); es bleibt abzuwarten, inwieweit sich diese ersten Befunde als allgemeingültig erweisen werden. Jedenfalls aber berechtigt uns der Ausfall der Silbernitratreduktion keinesfalls, auf das intranucleäre Vorkommen des VC zu schließen.

2. Plastiden

Besonders gründlich ist die Silbernitratreduktion der Plastiden untersucht worden (Sammelreferate: WEBER 1938 a, METZNER 1952 a, NAGAI 1955). Bei den Chloroplasten kommt es zu einer Photosensibilisierung der $AgNO_3$-Reduktion durch die Assimilationspigmente. Dadurch tritt eine sehr erhebliche Komplizierung ein, so daß eine positive Reduktionsprobe grüner Plastiden (im Licht) völlig anders zu bewerten ist als die Silberfällung durch andere Zellbestandteile. Eine Ausschaltung von Photosensibilisierungserscheinungen ist allein dadurch möglich, daß man in völliger Dunkelheit arbeitet. Vielfach zeigen auch verdunkelte Plastiden eine positive Reduktionsprobe (GAUTHERET 1934, WEBER 1937, CARUSO 1938 a, METZNER 1952 a u. a.); in anderen Fällen wurde keine Reaktion verdunkelter Chloroplasten gefunden (ERTL 1939). Während es sich in dem einen Falle um einen reinen VC-Nachweis handeln könnte — bei allen Vorbehalten, die bei der GIROUDschen Reduktionsprobe zu machen sind (s. o.) —, spielen in die Silbersalzspaltung belichteter Plastiden noch eine ganze Reihe weiterer Faktoren mit hinein, die einen direkten Schluß auf das Vorliegen von AS nicht gestatten.

Die Entdeckung der $AgNO_3$-Reduktion durch belichtete Chloroplasten geht auf MOLISCH (1918 a) zurück, nach dessen Angaben es sich bei dieser Reaktion um eine „L e b e n s r e a k t i o n“ handeln soll. Abgetötete Plastiden sollen zur Reduktion nicht mehr befähigt sein (vgl. auch MOLISCH 1921). Diese lichtbedingte Silbernitratreduktion chlorophyllführender Plastiden — die sich MOLISCH durch Formaldehyd verursacht dachte — ist als „Molischreaktion" in die Literatur eingegangen. Sie ist anscheinend unter allen assimilierenden Phanerogamen, Land- wie auch Wasserpflanzen (HAGENE 1955 b), verbreitet. Selbst chlorophyllarme Parasiten zeigen sie, z. B. *Cuscuta* (WALZEL 1952). Auch unter den autotrophen niederen Organismen ist die Molischreaktion — von den Cyanophyceen vielleicht abgesehen — wohl überall gefunden worden, wo man nach ihr gesucht hat (vgl. BOURNE und ALLEN 1935).

Um zunächst auf die angebliche Bedeutung der Reduktionsprobe als „Lebensreaktion" einzugehen, sei hervorgehoben, daß dieser Ansicht bereits von CZAPEK (1920) widersprochen wurde. Dieser Autor erhielt auch in abgetöteten Geweben noch eine $AgNO_3$-Reduktion, sofern er nur dafür Sorge trug, daß der lösliche Reduktor auch nach dem Tode der Zellen nicht aus dem Gewebe entfernt wurde. Andererseits ließ sich dieser bereits aus dem Zellverband extrahieren. CZAPEK hielt ihn für einen depsidartigen Körper; es ist jedoch nicht ausgeschlossen, daß er bereits AS vor sich hatte. Auch WEIER (1938) konnte bei verschiedenen Pflanzenblättern, u. a. von *Oxalis*, feststellen, daß die Molischreaktion — die er auf das Vorhandensein von AS zurückführte — so lange positiv bleibt, wie sich Oxydationen vermeiden lassen (vgl. auch LIEBALDT 1938). Das ist z. B. möglich durch Abtöten des Gewebes unter Sauerstoffausschluß, etwa im Vakuum oder in Wasserstoffatmosphäre (WEIER 1938); aber auch durch überhitzten Wasserdampf (CARUSO 1938 a), durch einfaches trockenes Erhitzen (CARUSO 1938 b) oder auch durch Thymol abgetötete Zellen können noch $AgNO_3$ reduzieren (HAGENE und GOAS 1946). Neuerdings hat sich zeigen lassen, daß Chloroplasten-Homogenisate, die nur mehr submikroskopische Lamellen enthalten, Silbernitrat zu reduzieren vermögen (THOMAS, POST und VERTREGT 1954). Es erscheint demnach der Schluß gerechtfertigt, daß die Molischreaktion so lange positiv bleibt, wie man bei der Präparation der Gewebe dafür sorgt, daß der vorhandene Reduktor — vermutlich AS — in der reduzierten Form vorliegt (vgl. METZNER 1952 a).

Die eigentliche Molischreaktion wird nur von chlorophyllhaltigen Plastiden gegeben. In Albinos fällt sie stets negativ aus (REUTER 1938), selbst dann, wenn biochemisch noch deutliche VC-Mengen nachweisbar sind (MAIROLD und WEBER 1950). Auch in chlorotischen (Magnesium- oder Eisenmangel) Blättern versagt die Reduktionsprobe, obwohl sich u. U. titrimetrisch noch unveränderte Mengen an AS nachweisen lassen (HAMDALLAH 1939). Ebenso ergeben etiolierte Keimlinge keine (NAGAI und OGATA 1952 b) oder nur eine sehr schwache (WEIER 1938) Molischreaktion. Überträgt man etiolierte Pflanzen ins Licht, so läßt sich die Bildung des $AgNO_3$-Reduktors ebenso wie die der Chlorophylle durch Enzymgifte sowie durch Plasmolyse hemmen. Sobald der Reduktor aber erst gebildet ist (vgl. IRVING 1910, BRIGGS 1920, s. u.), scheinen schon sehr geringe Chlorophyllmengen — wie sie in jugendlichen Plastiden vorhanden sind (GUILLIERMOND 1931) — für die Reduktion von Metallsalzlösungen auszureichen. Diese Tatsache ist von verschiedenen Autoren ausgewertet worden, um cytochemisch das Vorkommen von Chlorophyll nachzuweisen bzw. um winzige, einer oberflächlichen Beobachtung leicht entgehende Chloroplasten zu entdecken. So wurden durch die Anwendung der Molischreaktion chlorophyllführende Plastiden in Pollenschläuchen (RUHLAND und WETZEL 1924), in den meristematischen Zellen von Vegetationspunkten (SCHWARZ 1931) und in Pflanzenwurzeln (GAUTHERET 1935) nachgewiesen. Durch THOMAS, POST und VERTREGT (1954) wurde die $AgNO_3$-Reduktion dazu herangezogen, die pigmenthaltigen Teilstücke homogenisierter Chloroplasten mit einem Metallüberzug

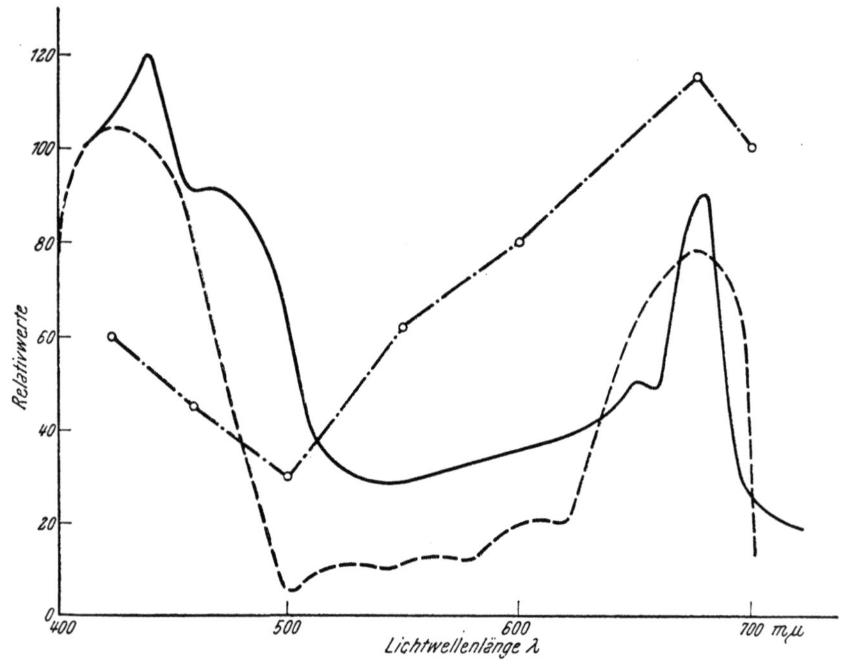

Abb. 8. Spektralabhängigkeit der Molischreaktion. ------- Absorptionsspektrum des Chlorophyll *a* (nach ZSCHEILE 1935); ——— Molisch-Reaktion im Chloroplasten-Homogenisat von *Hibiscus rosa sinensis* (nach THOMAS, POST und VERTREGT 1954); o-·-·-·-o Molischreaktion in den Mesophyllzellen von *Agapanthus umbellatus* (nach METZNER 1952 a).

zu versehen, um dann nachher im Elektronenmikroskop die Lokalisation des Chlorophylls innerhalb der Plastiden nachweisen zu können.

UV-Bestrahlung beschleunigt die Oxydation der AS in wässeriger Lösung (KON und WATSON 1936); das Chlorophyll scheint diese Reaktion auch für den längerwelligen Spektralbereich sensibilisieren zu können. Schon GAUTHERET (1934, 1935) hatte eine gewisse Spektralabhängigkeit der Molischreaktion beschrieben, die dann von METZNER (1952 a) eingehender untersucht wurde. Bei der Durchführung der Molischreaktion im energiegleichen monochromatischen Licht zeigte sich eine deutliche Übereinstimmung der Reaktionsintensität mit dem Absorptionsspektrum der Chlorophylle (Abb. 8). Noch deutlicher als im Gewebeschnitt läßt sich diese Parallelität bei der Untersuchung der Spektralabhängigkeit der Silbernitratreduktion durch isolierte Plastidengrana bzw. -granatrümmer demonstrieren (THOMAS, POST und VERTREGT 1954). Es ist andererseits bis jetzt nicht gelungen, eine zusätzliche Sensibilisierung der Molischreaktion auch für die „Grünlücke" der Chlorophylle dadurch zu erreichen, daß man die Plastiden mit einem fluoreszierenden Vitalfarbstoff (Rhodamin B) anfärbt (METZNER 1952 b). Interessant ist der Befund, daß sich eine einmal begonnene Reaktion im Dunkeln fortsetzt (GAUTHERET 1934). Nach den Untersuchungen von THOMAS, POST und VERTREGT (1954) scheint eine autokatalytische Zersetzung wässeriger Silbernitratlösungen unter dem Einfluß bereits abgeschiedenen Metalls — zumindest in den geprüften Plastiden-Homogenisaten — nicht möglich zu sein. Wohl aber können die im Licht abgelagerten Silberkörner im Dunkeln als Kristallisationskeime dienen; an sie lagert sich das Metall an, das durch noch unverbrauchten Reduktor freigesetzt wird (vgl. ABEGG und AUERBACH 1908).

Es besteht ein im einzelnen noch unerklärlicher Zusammenhang zwischen dem Eintritt der Molischreaktion und dem Fluoreszenzvermögen der Chloroplasten (HAGENE 1937, HAGENE und GOAS 1946, 1949 a, b). Bei der Abtötung der Zellen — etwa mittels flüssiger Luft — bleibt die Rotfluoreszenz der Plastiden erhalten, nicht aber deren Reduktionsfähigkeit (HAGENE und GOAS 1949 a). Diese Beobachtung zeigt, daß das Chlorophyll allein nicht zur $AgNO_3$-Reduktion befähigt ist. Nahegelegt wird dieser Schluß zudem durch Untersuchungen an Keimlingen und an etiolierten Pflanzen: Eine positive Molischreaktion läuft erst dann ab, wenn neben den Assimilationspigmenten noch ein besonderer Reduktor gebildet ist (vgl. IRVING 1910, BRIGGS 1920).

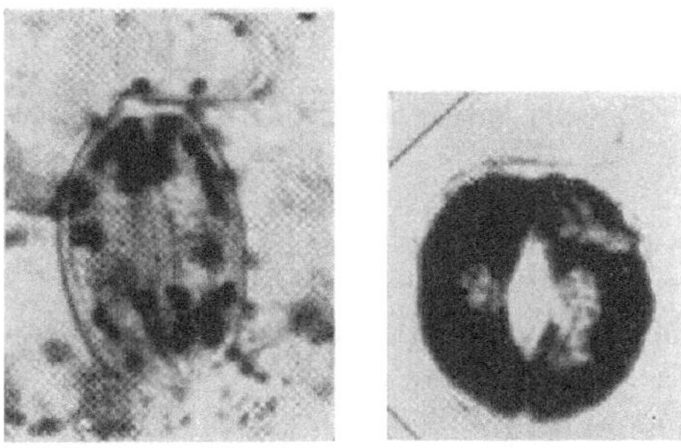

a b

Abb. 9. Silbernitratreduktion in Schließzellen. Vergleich der Metallausfällungen *a* bei Spaltenschluß. *b* bei geöffneten Stomata, (Nach HÖFLER 1939).

Besonders interessant ist die Molischreaktion der Schließzellen. Diese können in ihrer Reduktionsfähigkeit erheblich vom umgebenden Gewebe abweichen, von dem sie sich ja auch stoffwechselphysiologisch unterscheiden (vgl. REUTER 1938). Nach Beobachtungen von LINSBAUER (1926) und HÖFLER (1939) tritt eine alleinige Reaktion der Chloroplasten nur bei Spaltenschluß ein, d. h. aber: bei niedrigem pH-Wert, während umgekehrt bei geöffneten Spalten eine diffuse Silberfällung im Plasma vorherrscht (Abb. 9). Diese Ergebnisse legen eine deutliche pH-Abhängigkeit nahe. Daß es sich hier tatsächlich um einen Einfluß der Wasserstoffionenkonzentration handelt, zeigen vor allem die Untersuchungen von METZNER (1952 a). Demnach erhält man nur mit stark angesäuerten Reagenslösungen eine ausschließliche Plastidenschwärzung. Je geringer die Azidität ist, desto mehr dehnen sich die Silberfällungen auch auf die übrige Zelle aus, bis schließlich in alkalischer $AgNO_3$-Lösung eine diffuse Schwärzung des gesamten Zellinhalts eintritt (vgl. NAGAI 1950).

Die Deutung der Molischreaktion wird vor allem dadurch erschwert, daß sich die Reduktion der Metallsalze nicht in einem einfachen wässerigen Medium, sondern an mikroskopischen und submikroskopischen Strukturelementen der Zellen abspielt. Wir müssen daher mit einer B e t e i l i g u n g v o n O b e r f l ä c h e n k r ä f t e n rechnen (vgl. MIRIMANOFF 1938c, 1940, 1943), die sich schon bei der Reduktion von $AgNO_3$-Lösungen in einfachen Modellsystemen bemerkbar machen. Es war schon lange bekannt, daß Cystolithen Silbersalze zu reduzieren vermögen (MOLISCH 1918b, MIRIMANOFF 1940 u. a.). MIRIMANOFF (1940) konnte nun zeigen, daß auch mit Chlorophyll überzogene Bimssteinstückchen aus $AgNO_3$-Lösungen metallisches Silber abscheiden, Offenbar ist aber bei derartigen Modellsystemen das Chlorophyll auch zu entbehren: NAGAI (1950) suspendierte verschiedene Adsorbentien (Aluminiumhydroxyd, Kieselgur, Silicagel u. a.) in Agar, dem 50 bis 100 mg-% AS zugesetzt waren. Im Falle einer Aluminiumhydroxydeinlagerung ließen dünne Scheiben dieses Gels bei Behandlung mit angesäuerter (pH $\approx$ 4—5) Silbernitratlösung eine Metallabscheidung ausschließlich an der Oberfläche der suspendierten Partikel (Korndurchmesser $\approx 40\,\mu$) erkennen. Mit ammoniakalischer $AgNO_3$-Lösung (pH $\approx$ 8—9) dagegen trat eine im ganzen Gel verstreute Silberausfällung ein. Dieser einfache Modellversuch führt somit zu einem recht ähnlichen Ergebnis wie die Molischreaktion innerhalb der lebenden Zelle, nur daß ohne gleichzeitige Einlagerung eines Sensibilisators (s. dagegen MIRIMANOFF 1940) keine Licht-

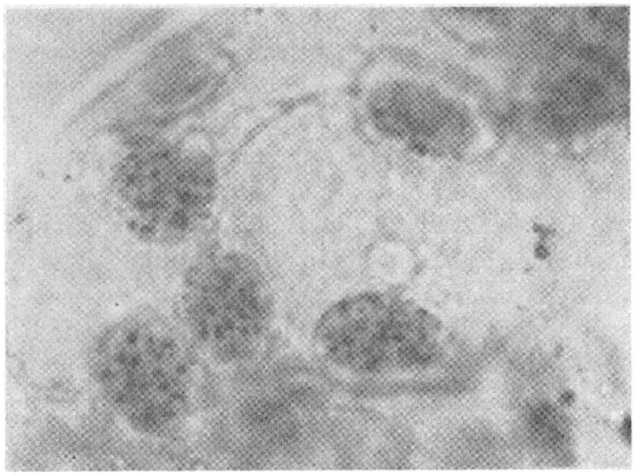

Abb. 10. Chloroplasten von *Agapanthus umbellatus* mit versilberten Grana; Stroma nur schwach gebräunt.
(Nach METZNER 1952 a.)

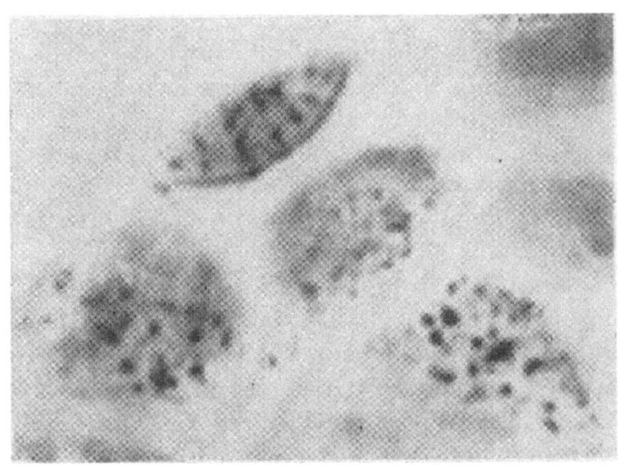

Abb. 11. Chloroplasten von *Agapanthus umbellatus* mit versilberten Grana. Der obere Chloroplast läßt in der Profilstellung die Anordnung der Silberausfällungen in senkrechten Reihen („Geldrollen") erkennen.
(Nach METZNER 1952 a.)

abhängigkeit festzustellen ist. Betrachtet man die Lokalisierung der Metallabscheidungen innerhalb der Chloroplasten, so erkennt man keineswegs eine gleichmäßige Schwärzung des Chromatophors, sondern vielmehr - zumindest in sauren Reagenslösungen — eine Beschränkung auf einzelne Punkte (Nagai 1950, 1955, Metzner 1952 a, vgl. Abb. 10). Es ist viel darüber gestritten worden, ob es sich bei den Reaktionsorten um die Plastidengrana handelt oder ob nur eine granuläre Niederschlagsbildung vorliegt (vgl. Caruso 1938 b, Dyar 1953). Es ist aber wohl als wahrscheinlich anzunehmen, daß tatsächlich eine Versilberung der Grana erfolgt: In zahlreichen Präparaten lassen die Silberausscheidungen in den Plastiden eine geldrollenartige Schichtung erkennen (Abb. 11), wie wir sie von den Plastidengrana her kennen (vgl. Strugger 1951). Dies mag mit der Konzentrierung der Chlorophylle in den Grana zusammenhängen, zumal Chlorophyll-AS-Komplexen ein besonders niedriges Redoxpotential zukommen soll (Krasnovskii und Brin 1950, s. o.).

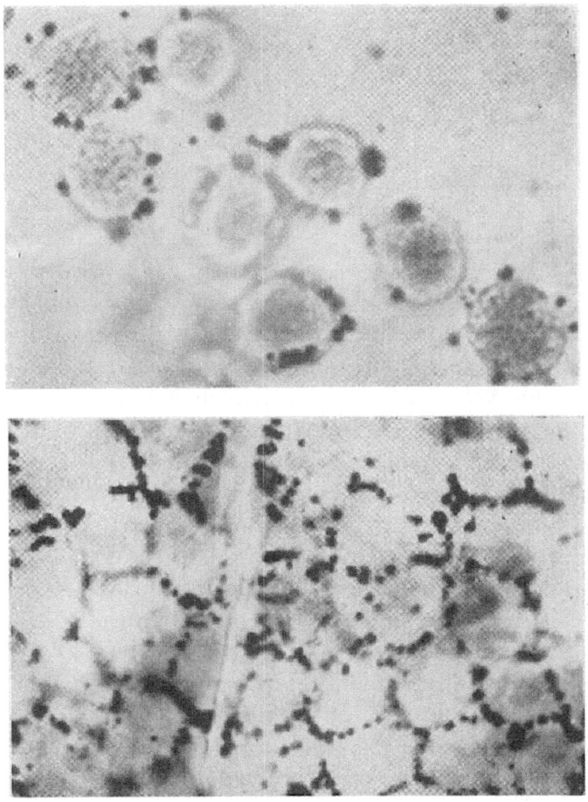

Abb. 12. Silberniederschläge an der Oberfläche der Chloroplasten von *Agapanthus umbellatus*. In (*b*) umziehen die Metallpartikel perlschnurartig die Plastiden mehrerer Zellen. (In der Mitte des Bildes eine Zellwand.)
(Nach Metzner 1952 a.)

Die Ausfällung des metallischen Silbers durch Chloroplasten führt aber keineswegs in allen Fällen zu einem übereinstimmenden mikroskopischen Bild. Bisweilen erkennt man keine granuläre Schwärzung innerhalb der Plastiden, sondern lediglich eine mehr homogene oder auch granuläre Fällung an der Plastidenoberfläche (Abb. 12). Diese Reaktion tritt bevorzugt innerhalb eines ganz bestimmten pH-Bereichs ein (vgl. Metzner 1952 a). Es sind auch Fälle beschrieben worden, wo das Plastidenstroma geschwärzt, die Masse der Grana aber ungefärbt war (Pekarek 1938, vgl. Abb. 13). Soweit sich einwandfrei zeigen läßt, daß derartige Schwärzungsverteilungen nicht durch optische Effekte (vgl. Metzner 1952 a) lediglich vorgetäuscht werden, dürften Schutzstoffe (Carotinoide?) im Spiel sein. Mehrfach läßt sich auch innerhalb der Zelle eine Polarität in bezug auf den Ausfall der Molischreaktion erkennen (LIEBALDT 1938, HAGENE 1955 a, vgl. Abb. 14). In anderen Geweben wiederum treten inmitten ungefärbter Zellkomplexe kleinere „Nester" gefärbter Plastiden auf (LIEBALDT 1938, vgl. Abb. 15). Hier mag das langsame Eindringen des Silbersalzes durch Orte geringsten Permeationswiderstandes im Spiel sein. Auch innerhalb des Plastiden selbst sind bisweilen noch Unterschiede zu erkennen, so daß es durch die Schwärzung zu einer „Kappen"-Bildung kommt (WEBER 1937, vgl. Abb. 16). Manchmal entstehen bei der Einwirkung von Silbernitratlösungen auf pflanzliche Gewebe Ausfällungen nach dem Bilde der Liesegangschen Ringe (s. z. B. MÖLLER 1921, LIEBALDT 1937, vgl. Abb. 17). Die Zonierung kann dabei über die Zellgrenzen hinweglaufen. Dies ist für die verschiedensten Objekte beschrieben worden, so für Blütenblätter von *Malva*, *Tulipa* und *Convallaria* (LIEBALDT 1938), *Selaginella* u. a. (vgl. auch KÜSTER 1942). Derartige Zonierungen treten bei mehreren cytochemischen Reaktionen auf, so z. B. beim cytochemischen Kaliumnachweis durch Kobaltnatriumnitrit (LLOYD 1925). Im Falle der Molischreaktion ist es aber noch unentschieden, ob es sich bei diesen Ausfällungen wirklich um eine Reduktion und damit bei den Niederschlägen um metallisches Silber handelt oder aber ob hier lediglich ein zu Übersättigungserscheinungen neigendes Silbersalz ausgefällt wird.

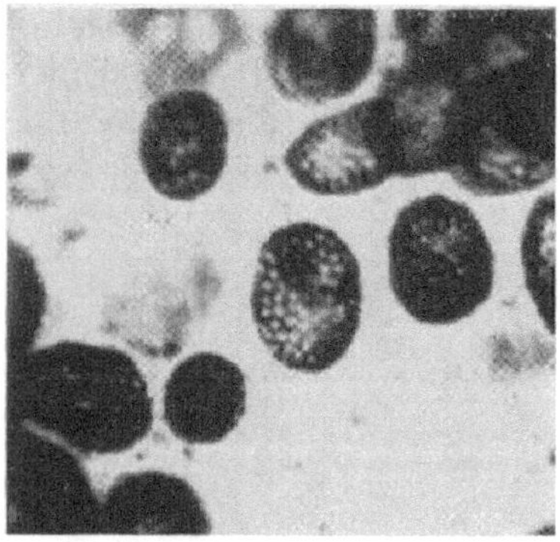

Abb. 13. Chloroplasten von *Gladiolus*-Zellen mit geschwärztem Stroma bei negativer Reaktion der Grana. (Nach PEKAREK 1938.)

Eine Deutung der Silberschwärzungen durch die Annahme des Freiwerdens „nekrobiotischer Strahlen" im Augenblick des Zelltodes (LEPESCHKIN 1934 a, b) erscheint unmöglich, allein schon deshalb, weil abgetötete Gewebe noch lange eine positive Reduktionsprobe zeigen können (s. o.).

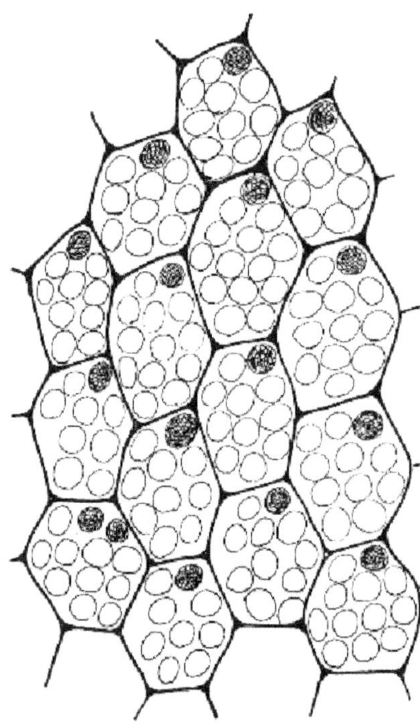

Abb. 14. Polarer Eintritt der Molischreaktion in *Mnium*-Zellen. (Nach LIEBALDT 1938.)

Es ist zu diskutieren, inwieweit überhaupt die **Molischreaktion als Hinweis auf das Vorliegen von AS** angesprochen werden darf. Daß neben dem Chlorophyll noch ein besonderer Reduktor vorhanden sein muß, ist vielfach gezeigt worden (s. o.); in vielen Fällen soll dieser ähnlich wie die Carotinoide verteilt sein (CARUSO 1938 c). Durch elektrometrische Messungen ist bekannt, daß das Redoxpotential der Plastiden bei Belichtung absinkt (MACDOWALL 1952, GILMOUR, LUMRY und SPIKES 1953). Daß aber kein unmittelbarer Zusammenhang zwischen der Photosynthese und der Molischreaktion existieren kann, zeigt die Beobachtung, daß sich diese im Gegensatz zur CO_2-Assimilation weder durch Cyanid noch durch Phenylurethan hemmen läßt (GAUTHERET 1934). Auch die gelegentlich vertretene Ansicht, daß Glucose für die Silberschwärzungen verantwortlich zu machen sei (MIRIMANOFF 1938 c, ERTL 1939), kann nicht richtig sein, da Traubenzucker angesäuerte $AgNO_3$-Lösungen nicht zu reduzieren vermag (vgl. DISCHENDORFER 1937). Bei der Behandlung grüner Blätter mit fuchsinschwefliger Säure fand WIELER (1936) eine positive Aldehydreaktion der Chloroplastengrana. Er schrieb diese Reaktion starkreduzierenden Terpenkörpern zu und versuchte, die Molischreaktion durch die Annahme zu erklären, daß sich im Chloroplasten ätherische Öle finden. Daß aber Aldehyde nicht für die Silbernitratreduktion verantwortlich sein können, zeigt METZNERS (1952 a) Feststellung, daß die Molischreaktion auch nach vorheriger Behandlung der Zellen mit Dimedon (Fällungsmittel für Aldehyde) positiv ausfällt. Dennoch bleibt es fraglich, ob man aus der bevorzugten Silbernitratreduktion der Plastiden auf das ausschließliche oder auch nur bevorzugte Vorkommen von AS in diesem

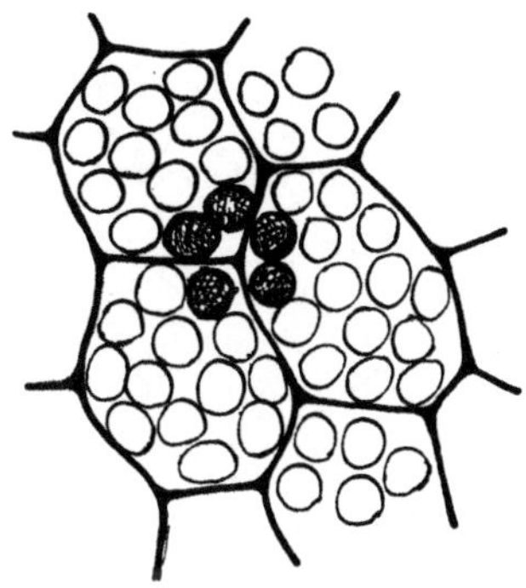

Abb. 15. Molischreaktion in *Mnium*-Zellen: Beschränkung der Silbernitratreduktion auf ein „Nest" (siehe Text). (Nach LIEBALDT 1938.)

Abb. 16. Silber-„Kappen" an der Oberfläche der Chloroplasten von *Selaginella helvetica*. (Nach WEBER 1937.)

Zellorganell schließen darf. MIRIMANOFF (1943) will nach Abtöten der Zellen mittels Quecksilberphenylborats und Auswaschen der AS noch eine positive Molischreaktion erhalten haben. Bevor aber aus diesem Ergebnis der Schluß gezogen werden darf, daß die AS nicht mit dem $AgNO_3$-Reduktor der Plastiden in Verbindung gebracht werden darf (siehe auch MIRIMANOFF 1939 b), bleibt sehr sorgfältig zu untersuchen, ob vor der Metallsalzeinwirkung wirklich die gesamte AS-Menge entfernt war. Gebundene AS (s. o.) wird u. U. sehr hartnäckig festgehalten, und ehe nicht durch biochemische Methoden einwandfrei erwiesen ist, daß Zellen auch ohne irgendwelche AS-Komplexe noch eine normale Molischreaktion geben können, sind aus den MIRIMANOFFschen Ergebnissen keine weiteren Folgerungen zu ziehen.

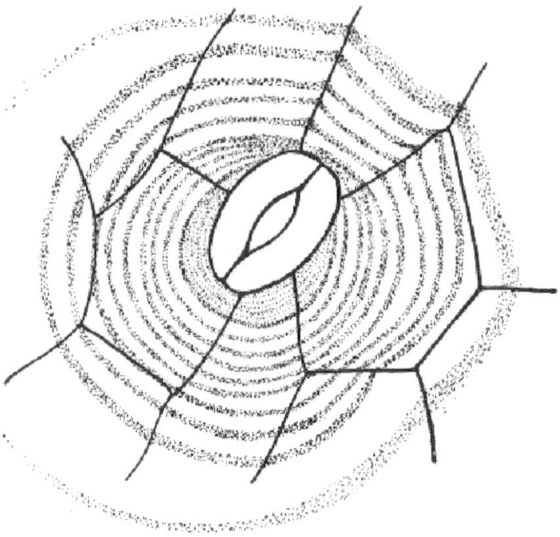

Abb. 17. Silberausfällung in Form Liesegangscher Ringe. (Nach LIEBALDT 1937.)

Biochemische Kontrollen an isolierten Chloroplasten konnten in keinem einzigen Falle den Beweis dafür erbringen, daß die Plastiden besonders reich an VC sind. Zwar wurde AS gefunden (NEISH 1939, FUJIMURA, HAMAGUCHI und IKEDA 1951, JONES und HAMNER 1953, u. a., siehe aber COMAR 1942), doch wiesen die Homogenisate auch nach dem Abtrennen der Plastiden noch VC auf. Bei allen diesen Untersuchungen muß aber bedacht werden, daß die Homogenisierung in wässerigem Medium zur Abtrennung leichtlöslicher Stoffe von ihrem ursprünglichen Träger führen wird, so daß sich in den sedimentierten Plastiden ganz andere Mengenverhältnisse finden müssen als in der intakten Zelle (vgl. BUKATSCH 1940, METZNER 1954). Bis heute haben wir leider noch keine Möglichkeit, diese Umlagerungen auszuschließen; vielleicht bringt die Anwendung anderer Dispersionsmittel in der Zukunft einen Fortschritt.

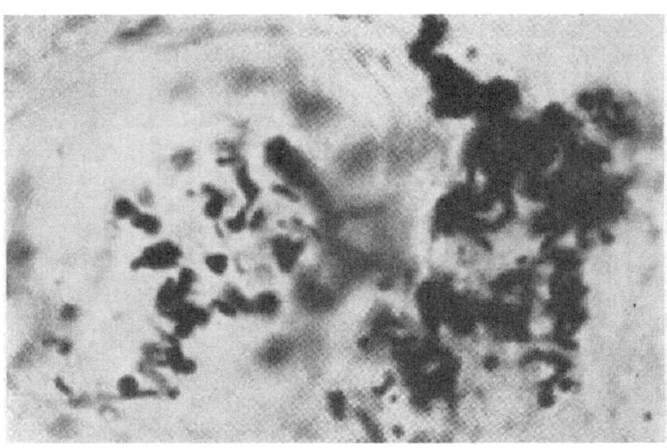

Abb. 18. Diffuser Silberniederschlag im Cytoplasma von *Agapanthus*-Zellen. (Nach METZNER 1952 a.)

Dürfen wir einerseits die histochemischen Befunde nicht als Beweis für das ausschließliche oder auch nur überwiegende Vorkommen der AS in den Plastiden ansehen, so liefern uns andererseits die biochemischen Kontrolluntersuchungen an isolierten Chloroplasten keinen Gegenbeweis. Somit muß die Frage nach der Bedeutung der Molischreaktion als AS-Nachweis vorerst noch offen bleiben. Sehr viel spricht dafür, daß angesäuerter Silbernitratlösung eine recht hohe Spezifität für den cytochemischen VC-Nachweis zukommt, vor allem, wenn durch entsprechende Kontrollen eine Ausschaltung anderer starkreduzierender Zellinhaltsstoffe garantiert ist.

Das gleichzeitige Vorkommen der AS mit Antioxydantien (Sulfhydrylverbindungen, Carotinoiden u. a.) mindert aber den Wert dieser Reaktion erheblich, doch haben wir bis heute für das antiskorbutische Vitamin noch kein anderes Nachweisverfahren, das sich für cytologische Zwecke eignen würde.

3. Cytoplasma

Sofern man mit sauren $AgNO_3$-Lösungen arbeitet, erhält man im Cytoplasma selbst nur unbedeutende Silberausscheidungen. Bei der Anwendung nur schwach saurer oder gar neutraler bis schwach basischer Silbersalzlösungen dagegen findet man in den Schnitten diffus verteilte Metallgranula (s. Abb. 18), die man aber mangels Spezifität der neutralen $AgNO_3$-Lösung nicht als Hinweis auf das Vorliegen von AS ansehen darf. In einzelnen Fällen, z. B. im Fruchtfleisch von *Polygonatum multiflorum,* ist eine „inverse Molischreaktion" beobachtet worden, d. h. bei Plasmaschwärzung erwiesen sich die Plastiden als völlig ungefärbt (Weber 1938 a, vgl. Abb. 19).

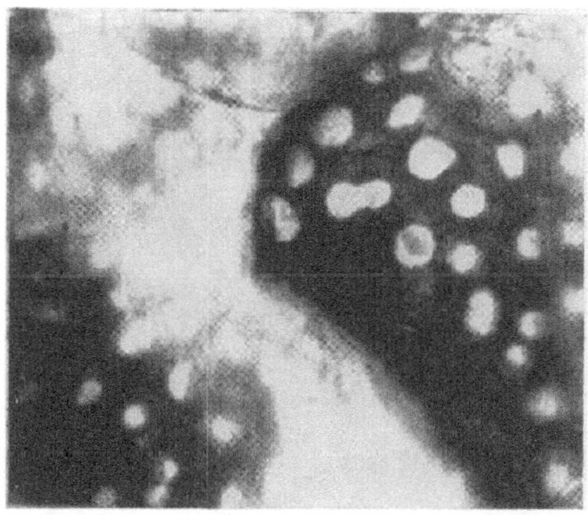

Abb. 19. „Inverse Molischreaktion" (Schwärzung des Cytoplasmas bei negativer Reaktion der Plastiden) in den Fruchtfleischzellen von *Polygonatum multiflorum.* (Nach Weber 1938 a.)

Eine sorgfältige mikroskopische Untersuchung macht es aber wahrscheinlich, daß nicht die cytoplasmatische Grundsubstanz geschwärzt ist; Chayen (1953) hält es nach seinen Untersuchungen an der Zwiebelwurzel für wahrscheinlich, daß in den Wurzelmeristemzellen die AS in den Mitochondrien vorliegt. Bei diesem Objekt scheint demnach eine Lokalisierung der Silberschwärzung an mikroskopisch sichtbaren Strukturelementen des Plasmas möglich zu sein. In manchen Fällen erhält man im Cytoplasma fädige oder netzige Silberausfällungen, die u. U. den Zellkern umspinnen können (Metzner 1952 a, s. Abb. 20). Sie erinnern an den Golgiapparat der tierischen Zelle (vgl. Gicklhorn 1932, Guilliermond 1934); es ist noch zu untersuchen, inwieweit es sich bei diesen Bildern um durch die Metallsalzlösungen bedingte Fixierungsartefakte handelt. In anderen Fällen findet man die $AgNO_3$-Reduktion der Zelle vorwiegend auf das oberflächennahe Cytoplasma beschränkt (Metzner 1952 a, vgl. Abb. 21, s. auch Jensen und Kavaljian 1956).

4. Vakuole

Vielfach erhält man in der Vakuole einen sehr starken Silberniederschlag. Da sich der Vakuoleninhalt relativ viel leichter abtrennen läßt als andere Zellbestandteile, sind wir auch über die in ihm vorkommenden Reduktoren besser unterrichtet. Er enthält vielfach eine ganze Reihe starker Reduktionsmittel, u. a. Flavonkörper, vor allem Tannine. DISCHENDORFER (1937) erhielt in Vakuolen der *Gladiolus*-Zellen eine eindeutige Reduktion sowohl von Kaliumpermanganat als auch von Kaliumferricyanid; auch mit *o*-Nitroso-Nitrobenzol (Reaktion nach KUHN und WEYGAND 1936) ergab sich eine positive Reaktion, was die Vakuole deutlich von den Plastiden unterscheidet.

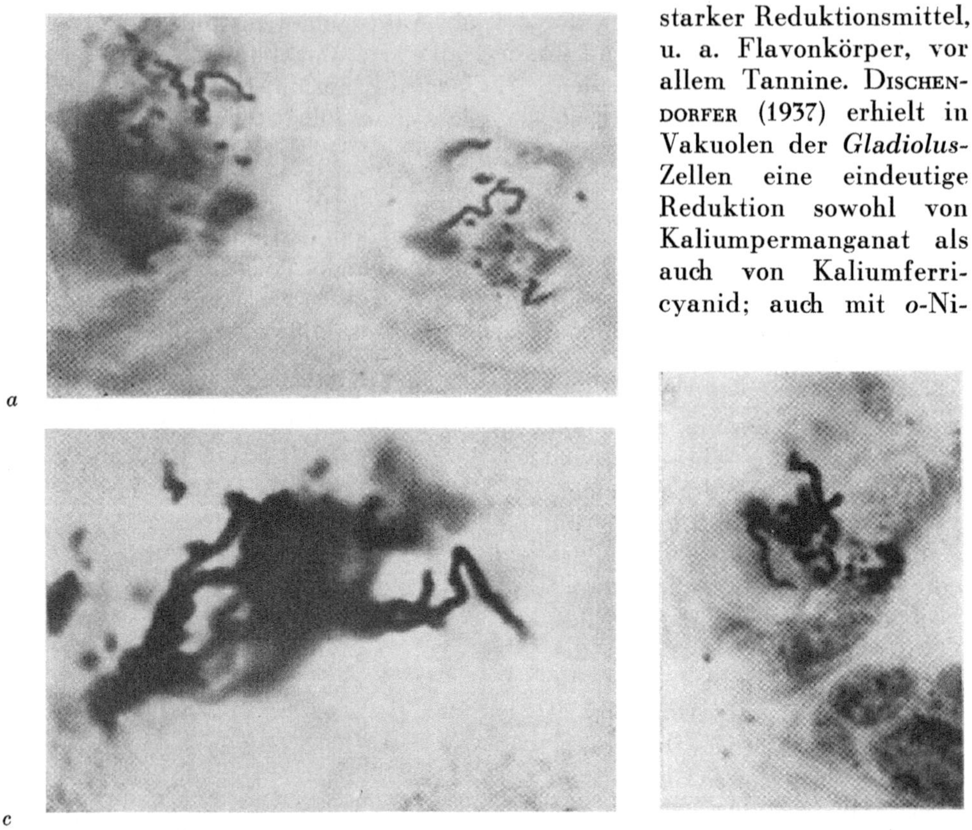

Abb. 20. Fädige Silberniederschläge im Cytoplasma der Mesophyllzellen von *Agapanthus umbellatus*, in (*c* den Zellkern umspinnend. (*a* und *c* nach METZNER 1952 a, *b* Original.)

Daneben befindet sich in den Vakuolen oft eine beträchtliche Menge an AS. Insbesondere der hohe VC-Gehalt der *Citrus*-Früchte ist schon lange bekannt (CHICK, HUME, SKELTON und SMITH 1918, HARDEN und ZILVA 1918, DAVEY 1921 u. a.). Es gibt aber auch vitaminarme Vakuolen, z. B. bei Weintrauben. Ein Zusammenhang zwischen dem pH-Wert und der Vitaminmenge scheint nicht zu existieren (BRACEWELL und ZILVA 1931), wohl aber ein solcher zwischen dem VC-Gehalt und der Carotinoidmenge (s. o.).

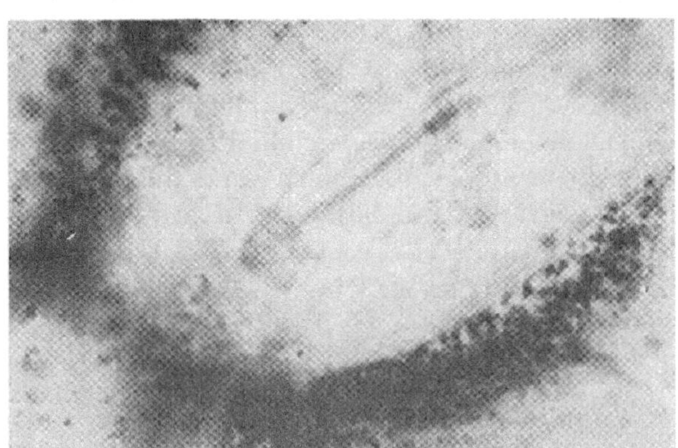

Abb. 21. Silberausfällung längs der Plasmagrenzschicht einer Schließzelle von *Agapanthus umbellatus*. (Nach METZNER 1952 a.)

C. Die Biosynthese der l-Ascorbinsäure

Während in der erwachsenen Pflanze ausschließlich die chlorophyllführenden Teile zur AS-Synthese befähigt sind (s. u.), ist die VC-Bildung im keimenden Samen im Prinzip lichtunabhängig (Eggleton und Harris 1925). Das schließt allerdings keineswegs aus, daß nicht auch hier bei Lichtkeimung ein höherer Vitamingehalt beobachtet wird als in Dunkelkontrollen (Heller 1928, Reid 1938). Diese AS-Synthese während der Keimung ist schon seit langer Zeit bekannt (Young 1782, s. o.), doch wissen wir bis heute über den Ablauf dieses Prozesses sehr wenig. Es ist kaum mehr bewiesen, als daß Erbsenkeimlinge das Vitamin aus Saccharose aufbauen können, wobei sich die verschiedenen Varietäten in ihrer Fähigkeit, diesen Umbau durchzuführen, deutlich unterscheiden (Bonner und Bonner 1938). Erst in neuerer Zeit sind Versuche über die Verwendbarkeit verschiedener organischer Verbindungen für die AS-Synthese angestellt worden (s. u.).

Demgegenüber ist die AS-Bildung in allen grünen Pflanzenteilen deutlich lichtabhängig (Heller 1928, Matsuoka 1935 a, b, Lee und Read 1936, Reid 1937, Winter 1952 a, Mapson, Isherwood und Chen 1954 u. a.). Die Lichtförderung wird erkennbar, sobald die betreffenden Organe Chlorophyll gebildet haben (Sugawara 1939 a). Bis zu einer Beleuchtungsintensität von $\approx$10.000 Lux dürfte eine positive Korrelation zwischen der AS-Bildung und der Assimilationsintensität bestehen (Sugawara 1939 a); schon das Abschattieren einzelner Pflanzenteile kann zu einem meßbaren Absinken der Vitaminmenge führen (Kessler 1939, Harding, Winston und Fisher 1939, Harding und Thomas 1942). Demgemäß ist für die AS-Synthese auch der Rotanteil des Spektrums ausschlaggebend; im kurzwelligen Bereich ist keine klare Förderung zu erhalten (Sugawara 1939 b). Unerklärlich bleibt zunächst noch eine Angabe von Sur, Roy und Guha (1949), wonach *Phaseolus radiatus* im Sonnenlicht und bei künstlicher Beleuchtung vor allem das langwellige UV — zwischen 300 und 400 mμ — ausnutzen soll, doch bleibt eine Bestätigung dieses Befundes noch abzuwarten. Neben der Beleuchtungsintensität spielt auch die Zahl der täglichen Lichtstunden eine gewisse, wenn auch offenbar geringere Rolle. So weisen z. B. Tomaten unter Kurztagbedingungen weniger AS auf als im Langtag gehaltene Kontrollpflanzen (Hamner, Bernstein und Maynard 1945, vgl. auch Karikka, Dudgeon und Hauck 1944). Nicht nur in Laubblättern, sondern auch in anderen Pflanzenteilen ist eine Lichtförderung der AS-Synthese festzustellen. So pflegen auch Früchte um so mehr VC zu enthalten, je intensiver sie besonnt sind (Harding, Winston und Fisher 1939, Wokes und Organ 1943, Hamner, Bernstein und Maynard 1945, Somers, Kelly und Hamner 1948 u. a.). Nach Untersuchungen von Weber (1940 a) findet sich auch in belichteten *Stachys*-Rhizomen ein erhöhter AS-Gehalt.

Offenbar im Zusammenhang mit dem täglichen Licht-Dunkel-Wechsel zeigen viele Pflanzen neben den jahreszeitlichen (Bukatsch 1943, Daglish

1951 u. a.) auch noch tagesperiodische Gehaltsschwankungen an AS (Moldtmann 1939, Smith und Gillies 1940, Kohmann und Porter 1940, Reid 1941 a, Hagen 1953 b u. a.). Nach den Feststellungen von Moldtmann (1939) findet man in den Laubblättern von *Lamium album* die Maximalkonzentration am frühen Nachmittag (vgl. Abb. 22). Die Phasenlage der beobachteten Konzentrationsschwankungen spiegelt recht klar den Beleuchtungsrhythmus wider — die Lage der Umkehrpunkte ist infolge der geringen Zahl der Messungen nicht deutlich bestimmt —, doch sollen sich die periodischen Mengenänderungen in anschließendem Dauerdunkel noch eine Weile fortsetzen, worin die Beteiligung einer endogenen Komponente zu sehen wäre. Es ist denkbar, daß die AS-Abnahme während der

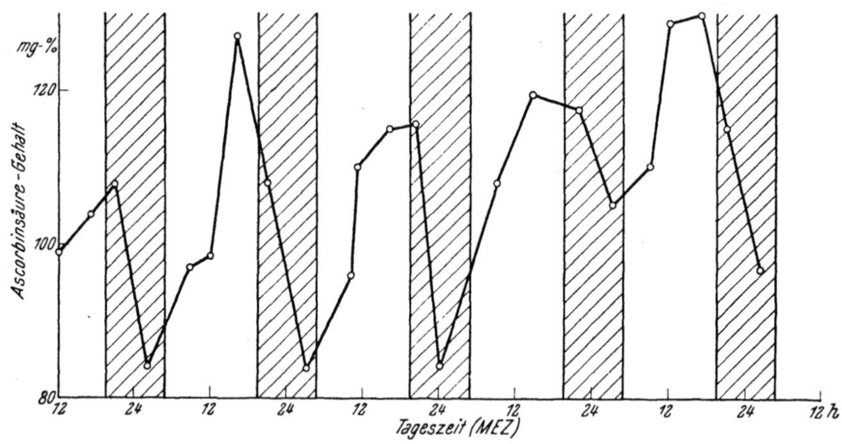

Abb. 22. Tagesperiodische Veränderungen des Ascorbinsäuregehalts von *Lamium*-Blättern (Zeit von Sonnenuntergang bis -aufgang schraffiert).
(Nach Moldtmann 1939, umgezeichnet.)

Dunkelphase auf ihren Verbrauch beim Wachstum zurückgeht; denn bei tiefen Temperaturen, bei denen das Streckungswachstum völlig sistiert ist, tritt auch im Dunkeln kein Vitaminverlust ein (Reid 1941 b). Ein ganz anderer Tagesgang ist in *Spirogyra*-Kulturen beobachtet worden (Moldtmann 1939). Hier zeigt sich zwischen 0 und 2 Uhr (nachts) ein rascher Konzentrationsanstieg, gefolgt von einem ebenso raschen Rückgang der AS-Menge (vgl. Abb. 23). Es liegt nahe, an einen Zusammenhang mit der Mitosehäufigkeit zu denken, die gegen 2 Uhr ihr Maximum erreicht (vgl. aber Wasiuta 1949). Leider sind aber die meisten Untersuchungen nicht so sorgfältig ausgeführt worden, daß man über den Tagesverlauf verläßliche Angaben machen könnte; insbesondere reicht zumeist die Zahl der Messungen bei weitem nicht aus, um bei der Uneinheitlichkeit des normalerweise verwendeten Versuchsmaterials (genetisch bedingte Differenzen, s. o.) einen bestimmten Tagesgang zu erfassen und in seinem Verlauf statistisch zu sichern. Es kann daher auch nicht überraschen, wenn eine Reihe von Autoren aus ihren Messungen keine tagesperiodischen Veränderungen ablesen kann (Platenius 1945, Seybold und Mehner 1948). Jedenfalls bedarf die Frage tagesperiodischer Gehaltsschwankungen für das VC — auch im Hinblick auf deren allgemein-physiologisches Interesse — noch exakterer Nachuntersuchungen.

Nicht nur das Licht, sondern auch die Ernährungsbedingungen beeinflussen die AS-Bildung. Es ist schon länger bekannt, daß in Vollsalz-Nährlösungen aufgewachsene Pflanzen einen höheren VC-Gehalt aufweisen als in Mangellösungen gezogene Kontrollen (Giroud, Ratsimamanga, Leblond, Chalopin und Rabinowicz 1936, vgl. v. Hausen 1935). Verschiedene Mineralsalze können — unabhängig von einer osmotischen Wirkung — die Synthese hemmen oder auch fördern. So wird für $NaNO_3$ eine Förderung, für $(NH_4)_2SO_4$ eine Hemmung beschrieben (Mapson und Cruickshank 1947). Möglicherweise wirken diese Salze auf dem Umweg über eine Veränderung der intrazellulären Wasserstoffionenkonzentration. Sicherlich aber kommt einzelnen Ionen auch eine spezifischere Wirkung zu.

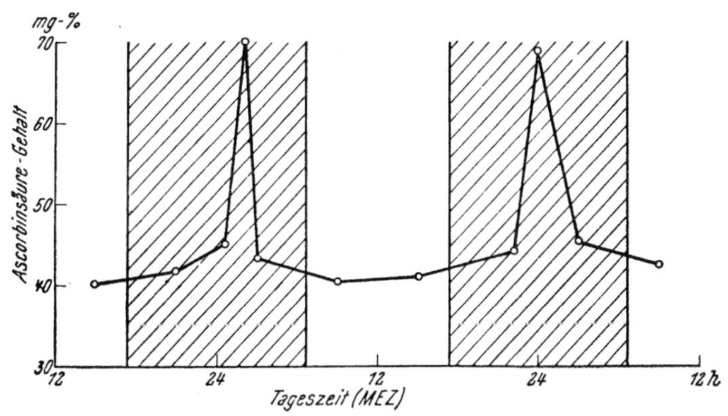

Abb. 23. Tagesperiodische Veränderungen des Ascorbinsäuregehalts von *Spirogyra*-Zellfäden (Zeit von Sonnenuntergang bis -aufgang schraffiert).
(Nach Moldtmann 1939, umgezeichnet.)

Von den Kationen soll vor allem das K^+ von Bedeutung sein, weniger Ca^{++} und Mg^{++} (Ijdo 1936); bei Getreide soll Mg^{++}-Mangel sogar einen Anstieg des VC-Gehaltes zur Folge haben (Balks und Pommer 1938). Wichtigste Spurenelemente dürften das Mangan (Rudra 1938, 1939, Hester 1941) und das Molybdän (Hewitt, Agarwala und Jones 1950) sein, wobei Hewitt und Jones (1947) die Rolle des Molybdäns in einer Beeinflussung der Nitratassimilation sehen wollen. Schwer verständlich bleibt vorerst noch der Befund von Nelson und Mottern (1932), wonach der AS-Gehalt der Orangen nach Sprühen mit Bleiarsenat absinkt, ohne daß sich die Metalle in der Frucht nachweisen ließen. Bedeutungsvollstes Anion dürfte das Phosphation sein (Balks und Pommer 1938). Weit schwieriger ist der Einfluß des Stickstoffs zu beurteilen. Er wird offenbar nur während der Wachstumsperiode aufgenommen (Jones, Bitters und Finch 1944). In dieser Zeit soll reiche N-Düngung bei Obstbäumen zu einer Abnahme des Vitamingehalts führen (Wallace und Zilva 1933, Kessler 1939, Jones und Parker 1947, Wittwer und Hibbard 1947, vgl. auch Jones, van Horn, Finch, Smith und Caldwell 1944, Åberg und Ekdahl 1948), während umgekehrt beim Getreide N-Mangel die AS-Bildung hemmt (Balks und Pommer 1938).

Es scheint aber eine ausschlaggebende Rolle zu spielen, in welcher Form der Stickstoff geboten wird. Pflanzen, die mit Nitrat-N gedüngt sind, enthalten weniger AS als mit $(NH_4)^+$-N behandelte Kontrollen (JONES, BITTERS und FINCH 1944, WITTWER, SCHROEDER und ALBRECHT 1945). Der Unterschied mag darauf beruhen, daß bei NO_3^--Zufuhr VC als Reduktionsmittel (zur NO_3^--Reduktion) verbraucht wird (s. u.), während dies bei NH_4^+-Zufuhr nicht erforderlich ist (VIRTANEN 1949).

Auch die Bodenbedingungen spielen eine Rolle (s. z. B. IJDO 1935). Kartoffeln sollen in leicht lehmigen Böden mehr VC enthalten als auf schweren Böden (ZOTOVA 1953, vgl. auch MARX 1954 a). Bei Bodentemperaturen zwischen 25 und 40° C läßt sich in Kartoffeln weniger AS nachweisen als in kühleren ($< 25^0$ C) Böden (GURMAZA 1954).

Die Vitaminbildung wird durch eine Reihe von Wirkstoffen gefördert, so etwa durch Thiamin und Riboflavin (ROY, ROY und GUHA 1946). Ganz besonders deutlich aber ist die Konzentrationserhöhung des Vitamins nach Behandlung der Pflanzen mit Mitosegiften. Am wirksamsten scheint hier das Chloreton — $Cl_3C—C(OH)(CH_3)_2$ — zu sein (COHEN 1934, LONGENECKER, FRICKE und KING 1940), doch sind auch für Cumarin und Urethan deutliche Effekte nachgewiesen worden (BHARANI, SHAH und SREENIVASAN 1952, 1953 b).

Durch Ernährungsversuche hat man zu klären versucht, welche Substanzen als AS-Vorstufen in Betracht kommen. Es ließ sich zeigen, daß eine Vitaminbildung nur in Gegenwart von CO_2 möglich ist (SOMERS, KELLY und HAMNER 1948, vgl. auch WEISSENBÖCK und WEISSENBÖCK 1940). Die Strukturformel (s. Abb. 1) lehrt, daß wir in der AS das Oxydationsprodukt einer Hexose zu sehen haben. Es läßt sich auch leicht zeigen, daß pflanzliche Gewebe in der Lage sind, aus zugeführter Hexose VC zu synthetisieren (RUBIN, ARTSIKHOVSKAYA, SPIRIDONOVA und LUTIKOVA 1939). Neben der Glucose (NATH, CHITALE und BELAVADY 1952) scheint bei Pflanzen vor allem die Mannose verwertbar zu sein (RAY 1934); dagegen können Ratten — die ebenso wie die Meerschweinchen VC-heterotroph sind — diesen Zucker offenbar nicht ausnutzen (AMMON und GRAVE 1936), während Glucose auch von tierischen Geweben eindeutig umgebaut wird (WIDENBAUER und KOSCHORRECK 1937). Pentosen erwiesen sich stets als völlig wirkungslos (RAY 1934). Es ist aber keineswegs erforderlich, der Pflanze komplette Hexosemoleküle zuzuführen; eine Förderung der AS-Synthese erhält man ebenso mit Fumar- und Bernsteinsäure (BHARANI, SHAH und SREENIVASAN 1952) sowie mit Äpfel- (ASSELBERGS und FRANCIS 1952) und Citronensäure (BHARANI, SHAH und SREENIVASAN 1953 a). Auch durch Zusatz von Tyrosin, Tryptophan, Nikotinsäure und Biotin läßt sich eine höhere Syntheseleistung erzielen (BHARANI, SHAH und SREENIVASAN 1953 a), doch dürfte es sich hier um indirekte Wirkungen handeln, wie sie ähnlich auch den Mitosegiften zuzuschreiben wären (s. o.). Der Umbau der organischen Säuren zur AS wird durch Azide, Fluoride, Jodessigsäure und 2,4-Dinitrophenol gehemmt (BHARANI, SHAH und SREENIVASAN 1953 a, vgl. auch SMITH 1952). ISHERWOOD, CHEN und MAPSON (1953, 1954 a) konnten zeigen, daß es zur AS-Bildung kommt, wenn man vitaminfreie *Lepidium*-Keimlinge mit d-Glucurono-γ-Lacton, l-Gulono-γ-Lacton, mit d-Galacturonsäure-Methylester

(Verwendung des Methylesters aus Permeabilitätsgründen erforderlich!) oder auch mit l-Galactono-γ-Lacton ernährt. Dies legt die Entstehung der AS aus Glucose auf dem Wege über das d-Glucurono-γ-Lacton und das l-Gulono-γ-Lacton (vgl. Abb. 24) bzw. aus der Galactose über die d-Galacturonsäure und das l-Galactono-γ-Lacton (vgl. Abb. 25) nahe. Aus *Pisum*

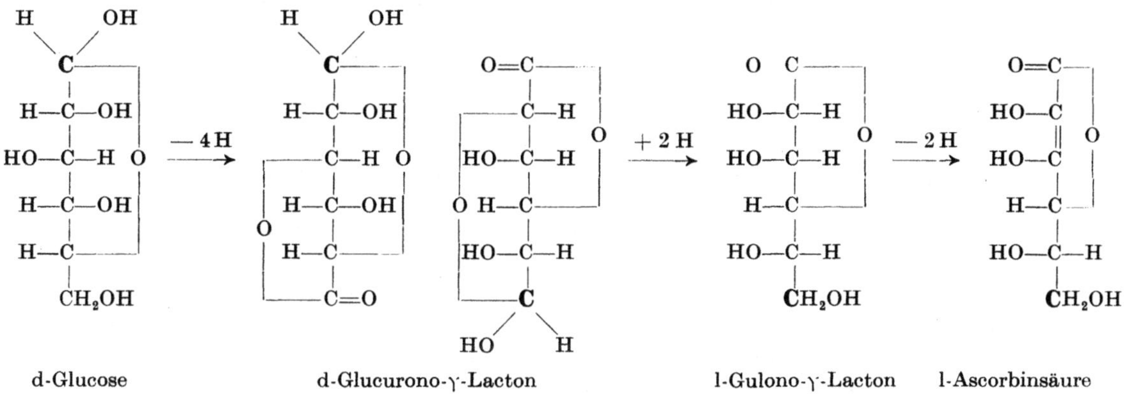

Abb. 24. Umwandlung von d-Glucose in l-Ascorbinsäure (Molekül des d-Glucurono-γ-Lactons in zweierlei Orientierung gezeichnet, um den Übergang von der d- zur l-Reihe anschaulicher wiederzugeben). (Nach ISHERWOOD, CHEN und MAPSON 1954 a.)

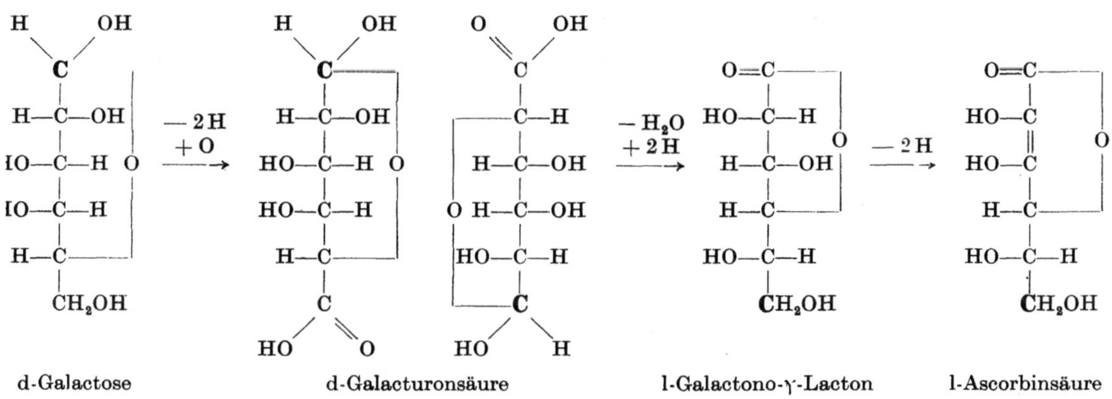

Abb. 25. Umwandlung von d-Galactose in l-Ascorbinsäure (Molekül der d-Galacturonsäure in zweierlei Orientierung gezeichnet, um den Übergang von der d- zur l-Reihe anschaulicher wiederzugeben). (Nach ISHERWOOD, CHEN und MAPSON 1954 a.)

und aus *Phaseolus mungo* isolierte Mitochondrien sind nun in der Lage, das l-Galactono-γ-Lacton zur l-Ascorbinsäure zu dehydrieren; an diesem Prozeß scheinen die Cytochrome beteiligt zu sein (MAPSON, ISHERWOOD und CHEN 1954). Die anderen im Ernährungsversuch wirksamen Substanzen können durch die isolierten Zellpartikel nicht in das Vitamin umgewandelt werden. Daraus darf nun aber keinesfalls gefolgert werden, daß die Pflanze bei der AS-Synthese normalerweise nur von der Galactose, nicht aber auch von der Glucose ausgeht. Vielmehr müssen wir damit rechnen, daß die betreffenden Fermentsysteme beim Aufschluß der Zellen entweder zerstört oder aber aus den Mitochondrien ausgewaschen werden. Irgendwie mit der AS-Bildung gekoppelt verläuft die Synthese der d-Glycerinsäure, die jedoch keine Vitaminvorstufe darstellt (Isherwood, Chen und Mapson 1954b). Die auffallendste Erscheinung bei der VC-Synthese ist die Tatsache, daß es beim Aufbau der AS aus Hexosen unter völliger Umkehr des Moleküls zu einem Übergang von der d- zur l-Reihe kommt. Bei Ernährungsversuchen an Ratten zeigte sich, daß bei Verfütterung von Glucose mit markiertem C_1-Atom l-Ascorbinsäure mit einem radioaktiven C_6-Atom entsteht (Horowitz, Doerschuk und King 1952). Wie dieser Umbau zu denken ist, zeigt das Schema der Abb. 24 und 25.

D. Die physiologische Bedeutung der l-Ascorbinsäure

Über die vermutliche physiologische Bedeutung der AS sind zahlreiche sehr verschiedene Ansichten geäußert worden (vgl. z. B. Mapson 1953). Wir wissen aber im Grunde genommen noch sehr wenig darüber, welche Funktionen der AS im Stoffwechsel der Zellen und Gewebe zukommen. Zwar kennen wir eine ganze Reihe von Wirkungen des VC auf einzelne physiologische Prozesse, auch ist uns dessen Mitwirkung beim enzymatischen Wasserstofftransport bekannt (s. u.), doch muß es in der Mehrzahl der Fälle fraglich bleiben, inwieweit diese Effekte als spezifisch angenommen werden dürfen.

Es ist wohl als sicher anzunehmen, daß die AS zu einem Teil einen rein physikochemischen Einfluß ausübt; ihr dürfte eine große Bedeutung für die Einregulierung des intrazellulären rH-Wertes zukommen. Erstens aber sind wir über die Höhe der Redoxpotentiale der einzelnen Zellelemente höchst unvollkommen unterrichtet, zum zweiten wissen wir noch so wenig über die Bedeutung des rH-Wertes für den Zellstoffwechsel, daß wir nicht voraussagen können, wie sich eine Herabsetzung dieses Wertes durch die AS auswirken muß. Virtanen (1949) nimmt an, daß das VC ein so niedriges Potential einreguliert, daß die Zelle zur Reduktion des NO_3^--Ions befähigt wird. Ein recht einfacher Zusammenhang mag auch zwischen der Reduktionsfähigkeit der AS und ihrem Einfluß auf verschiedene Enzyme bestehen (vgl. Tauber 1938, Mapson 1953). Mehrere Fermente werden durch das VC in ihrer Aktivität beeinflußt (vgl. auch Proskurjakov und Cholopova 1952). Auf Arginase (Leuthardt und Koller 1934, Tauber 1935), Papain (Maschmann und Helmert 1934), tierische β-Amylase (Purr 1934), Katalase (Leuthardt und Koller 1934) und auf das Kathepsin (Tauber 1935) wirkt das Vitamin aktivierend, auf andere — z. B. auf Urease (Elson 1943) und pflanzliche β-Amylase (Purr 1934) — ausgesprochen hemmend. Dabei soll das Papain nur dann aktiviert werden können, wenn zugleich Fe^{++}-Ionen vorhanden sind; andernfalls soll die AS sogar als Hemmstoff wirken (Maschmann und Helmert 1934). Dieser Einfluß auf die Enzymaktivität mag sich wenigstens zu einem Teil über eine Valenzänderung von Schwermetallionen geltend machen, so etwa über eine Umwandlung von Cu^{++} in Cu^{+}; demgemäß läßt sich die AS in diesen Fällen auch durch biologisch sonst völlig inaktive Dienole ersetzen (Mapson 1946). Sehr interessant sind Untersuchungen von Fujimura und HAMAGUCHI (1950), wonach künstlich hergestellte AS-Caseinat-Komplexe Esteraseaktivität aufweisen können; ähnlich wie die natürlich vorkommenden Esterasen lassen sich diese „synthetischen Enzyme" durch Cyanide hemmen. Häufiger noch als über AS-Wirkungen ist über Einflüsse von Sulfhydrylverbindungen auf die Enzymaktivität berichtet worden. In diesem Zusammenhang mag daher erwähnt sein, daß sowohl für tierische als auch für pflanzliche Gewebe ein gleichzeitiges Auftreten von Thiolverbindungen und AS berichtet wurde (BIRCH und DANN 1933, PETT 1936, HOPKINS und MORGAN 1936). So findet man kurz nach Keimungsbeginn nicht nur eine Erhöhung des VC-Spiegels, son-

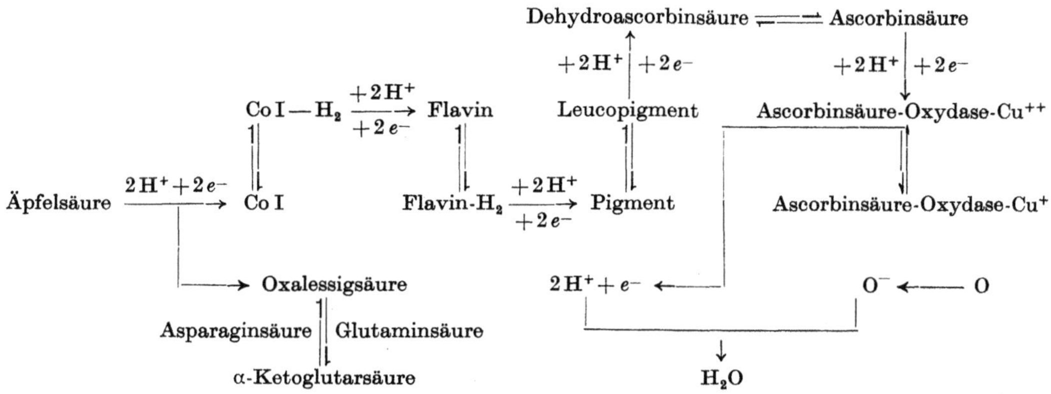

Abb. 26. Einschaltung des Ascorbinsäure-Dehydroascorbinsäure-Systems in den enzymatischen Wasserstofftransport beim Weizen.
(Nach WAYGOOD 1950, umgezeichnet.)

dern auch eine gleichlaufende Zunahme der SH-Verbindungen (HOPKINS und MORGAN 1943). In Scheiben geschnittene Kartoffeln lassen eine gleichmäßige Abnahme von Glutathion und AS erkennen (PETT 1936), was jedoch für intakte Kartoffeln nicht bestätigt werden konnte (GUTHRIE 1937). Es ist bekannt, daß Thiolkörper für die AS einen Oxydationsschutz darstellen (BERSIN, KÖSTER und JUSATZ 1935, HOPKINS und MORGAN 1936).

In Gegenwart von AS erhöht ein Zusatz von Oxysäuren den O_2-Verbrauch von *Avena*-Extrakten (HOFFMANN-OSTENHOF 1954, vgl. auch KURC 1953, MARRÉ und LAUDI 1954). Hier scheint keine aktivierende Wirkung des VC vorzuliegen; vielmehr muß der AS eine unmittelbare Beteiligung am enzymatischen Wasserstofftransport zugesprochen werden (JAMES und CRAGG 1943). Nach Ansicht von BOSWELL und WHITING (1940) dürfte der AS die Rolle eines Coenzyms zukommen, als das sie als Wasserstoffüberträger wirkt (vgl. KING 1936, JAMES 1946, WAYGOOD 1950). An den entsprechenden Ketten sollen weiterhin Pyridinnucleotide (TPN und TPN-H_2), Glutathion-SH, Glutathion-SS sowie als Enzyme DAS-Reduktase und eine TPN-H_2-Glutathion-Transhydrogenase beteiligt sein (HOFFMANN-OSTENHOF 1954). Für die Einschaltung der AS in den Wasserstofftransport beim Weizen sei auf das von WAYGOOD (1950) entworfene Schema der Abb. 26 verwiesen. Demnach ist das VC mitverantwortlich für die cyanidunempfindliche Atmung der grünen Pflanzen (MATHEWS 1951, vgl. auch KRASNOVSKII und BRIN 1949, FRANKE 1952). Im stoffwechselphysiologischen Experiment ist die Atmungsintensität von Laubblättern durch Zufuhr von AS zu erhöhen (BUKATSCH 1952, vgl. auch JAMES und CRAGG 1943, JAMES, HEARD und JAMES 1944); möglicherweise steht die intensive Atmung von Sonnenblättern im Zusammenhang mit ihrem gegenüber Schattenblättern erhöhten Vitamingehalt (BUKATSCH 1952).

Die durch den Ausfall der Molischreaktion nahegelegte Lokalisation der AS in den Chloroplasten hat immer wieder zu einer Diskussion über deren mögliche Bedeutung für die Photosynthese angeregt. Es ist häufiger gezeigt worden, daß AS-Zufuhr die Assimilationsintensität der verschiedensten Pflanzen erhöht (vgl. z. B. BUKATSCH 1939 b). Lange blieb unklar, inwieweit man darin einen spezifischen AS-Effekt erblicken darf (EGLE 1950). Wenn sich auch bald zeigen ließ, daß kein einfacher pH-Effekt vorliegt (LUGER 1954), so fehlten doch Vergleichsuntersuchungen mit anderen Reduktonen, die ein ebenso niedriges Redoxpotential einregulieren können (vgl. SOMERS, KELLY und HAMNER 1948). Neuerdings hat sich nun aber zeigen lassen, daß die AS als Cofaktor an der photosynthetischen Phosphorylierung beteiligt ist (ARNON 1956). Wir müssen damit rechnen, daß sich der Einfluß der AS auf die Photosynthese nicht mit dieser Rolle erschöpft (s. z. B. KRASNOVSKII 1948). Die weiteren Untersuchungen zu dieser Frage werden zu berücksichtigen haben, daß das VC einerseits die Assimilationsintensität steigert, andererseits aber auch mit erhöhter Photosynthese ein höherer AS-Spiegel einreguliert wird.

In diesem Zusammenhang mag noch einmal kurz auf Arbeiten hingewiesen werden, in denen eine Parallelität im Auftreten von AS und Assimilationspigmenten festgestellt werden konnte (s. o.). Eine enge Korrelation zwischen AS- und Chlorophyllmenge (GIROUD, RATSIMAMANGA und LEBLOND 1934 a, 1935 b, RANDOIN, GIROUD und LEBLOND 1935, vgl. GIROUD 1938) scheint in einigen Fällen wirklich zu existieren, vielfach aber durchaus nicht gegeben zu sein. Jedenfalls sind zahlreiche Ausnahmen von dieser Regel beschrieben worden, so für Chlorophylldefektmutanten und panaschierte Blätter (MOLDTMANN 1939, BUKATSCH 1940, SEYBOLD und MEHNER 1948) sowie für chlorotische (Eisen- und Magnesiummangel) Pflanzen (HAMDALLAH 1939, vgl. auch MIRIMANOFF 1938 b, 1939 a).

Ähnlich wie Thiolverbindungen (s. o.) vermögen auch die Chlorophylle die AS vor der Oxydation zu schützen (RAKSHIT 1938). Es ist möglich, daß Pigment und Vitamin einen Komplex bilden, der ein besonders niedriges Redoxpotential aufweist; nach Angaben von KRASNOVSKII und BRIN (1950) soll einem derartigen System ein Redoxpotential von $\approx -0{,}35$ Volt zukommen. Damit müßte ein Chlorophyll-AS-Komplex noch Substanzen reduzieren können, die durch freie AS nicht angegriffen werden. Vielleicht erklärt sich dadurch zu einem Teil die bevorzugte Reduktion infiltrierter $AgNO_3$-Lösungen durch die chlorophyllführenden Grana der Chloroplasten. Wie das Chlorophyll können auch die Carotinoide als Oxydationsschutz fungieren (v. EULER und KLUSSMANN 1933). Eine enge Beziehung zwischen AS- und Carotinoidgehalt ist häufig beschrieben worden (Giroud, Ratsimamanga, Leblond, Chalopin und Rabinowicz 1936, Weber 1940 b). Carotinoidreiche Früchte enthalten i. a. große, carotinoidarme dagegen nur sehr geringe AS-Mengen (s. o.). Ob die AS einen Einfluß auf die Bildung der Assimilationspigmente hat, ist noch nicht geklärt; für Grünalgen glaubt Algéus (1946) nachgewiesen zu haben, daß das VC die Synthese von Chlorophyll und Carotinoiden fördert.

Viel gearbeitet worden ist über die Bedeutung der AS für das Wachstum der höheren Pflanzen. Hatten biochemische Analysen wiederholt gezeigt, daß sich intensiv wachsende Pflanzenteile durch einen besonders hohen VC-Gehalt auszeichnen (s. o.), so erwiesen Kulturversuche mit cotyledonenfreien Keimlingen, daß die AS einen wesentlichen Faktor für das Streckungswachstum darstellt (Virtanen und Saubert-v. Hausen 1949 a, b). Wird das weitere Wachstum derartiger Keimlinge normalerweise völlig sistiert, so lassen sie sich bei VC-Zufuhr (steril) bis zur Blütenbildung kultivieren (v. Hausen 1936 a, b, c, Glick 1937, Bonner und Bonner 1938, Virtanen und Saubert-v. Hausen 1949 a). Ganz allgemein scheint durch die AS bei höheren Pflanzen sowohl die Keimung als auch das Wachstum gefördert zu werden, wobei für beide Prozesse eine unterschiedliche Optimalkonzentration festzustellen ist (Havas 1935, vgl. Lustig und Wachtel 1938). Auch bei älteren Pflanzen führt VC-Zugabe noch zu einer Zunahme des Trockengewichts; die deutlichste Förderung ergibt sich zur Blütezeit (v. Hausen 1935).

Trotz ihrer unbestreitbaren Einflußnahme auf das Streckungswachstum darf man die AS wohl nicht als Wuchsstoff i. e. S. ansprechen (s. dagegen v. Hausen 1936 c). Sie dürfte ihre Wirkung erst im Zusammenspiel mit dem eigentlichen Auxin, vermutlich der β-Indolylessigsäure, entfalten, wie dies auch für das Hefewachstum angenommen wird (Fiesser 1953). Dabei scheint sie keineswegs als einfacher Aktivator zu wirken (Raadts 1948). Die Zusammenhänge zwischen Heteroauxin und VC sind anscheinend sehr viel komplexer (Wetmore und Morel 1949, Marré 1954), und es ist fraglich, ob man mit der Annahme eines reinen Antagonismus beider Wirkstoffe (Tonzig und Trezzi 1951 a, b) auskommen wird. Vielleicht wird die weitere Bearbeitung dieses Fragenkomplexes zeigen, daß beide Stoffe sich auf dem Umweg über bestimmte Enzyme beeinflussen. So fand z. B. Newcomb (1951) die höchste AS-Oxydase-Aktivität in der Zone intensivsten Strekkungswachstums. Er nimmt an, daß sowohl die Synthese als auch die Aktivität dieses Ferments durch die β-Indolylessigsäure reguliert wird, wodurch es dann sekundär zu einem scheinbaren Heteroauxin-AS-Antagonismus kommen könnte (Tonzig und Trezzi 1951 a, b, s. o.). Andererseits soll in Kartoffelscheiben das Auxin die AS-Synthese fördern können (Asselbergs und Francis 1952). Es ist aber zu bedenken, daß sich die an Keimlingen gewonnenen Ergebnisse nicht ohne weiteres auf die Verhältnisse innerhalb der Wachtumszone älterer Pflanzen übertragen lassen, da in der ersten Wachstumsphase der Keimlinge im wesentlichen Fette, später dann vorwiegend Kohlehydrate umgesetzt werden (vgl. Albaum und Eichel 1943).

Gelegentlich ist auch über positive Korrelationen zwischen dem Auftreten von AS und Kohlehydraten berichtet worden. Bei manchen Monocotylen — und ebenso bei tiefgekühlten Kartoffelknollen (BARKER und MAPSON 1950) — besteht ein linearer Zusammenhang zwischen dem Disaccharidgehalt und der AS-Menge (MOLDTMANN 1939). Bei Gentianaceen, Apocynaceen und Asclepiadaceen besitzen die saccharophyllen Arten mehr VC als die amylophyllen (SEYBOLD und MEHNER 1948). Auch über eine Parallelität zwischen Zelluloseablagerung und AS-Gehalt ist berichtet worden (DAMANSKY und STANIMIROVIC 1952), doch besitzt diese Beziehung sicherlich keine Allgemeingültigkeit (DAMANSKY, NIKOLAEFF-MARIC und BAKARCIC 1953).

Interessant ist die Feststellung von GOLDSTEIN und VOLKENSON (1947), daß AS über leicht abspaltbares Eisen an die Nucleinsäuren des Plasmas gebunden sein kann. In diesem Komplex soll dem Vitamin eine besondere Bedeutung für die Synthese der Nucleinsäuren zukommen; Grundfunktion soll dabei die Einstellung eines Gleichgewichts zwischen der Ribonucleinsäure (RNS) und der Desoxyribonucleinsäure (DNS) sein (GOLDSTEIN, VOLKENSON, KONDRATEVA und ULYANOVA 1950). Beim Skorbut wird das RNS/DNS-Verhältnis angeblich zugunsten der RNS verschoben. Nach Untersuchungen von FUJIMURA und Mitarbeitern (FUJIMURA und MATSUDA 1952, FUJIMURA, MATSUDA und HIRAO 1952) können auch Nucleinsäuren die AS vor der Oxydation schützen, doch bedürfen alle diese Angaben über Beziehungen zwischen dem VC und den Nucleinsäuren noch einer sehr sorgfältigen Nachprüfung.

Vielleicht wird sich im Laufe der weiteren Forschungen erweisen, daß man nicht von einer physiologischen Bedeutung des VC schlechthin sprechen kann, sondern daß man trennen muß zwischen der Wirkung der molekular gelösten AS und der der verschiedenen AS-Komplexe (Eiweiß-AS, Chlorophyll-AS, Nucleinsäure-AS usw.), über die aber bis heute leider so wenig gesicherte Befunde vorliegen, daß man ihre Existenz noch nicht für erwiesen halten darf.

Literatur

ABEGG, R., und F. AUERBACH, 1908: Handbuch der anorganischen Chemie II, 1. Leipzig.

ÅBERG, B., and I. EKDAHL, 1948: Effects of nitrogen fertilization on the ascorbic acid content of green plants. Physiol. Plantarum **1**, 290.

AHMAD, B., 1935 a: Estimation of ascorbic acid by titration. Nature (Brit.) **136**, 797.

— 1935 b: Observations on the chemical method for the estimation of vitamin C. Biochem. J. (Brit.) **29**, 275.

ALBAUM, H. G., and B. EICHEL, 1943: The relationship between growth and metabolism in the oat seedling. Amer. J. Bot. **30**, 18.

ALGÉUS, S., 1946: Untersuchungen über die Ernährungsphysiologie der Chlorophyceen (mit besonderer Berücksichtigung der Indolylessigsäure, Askorbinsäure und Aneurin). Bot. Not. **129**, **184**.

AMMON, R., und G. GRAVE, 1936: Die angebliche Vitamin C-Bildung aus Mannose durch Leberbrei. Z. Vitaminforsch. **5**, 185.

ARASAKI, S., 1948: The histochemical detection of vitamin C in algal bodies. Nôgaku **2**, 377, japan., zitiert nach NAGAI (1955).

ARNON, D. I., 1948: Localization of polyphenoloxidase in the chloroplasts of *Beta vulgaris*. Nature (Brit.) **162**, 341.

— 1949: Copper enzymes in isolated chloroplasts. Polyphenoloxidase in *Beta vulgaris*. Plant Physiol. **24**, 1.

— 1956: Localization of photosynthesis in chloroplasts. In: O. H. GAEBLER: Enzymes: Units of biological structure and function. S. 279, New York.

ASENJO, C. F., and A. R. F. DE GUZMÁN, 1946: The high ascorbic acid content of the West Indian cherry. Science **103**, 219.

— and C. G. MOSCOSO, 1950: Ascorbic acid content and other characteristics of the West Indian cherry. Food Res. **15**, 103.

ASSELBERGS, E. A. M., and F. J. FRANCIS, 1952: Studies on the formation of vitamin C in slices of potato tissue. Canad. J. Bot. **30**, 665.

BABBAR, I. J., and B. AHMAD, 1949: Ascorbic acid. VI. Oxalic acid as an extractant of ascorbic acid from plant materials and its effect on the stability of ascorbic acid. Ann. Biochem. and exper. Med. (India) **9**, 103.

BALKS, R., und E. POMMER, 1938: Über die Beeinflussung der Ascorbinsäurebildung bei einigen Getreidepflanzen. Z. Bodenkde. u. Pflanzenern. **9/10**, 724.

BARAKAT, M. Z., N. BADRAN, and S. K. SHEHAB, 1952: Photoelectric colorimetric determination of ascorbic acid. J. Pharm. a. Pharmacol. **4**, 46.

BARAUD, J.. 1951: Une nouvelle méthode de dosage de l'acide ascorbique. Bull. Soc. Chim. (Fr.) 837.

BARKER, J., and L. W. MAPSON, 1950: The ascorbic acid content of potato tubers. II. The influence of the temperature of storage. New Phytol. **49**, 283.

BARNETT, S. A., and G. BOURNE, 1941: The distribution of ascorbic acid (vitamin C) in the early stages of the developing chick embryo. J. Anat. (Brit.) **75**, 251.

BERSIN, T., H. KÖSTER und H. J. JUSATZ, 1935: Biochemische Beziehungen zwischen Ascorbinsäure und Glutathion. Z. physiol. Chem. **235**, 12.

BERTRAND, D., 1945: Sur l'oxydation directe de l'acide ascorbique. C. r. Acad. Sci. (Paris) **221**, 35.

BESSEY, O. A., and C. G. KING, 1933: The distribution of vitamin C in plant and animal tissues, and its determination. J. biol. Chem. (Am.) **103**, 687.

BEZSSONOFF, N., 1922: Effects sur les cobayes d'une préparation antiscorbutique. C. r. Acad. Sci. (Paris) **175**, 846.

— 1925: Quelques donnés sur la nature du principe antiscorbutique dit Vitamine C. C. r. Acad. Sci. (Paris) **180**, 970.

— et E. STOERR, 1936: La technique du dosage de la vitamine C par le procédé Bezssonoff. Z. Vitaminforsch. **5**, 193.

BHARANI, S. P., Y. S. SHAH, and A. SREENIVASAN, 1952: Biogenesis of ascorbic acid in sprouting legumes. Current Sci. **21**, 161.

— — — 1953 a: Biosynthesis of vitamin C during germination. Part III. Effect of sugars, Krebs intermediates, amino acids and B vitamins and correlation with biogenesis of nicotinic acid. Proc. Indian Acad. Sci., Sect. B. **37**, 33.

— — — 1953 b: Biosynthesis of vitamin C during germination. Part IV. Effects of mitotoxic agents and certain enzyme inhibitors. Proc. Indian Acad. Sci., Sect. B. **37**, 54.

BIELING, R., 1925: Versuche über die Bildung von Vitamin C durch Bakterien. Z. Hygiene **104**, 347.

BIGGAR, H. P., 1924: The voyages of Jacques Cartier. Publ. of Publ. Arch. of Canada **11**.

BIRCH, T. W., and W. J. DANN, 1933: Estimation and distribution of ascorbic acid (vitamin C) and glutathione in animal tissues. Nature (Brit.) **131**, 469.

— L. J. HARRIS, and S. N. RAY, 1933 a: Hexuronic (ascorbic) acid as the antiscorbutic factor, and its chemical determination. Nature (Brit.) **131**, 273.

— — — 1933 b: A micro-chemical method for determining the hexuronic acid (vitamin C) content of foodstuffs, etc. Biochem. J. (Brit.) **27**, 590.

BOLIN, D. W., and L. BOOK, 1947: Oxidation of ascorbic acid to dehydroascorbic acid. Science **106**, 451.

BONNER, J., and D. BONNER, 1938: Ascorbic acid and the growth of plant embryos. Proc. nat. Acad. Sci. U. S. A. **24**, 70.

BOSWELL, J. G., and G. C. WHITING, 1940: Oxidase systems in the tissues of the higher plants. New Phytol. **39**, 241.

BOURNE, G. H., 1936 a: The rôle of vitamin C in the organism as suggested by its cytology. Physiol. Rev. (Am.) **16**, 442.
— 1936 b: The vitamin C technique as a contribution to cytology. Anat. Rec. (Am.) **66**, 369.
— and R. ALLEN, 1935: The distribution of vitamin C in lower organisms. Austral. J. exper. Biol. a. med. Sci. **13**, 165.
BRACEWELL, M. F., and S. S. ZILVA, 1931: Vitamin C in the orange and the grape fruit. Biochem. J. (Brit.) **25**, 1081.
BRAUN, H., und E. MEYER, 1949: Experimentelle Untersuchungen über die Stabilisierung von Vitamin C in wäßrigen Lösungen, Hagenbuttenauszügen und Urin durch Metaphosphorsäure. Biochem. Z. **319**, 300.
BREINLICH, J., 1944: Zur Frage des Vitamin C-Gehaltes von Drogen, jahreszeitliche Schwankungen desselben. Versuche für einfache geeignete Trocknungsverfahren. Dtsch. Lebensmittel-Rdsch. **41**, 50.
BRIGGS, G. E., 1920: Experimental researches on vegetable assimilation and respiration. XIII. The development of photosynthetic activity during germination. Proc. roy. Soc. Lond., **B 91**, 249.
BRIGL, P., und T. PLOETZ, 1951: Kohlenhydrate. 1. Zucker und Verwandte, in: B. FLASCHENTRÄGER und E. LEHNARTZ: Physiologische Chemie I. 255.
BUKATSCH, F., 1939 a: Eine neue Methode zur Bestimmung des C-Vitamins mit dem Stufenphotometer von Zeiss. Z. physiol. Chem. **262**, 20.
— 1939 b: Über die Rolle der Ascorbinsäure in den Chloroplasten. Planta **30**, 118.
— 1940: Über die Rolle der Ascorbinsäure in den Chloroplasten. II. Mitteilung. Planta **31**, 209.
— 1942: Zur Messung des Ascorbinsäuregehaltes in gerbstofführenden Pflanzenteilen (mit besonderer Berücksichtigung der Insektivoren). Protoplasma **36**, 571.
— 1943: Über den Askorbinsäuregehalt der Coniferennadeln. Vitamine u. Hormone **4**, 192.
— 1952: Ascorbinsäure-Gehalt und Atmungsintensität. Phyton **4**, 35.
BURGEFF, H., und A. SEYBOLD, 1927: Zur Frage der biochemischen Unterscheidung der Geschlechter. Z. Bot. **19**, 497.
BUTENANDT, A., W. WEIDEL und H. SCHLOSSBERGER, 1949: 3-Oxy-kynurenin als cn+-Gen-abhängiges Glied im intermediären Tryptophan-Stoffwechsel. Z. Naturforsch. **4 b**, 242.
BUTLER, A. M., M. CUSHMAN, and E. A. MACLACHLAN, 1943: The determination of ascorbic acid in whole blood and its constituents by means of methylene blue; macro- and micromethods. J. biol. Chem. (Am.) **150**, 453.
CARROLL, G. H., 1943: The role of ascorbic acid in plant nutrition. Bot. Rev. **9**, 41.
CARUSO, C., 1938 a: Quelques remarques sur les chlorochromoplastes. Protoplasma **30**, 341.
— 1938 b: La réaction de la vitamine C dans les cellules végétales mortes. Protoplasma **30**, 481.
— 1938 c: Passaggio della vitamina C negli inclusi lipidici e sedi insolite per la reazione di GIROUD-LEBLOND. Protoplasma **31**, 98.
— 1938 d: Sul grado di specificità della reazione di GIROUD-LEBLOND per la ricerca istochimica della vitamina C. Protoplasma **31**, 285.
— 1938 e: Nuove osservazioni sulla localizzazione di talune reazioni argentiche. Protoplasma **31**, 489.
CHAPMAN, D. G., O. ROCHON, and J. A. CAMPBELL, 1951: Estimation of ascorbic acid in pharmaceuticals. With particular reference to interfering substances. Analyt. Chemistry **23**, 1113.
CHAYEN, J., 1953: Ascorbic acid and its intracellular localization, with special reference to plants. Internat. Rev. Cytol. **2**, 77.
— and U. J. MILES, 1953: The preservation and investigation of plant mitochondria. Quart. J. microsc. Sci. **94**, 29.
CHEN, Y.-T., F. A. ISHERWOOD, and L. W. MAPSON, 1953: Quantitative estimation of ascorbic acid and related substances in biological extracts by separation on a paper chromatogram. Biochem. J. (Brit.) **55**, 821.
CHICK, H., E. M. HUME, R. F. SKELTON, and A. H. SMITH, 1918: The relative content of antiscorbutic principle in limes and lemons. Together with some new facts and some old observations concerning the value of "lime juice" in the prevention of scurvy. Lancet **2**, 735.

CLARA, M., 1952: Über die Spezifität des histochemischen Vitamin-C-Nachweises nach GIROUD und LEBLOND. Mikroskopie (Wien) **7**, 387.
CLARK, W. G., 1937: Ascorbic acid in the *Avena* coleoptile. Bot. Gaz. **99**, 116.
COHEN, J. B., 1934: Theoretical Organic Chemistry. 3. ed. London.
COMAR, C. L., 1942: Chloroplast substance of spinach leaves. Bot. Gaz. **104**, 122.
COWARD, K. H., and E. W. KASSNER, 1936: The determination of vitamin C by means of its influence on the body weight of guinea-pigs. Biochem. J. (Brit.) **30**, 1719.
COZZI, D., 1939: Sulla determinazione dell'acido ascorbico nei sughi di frutta. Ann. Chim. appl. (Roma) **29**, 434.
CRANE, M. B., and S. S. ZILVA, 1931: The antiscorbutic vitamin of apples. IV. J. Pomol. and horticult. Sci. **9**, 228.
— — 1932: The antiscorbutic potency of apples. V. Biochem. J. (Brit.) **26**, 2177.
CREAC'H, P. C., et J. BARAUD, 1954: L'acide ascorbique total dans les algues marines. C. r. Soc. Biol. **148**, 105.
CZAPEK, F., 1920: Zur Kenntnis der silberreduzierenden Zellsubstanzen in Laubblättern. Ber. dtsch. bot. Ges. **38**, 246.
DAGLISH, C., 1951 a: The spectrophotometric determination of ascorbic acid in tissue extracts, particularly those of the walnut (*Juglans regia*). Biochem. J. (Brit.) **49**, 635.
— 1951 b: The occurence of ascorbic acid in the walnut (*Juglans regia*). Biochem. J. (Brit.) **49**, 639.
DAMANSKY, A. F., T. K. NIKOLAEFF-MARIC et M. E. BAKARCIC, 1953: Rapport entre vitamine C et cellulose dans l'épinard et dans les pommes de terre. Bull. Soc. chim. biol. (Paris) **35**, 981.
— G. L. RAKIC et S. G. STANIMIROVIC, 1952: Répartition de la vitamine C dans le concombre. Bull. Soc. chim. biol. (Paris) **34**, 819.
— et S. STANIMIROVIC, 1952: Rapport entre vitamine C et cellulose dans la noix. Bull. Soc. chim. biol. (Paris) **34**, 821.
DAVEY, A. J., 1921: Determination of the minimum doses of some fresh *Citrus* fruits juices which will protect a guinea-pig from scurvy. Together with some observations on the preservation of such juices. Biochem. J. (Brit.) **15**, 83.
DAVIES, W., G. A. ATKINS, and P. C. B. HUDSON, 1937: The effect of ascorbic acid and certain indole derivatives on the regeneration and germination of plants. Ann. Bot., N. S. **1**, 329.
DENNISON, R., 1940: Growth response of plants to riboflavin and ascorbic acid. Science **92**, 17.
DESHMUKH, G. S., and M. G. BAPAT, 1955: Determination of ascorbic acid by potassium iodate. Z. analyt. Chem. **145**, 254.
DISCHENDORFER, O., 1937: Über den histochemischen Nachweis von Vitamin C (l-Ascorbinsäure) in Pflanzen. Protoplasma **28**, 516.
DOUNCE, A. L., 1952: The enzymes of isolated nuclei. The chemistry and physiology of the nucleus. Exper. Cell Res., Suppl. **2**, 103.
DYAR, M. T., 1953: Studies on the reduction of a tetrazolium salt by green plant tissue. Amer. J. Bot. **40**, 20.
EDDY, B. P., M. INGRAM, and L. W. MAPSON, 1952: Reduction of dehydroascorbic acid by bacteria. 2. Role of cytochrome in hydrogen transport. Biochem. J. (Brit.) **51**, 375.
EEKELEN, M. VAN, 1935: Estimation of ascorbic acid by titration. Nature (Brit.) **136**, 144.
— 1938: Über die Ascorbinsäure (Vitamin C) und ihre chemische Bestimmung in Nahrungsmitteln. Z. Vitaminforsch. **7**, 254.
EGGLETON, P., and L. J. HARRIS, 1925: Ultra-violet light and the antiscorbutic vitamin. Brit. Med. J. **2**, 989.
EGLE, K., 1950: Über die Wirkung von Vitamin C auf die Kohlensäureassimilation und die Atmung submerser Wasserpflanzen. Beitr. Biol. Pflanzen **28**, 145.
EIDMANN, F. E., 1937: Ein neuer Weg der Saatgutprüfung. Forschungsdienst **3**, 448.
ELSON, L. A., 1943: Inhibition of urease activity by ascorbic acid. Nature (Brit.) **152**, 49.

EMMERIE, A., 1934: Separation of cysteine from ascorbic acid by mercuric acetate. Biochem. J. (Brit.) **28**, 268.
— and M. VAN EEKELEN, 1934: The chemical determination of vitamin C with removal of interfering reducing and coloured substances. Biochem. J. (Brit.) **28**, 1153.
— — 1937: The determination of ascorbic acid in blood. Biochem. J. (Brit.) **31**, 2125.
ERTL, O., 1939: Über die Silbernitrat-Reduktion der Plastiden. Protoplasma **33**, 275.
EULER, H. v., 1936: The water-soluble vitamins. Ann. Rev. Biochem. (Am.) **5**, 366.
— und H. HASSELQUIST, 1950: Reduktone. Ihre chemischen Eigenschaften und biochemischen Wirkungen. Stuttgart.
— und E. KLUSSMANN, 1933: Zur Biochemie der Carotinoide und Vitamine C (Ascorbinsäure). Z. physiol. Chem. **219**, 215.
FIESSER, B., 1953: Vitamin C und Hefewachstum. Beitr. Biol. Pflanzen **30**, 33.
FRANKE, W., 1952: Die Wirkung des Vitamins C auf die Atmung von Keimlingen. Planta **41**, 197.
— 1955: Ascorbinsäure. In: K. PAECH und M. V. TRACEY: Moderne Methoden der Pflanzenanalyse II, 95. Berlin-Göttingen-Heidelberg.
FRASER, R. B. D., and J. CHAYEN, 1952: The detection of nucleic acid in tissues by infra-red microspectrometry. Exper. Cell Res. **3**, 492.
FRIEDRICH, H., 1953: Hydrojuglon und Vitamin C in der Walnuß (*Juglans regia*). Pharmazie **8**, 90.
FRUTON, J. S., 1934: Oxidation-reduction potentials of ascorbic acid. J. biol. Chem. (Am.) **105**, 79.
FÜRLINGER, H., 1938: Plasmolyse verhindert Ergrünen. Protoplasma **30**, 328.
FUJIMURA, K., and Y. HAMAGUCHI, 1950: Studies on biochemistry of l-ascorbic acid, No. XVII. Relation between l-ascorbic acid and bioproteins, No. 1. Bull. Res. Inst. Food Sci., Kyoto Univ. **3**, 50, japan., engl. Zus.
— — 1951: Studies on biochemistry of l-ascorbic acid, No. XVIII. Combination of l-ascorbic acid and chlorophyll or chloroplast, No. 1. Mem. Res. Inst. Food Sci., Kyoto Univ. **1**, 10.
— — and S. IKEDA, 1951: Studies on biochemistry of l-ascorbic acid, No. XXI. On the determination of combined l-ascorbic acid in the fresh green leaves of the vegetables and other crops. Bull. Res. Inst. Food Sci., Kyoto Univ. **5**, 49, japan., engl. Zus.
— and A. MATSUDA, 1952: Studies on biochemistry of l-ascorbic acid, No. XXVI. On a protecting factor for the oxidation of l-ascorbic acid in the tissues and the cells of the leaves of cabbage, No. 2. Mem. Res. Inst. Food Sci., Kyoto Univ. **4**, 38.
— — 1954: Studies on biochemistry of l-ascorbic acid, No. XXVII. On the crystallization and the some of the properties of dehydro-l-ascorbic acid, No. 1. Mem. Res. Inst. Food Sci., Kyoto Univ. **8**, 17.
— — and H. HIRAO, 1952: Studies on biochemistry of l-ascorbic acid, No. XXV. On a protecting factor for the oxidation of l-ascorbic acid in the tissues of cabbage-leaves, No. 1. Bull. Res. Inst. Food Sci., Kyoto Univ. **9**, 33, japan., engl. Zus.
FUJITA, A., und T. EBIHARA, 1937 a: Kolorimetrische Bestimmung von Vitamin C mittels Phospho-18-wolframsäure. I. Mitteilung: Bestimmung der reduzierten Form von Vitamin C. Biochem. Z. **290**, 182.
— — 1937 b: Kolorimetrische Bestimmung von Vitamin C mittels Phospho-18-wolframsäure. II. Mitteilung: Biochem. Z. **290**, 192.
— — 1939 a: Über die kolorimetrische Bestimmung des Vitamins C. Biochem. Z. **300**, 136.
— — 1939 b: Über die Verteilung des Vitamins C in tierischen und pflanzlichen Geweben. II. Biochem. Z. **300**, 143.
— — 1939 c: Über die gebundene Ascorbinsäure in pflanzlichen Geweben. Biochem. Z. **301**, 229.
— und D. IWATAKE, 1935: Über die Bestimmung von Vitamin C mittels 2, 6-Dichlorphenolindophenol. Biochem. Z. **277**, 293.
— und I. NUMATA, 1941: Über die photometrische Bestimmung des Vitamins C mittels 2, 6-Dichlorphenolindophenol. Biochem. Z. **308**, 321.

FUJITA, A., und T. SAKAMOTO, 1938: Über die spektrophotometrische Bestimmung des Vitamins C. Zugleich eine Prüfung der kolorimetrischen Bestimmung des Vitamins C nach FUJITA und EBIHARA. Biochem. Z. **297**, 10.

GAUTHERET, R. J., 1934: Recherches sur la réduction du nitrate d'argent par les chloroplastes. C. r. Acad. Sci. (Paris) **198**, 1252.

— 1935: Recherches sur la formation de la chlorophylle dans les racines et la réduction des sels d'argent par les chloroplastes. Rev. gén. Bot. **47**, 401, 484.

GAVAUDAN, P., 1930: Recherches sur la cellule des Hépatiques. Le Botaniste **22**, 105.

GEITLER, L., 1922: Über die Verwendung von Silbernitrat zur Chromatophoren-Darstellung. Öst. bot. Z. **71**, 116.

GÉRO, E., 1951: Influence de la lumière sur l'oxydation de l'acide l-ascorbique. C. r. Soc. Biol. (Paris) **145**, 362.

GHOSH, I. C., und T. L. R. CHAR, 1937: Das Oxydations-Reduktions-Potential der Ascorbinsäure (Vitamin C). Z. physiol. Chem. **246**, 115.

GICKLHORN, J., 1932: Beobachtungen zu Fragen über Form, Lage und Entstehung des Golgi-Binnenapparates. Protoplasma **15**, 365.

GILLAM, W. S., 1945: Polarographic determination of vitamin C in fruits and vegetables. Industr. Eng. Chem., Analyt. edit. **17**, 217.

GILMOUR, H. S. A., R. LUMRY, and J. D. SPIKES, 1953: Electrode reactions of isolated chloroplast fragments. Plant Physiol. **28**, 89.

GIRI, K. V., 1938: A highly sensitive test for vitamin C. Mikrochemie **23**, 283.

— and P. V. KRISHNAMURTHY, 1940: Co-existence of oxidizing and protective mechanisms for vitamin C in plant tissues. Nature (Brit.) **146**, 99.

GIROUD, A., 1938: L'acide ascorbique dans la cellule et les tissues. Berlin.

— and C. P. LEBLOND, 1936: Value of the acid silver nitrate reaction as a test of ascorbic acid. Nature (Brit.) **138**, 247.

— R. RATSIMAMANGA et C. P. LEBLOND, 1934a: Parallélisme entre la vitamine C et la chlorophylle. C. r. Soc. Biol. (Paris) **117**, 612.

— — — 1934b: Signification de la réduction des sels d'argent au niveau des plastes chlorophylliens. C. r. Soc. Biol. (Paris) **117**, 614.

— — — 1935a: Relations entre la vitamine C et les caroténoides. Maturation des fruits. C. r. Soc. Biol. (Paris) **118**, 874.

— — — 1935b: Relation entre l'acide ascorbique et la chlorophylle. Bull. Soc. chim. biol. **17**, 232.

— — — H. CHALOPIN et M. RABINOWICZ, 1936: Relation entre l'acide ascorbique et les caroténoides. Bull. Soc. chim. biol. **18**, 573.

GLICK, D., 1935: The chemical determination of minute quantities of vitamin C. J. biol. Chem. (Am.) **109**, 433.

— 1937: Die quantitative Verteilung der Ascorbinsäure im wachsenden Gerstenembryo (Studies in histochemistry XII). Z. physiol. Chem. **245**, 211.

— M. ALPERT, and H. R. STECKLEIN, 1953: Studies in histochemistry: XXVII. The determination of l-ascorbic acid, and dehydro-l-ascorbic acid plus diketo-l-gulonic acid in microgram quantities of tissue. J. Histochem. and Cytochem. **1**, 326.

— and G. R. BISKIND, 1935a: The histochemistry of the adrenal gland. I. The quantitative distribution of vitamin C. J. biol. Chem. (Am.) **110**, 1.

— — 1935b: The histochemistry of the hypophysis cerebri. The quantitative distribution of vitamin C. J. biol. Chem. (Am.) **110**, 583.

GOLDIN, M. I., 1940: Interrelations between mosaic virus and ascorbic acid in tobacco plant. C. r. Acad. Sci. URSS., N. S. **26**, 300.

GOLDSTEIN, B. J., und D. V. VOLKENSON, 1947: Über die Fe-Ascorbinsäure in tierischen Geweben. Biochimija **12**, 89, russ., engl. Zus.; zit. nach Ber. wiss. Biol. **65**, 10 (1949).

— — L. G. KONDRATEVA und N. D. ULYANOVA, 1950: Der Wirkungsmechanismus von Vitamin C. Biochimija **15**, 173, russ.; zit. nach Ber. wiss. Biol. **74**, 63 (1951).

GREEN, D. E., 1933: The potentials of ascorbic acid. Biochem. J. (Brit.) **27**, 1044.

GRIEBEL, C., und G. HESS, 1939: Vitamin C enthaltende Honige. Z. Unters. Lebensmittel **78**, 308.

— und M. ROHKOHL, 1948: Über Sanddornbeerensaft. Z. Lebensm.-Unters. u. -Forsch. **88**, 2.

Grollmann, A., and W. M. Firor, 1934: Studies on the adrenal. VII. The relation of the adrenal cortical hormone to the vitamins. J. Nutrition **8**, 569.
Günther, E., E. F. Heeger und C. Rosenthal, 1952: Der Vitamin C-Gehalt der in Deutschland hauptsächlich angebauten Heil- und Gewürzpflanzen in kritisch-experimenteller Betrachtung. Pharmazie **7**, 24.
Guha, B. C., and P. N. Sen-Gupta, 1938: Ascorbigen in plant and animal tissues. Nature (Brit.) **141**, 974.
Guild, L. P., E. E. Lockhart, and R. S. Harris, 1948: Stability of solutions of pure ascorbic acid and of dehydroascorbic acid. Science **107**, 226.
Guilliermond, A., 1931: Sur l'emploi des méthodes argentiques pour la coloration des plastes et sur les propriétés réductrices des chloroplastes. C. r. Soc. Biol. (Paris) **106**, 270.
— 1934: Sur la nature et la signification de l'appareil de Golgi. C. r. Acad. Sci. (Paris) **198**, 765.
Gunsalus, I. C., and D. B. Hand, 1941: The use of bacteria in the chemical determination of total vitamin C. J. biol. Chem. (Am.) **141**, 853.
Gurmaza, A. M., 1954: Der Einfluß der Bodentemperatur auf den Vitamin C-Gehalt in Kartoffeln. Doklady Acad. Nauk SSSR., N. S. **97**, 923, russ.; zit. nach Ber. wiss. Biol **95**, 306 (1955).
Gustafson, F. G., 1954: A study of riboflavin, thiamine, niacin and ascorbic acid content of plants in Northern Alaska. Bull. Torrey Bot. Club **81**, 313.
Guthe, T., and K. K. Nygaard, 1938: The photoelectric determination (photelgraph) of ascorbic acid. Chemistry and Industry **57**, 1195.
Guthrie, J. D., 1937: Factors influencing the development of ascorbic acid and glutathione in potato tubers following treatment with ethylene chlorhydrin. Contr. Boyce Thompson Inst. **9**, 17.
Hagen, U., 1953 a: Beobachtungen zur Wanderung der Ascorbinsäure im Assimilatstrom. Phyton **4**, 322.
— 1953 b: Über die Tagesrhythmik des Vitamin C-Gehaltes in Blättern. Phyton **5**, 1.
Hagene, P., 1947: Note sur la nécrobiose des chloroplastes sous l'action des acides acétiques et chlorhydrique dilués. C. r. Acad. Sci. (Paris) **225**, 68.
— 1955 a: Note sur la réaction de Molisch dans le groupe des Hépatiques. Rev. Bryol. et Lichénol. **24**, 33.
— 1955 b: Note sur la réaction de Molisch chez les Phanérogames marines submergées. Bull. Labor. Marit. Dinard **41**, 56.
— et M. Goas, 1946: Sur certaines phenomenes de la nécrobiose des chloroplastes. C. r. Acad. Sci. (Paris) **223**, 255.
— — 1949 a: Note sur la fluorescence des chloroplastes et sur leur pouvoir de réduction du nitrate d'argent. C. r. Soc. Biol. (Paris) **143**, 147.
— — 1949 b: Recherches sur la nécrobiose des chloroplastes. Rev. gén. Bot. **56**, 429.
Hamdallah, A. E. W., 1939: Vitamin C-Gehalt eisen- bzw. magnesium-frei gezogener Pflanzen. Protoplasma **32**, 31.
Hamner, K. C., L. Bernstein, and L. A. Maynard, 1945: Effects of light intensity, day length, temperature, and other environmental factors on the ascorbic acid content of tomatoes. J. Nutrition **29**, 85.
Hand, D. B., and E. C. Greisen, 1942: Oxidation and reduction of vitamin C. J. amer. chem. Soc. **64**, 358.
Hara, S., 1923: Über den Vitamingehalt verschiedener Speisepilze. Biochem. Z. **142**, 79.
Harden, A., and S. S. Zilva, 1918: The antiscorbutic factor in lemon juice. Biochem. J. (Brit.) **12**, 259.
Harding, P. L., and E. E. Thomas, 1942: Relation of ascorbic acid concentration in juice of Florida grapefruit to variety, rootstock and position of fruit on the tree. J. Agric. Res. **64**, 57.
— J. R. Winston, and D. F. Fisher, 1939: Seasonal changes in the ascorbic acid content of juice of Florida oranges. Proc. amer. Soc. horticult. Sci. **36**, 358.
Harris, L. J., 1933: Chemical test for vitamin C, and the reducing substances present in tumour and other tissues. Nature (Brit.) **132**, 27.
— L. W. Mapson, and Y. L. Wang, 1942: Vitamin methods. 4. A simple potentiometric method for determining ascorbic acid, suitable for use with coloured extracts. Biochem. J. (Brit.) **36**, 183.

HARRIS, L. J., and M. OLLIVER, 1942: Vitamin methods. 3. The reliability of the method for estimating vitamin C by titration against 2,6-dichlorophenolindophenol. 1. Control tests with plant tissues. Biochem. J. (Brit.) **36**, 155.
— and S. N. RAY, 1932: Vitamin C and the suprarenal cortex. I. Antiscorbutic activity of ox suprarenal. Biochem. J. (Brit.) **26**, 2067.
— — 1933 a: Vitamin C and the suprarenal cortex. II. Loss of potency of guinea-pig suprarenals in scurvy. With notes on a method for determining antiscorbutic activity (hexuronic acid) by chemical means. Biochem. J. (Brit.) **27**, 303.
— — 1933 b: Specificity of hexuronic (ascorbic) acid as antiscorbutic factor. Biochem. J. (Brit.) **27**, 580.
HARTZLER, E., 1948: False high values for ascorbic acid in guava juice. A note on the use of the colorimetric method with 2,4-dinitrophenylhydrazine. J. Nutrition **35**, 419.
HAUSEN, S. v., 1935: Effect of vitamin C (ascorbic acid) on the growth of plants. Nature (Brit.) **136**, 516.
— 1936 a: Die Rolle des Vitamins C beim Wachstum der höheren Pflanzen. Biochem. Z. **288**, 378.
— 1936 b: The role of vitamin C in the growth of higher plants. Diss. Helsinki.
— 1936 c: The rôle of vitamin C in the growth of higher plants. Ann. Acad. Sci. Fennicae, Ser. A. **46**, 1.
HAVAS, L., 1935: Ascorbic acid (vitamin C) and the germination and growth of seedlings. Nature (Brit.) **136**, 435.
HELLER, V. G., 1928: Vitamin syntheses in plants as affected by light source. J. biol. Chem. (Am.) **76**, 499.
HERBERT, R. W., E. L. HIRST, E. G. V. PERCIVAL, R. J. W. REYNOLDS, and F. SMITH, 1933: The constitution of ascorbic acid. J. chem. Soc. (Lond.) 1270.
— — and C. E. WOOD, 1933: Optical rotatory dispersion in the carbohydrate group. Part II. Ascorbic acid. J. chem. Soc. (Lond.) 1564.
HESS, A. F., 1916: The therapeutic effect of wheat embryo and of yeast in infantile scurvy. Proc. Soc. exper. Biol. a. Med. (Am.) **13**, 145.
HESTER, J. B., 1941: Manganese and vitamin C. Science **93**, 401.
HEWITT, E. J., S. C. AGARWALA, and E. W. JONES, 1950: Effect of molybdenum status on the ascorbic acid content of plants in sand culture. Nature (Brit.) **166**, 1119.
— and E. W. JONES, 1947: The production of molybdenum deficiency in plants in sand culture with special reference to tomato and *Brassica* crops. J. Pomol. and horticult. Sci. **23**, 254.
HILL, R., and H. LEHMANN, 1941: Studies on iron in plants with special observations on the chlorophyll: iron ratio. Biochem. J. (Brit.) **35**, 1190.
HIRAOKA, T., 1951: Observational and experimental studies of meiosis with special reference to the bouquet stage. V. Cell polarity in the bouquet stage as revealed by silver nitrate reduction. Bot. Mag. Tokyo **64**, 101.
HIRST, E. L., 1939: The structure and synthesis of vitamin C (ascorbic acid) and its analogues. Fortschr. Chem. organ. Naturstoffe **2**, 132.
HOCHBERG, M., D. MELNICK, and B. L. OSER, 1943: Photometric determination of reduced and total ascorbic acid. Industr. Eng. Chem., Analyt. edit. **15**, 182.
HÖFLER, R., 1939: Silbernitrat-Reduktion der Schließzellen und Öffnungszustand der Stomata. Protoplasma **33**, 258.
HOFFMANN-OSTENHOF, O., 1954: Enzymologie. Wien.
HOLST, A., und T. FRÖLICH, 1912: Über experimentellen Skorbut. Ein Beitrag zur Lehre von dem Einfluß einer einseitigen Nahrung. Z. Hygiene **72**, 1.
HOPKINS, F. G., and E. J. MORGAN, 1936: Some relations between ascorbic acid and glutathione. Biochem. J. (Brit.) **30**, 1446.
— — 1943: Appearance of glutathione during the early stages of the germination of seeds. Nature (Brit.) **152**, 288.
HOROWITZ, H. H., A. P. DOERSCHUK, and C. G. KING, 1952: The origin of l-ascorbic acid in the albino rat. J. biol. Chem. (Am.) **199**, 193.
HOU, H. C., 1936: The relation between the antiscorbutic activity and the mode of administration of ascorbic acid. Chinese J. Physiol. **10**, 213; zit. nach Chem. Abstr. **30**, 6049 (1936).
HUSZÁK, S., 1937: Über die Funktion des Peroxydase-Systems der Pflanzen. Z. physiol. Chem. **247**, 239.

IIJIMA, M., and T. HIRAOKA, 1950: A critical study of silver nitrate reduction in plant cells. Bot. Mag. Tokyo **63**, 278, japan.
IJDO, J. B. H., 1935: Relation between soil condition and the carotene and vitamin C content of plants. Acta Neerld. Physiol. etc. **5**, 167.
— 1936: The influence of fertilizers on the carotene and vitamin C content of plants. Biochem. J. (Brit.) **30**, 2307.
IRVING, A. A., 1910: The beginning of photosynthesis and the development of chlorophyll. Ann. Bot. **24**, 805.
ISAACS, M. L., 1942: Colorimetric determination of vitamin C. Industr. Eng. Chem., Analyt. edit. **14**, 948.
ISHERWOOD, F. A., Y. T. CHEN, and L. W. MAPSON, 1953: Synthesis of l-ascorbic acid in plants and animals. Nature (Brit.) **171**, 348.
— — — 1954a: Synthesis of l-ascorbic acid in plants and animals. Biochem. J. (Brit.) **56**, 1.
— — — 1954b: Isolation of d-glyzeric acid from cress seedlings and its relationship to the synthesis of l-ascorbic acid. Biochem. J. (Brit.) **56**, 15.
JAMES, W. O., 1946: The respiration of plants. Annual Rev. Biochem. (Am.) **15**, 417.
— and J. M. CRAGG, 1943: The ascorbic acid system as an agent in barley respiration. New Phytol. **42**, 28.
— C. R. C. HEARD, and G. M. JAMES, 1944: On the oxidative decomposition of hexose-diphosphate by barley. New Phytol. **43**, 62.
JENSEN, W. A., and L. G. KAVALJIAN, 1956: The cytochemical localization of ascorbic acid in root tip cells. J. Biophys. and Biochem. Cytol. **2**, 79.
JOHNSON, S. W., 1933: The indophenol-reducing capacity and the vitamin C content of extracts of young germinated peas. Biochem. J. (Brit.) **27**, 1942.
— 1936: Cataract and ascorbic acid in the guinea-pig eye. Biochem. J. (Brit.) **30**. 1430.
JONES, R. W., and K. C. HAMNER, 1953: The intracellular distribution of ascorbic acid in turnip leaves. Plant Physiol. **28**, 314.
— W. P. BITTERS, and A. H. FINCH, 1944: Relation of N absorption to N content of fruit and leaves in *Citrus*. Proc. amer. Soc. horticult. Sci. **45**, 1.
— C. W. VAN HORN, A. H. FINCH, M. C. SMITH, and E. CALDWELL, 1944: A note on ascorbic acid : nitrogen relationships in grapefruit. Science **99**, 103.
— and E. R. PARKER, 1947: Ascorbic acid-nitrogen relations in navel orange juice, as affected by fertilizer applications. Proc. amer. Soc. horticult. Sci. **50**, 195.
JOSELOW, M., and C. R. DAWSON, 1951: The copper of ascorbic acid oxidase. Exchange studies with radioactive copper. J. biol. Chem. (Am.) **191**, 11.
KARIKKA, K. J., L. T. DUDGEON, and H. M. HAUCK, 1944: Influence of variety, location, fertilizer and storage on the ascorbic acid content of potatoes grown in New York state. J. agricult. Res. **68**, 49.
KARRER, P., H. SALOMON, R. MORF und K. SCHÖPP, 1933: Zur Kenntnis des antiskorbutischen Vitamins (Vitamin C, Ascorbinsäure). Biochem. Z. **258**, 4.
— und G. SCHWARZENBACH, 1934: Nachtrag betreffend Acidität und Reduktionsvermögen der Ascorbinsäure. Helv. Chim. Acta **17**, 58.
KELLERMANN, H., 1949: Studien über den Vitamin C-Gehalt der Pflanze. Phyton **1**, 178.
KELLIE, A. E., and S. S. ZILVA, 1936: The alleged presence of dehydroascorbic acid in blood. Biochem. J. (Brit.) **30**, 361.
KENYON, J., and N. MUNRO, 1948: The isolation and some properties of dehydro-l-ascorbic acid. J. chem. Soc. (Lond.) 158.
KERTÉSZ, D., 1952: Tyrosinase and polyphenoloxidase. The role of metallic ions in melanogenesis. Biochim. Biophys. Acta **9**, 170.
KERTESZ, Z. I., R. B. DEARBORN, and G. L. MACK, 1936: Vitamin C in vegetables. IV. Ascorbic acid oxidase. J. biol. Chem. (Am.) **116**, 717.
KESSLER, W., 1939: Über den Vitamin C-Gehalt deutscher Apfelsorten und seine Abhängigkeit von Herkunft, Lichtgenuß, Düngung, Dichte des Behanges und Lagerung. Gartenbauwiss. **13**, 619.
KEY, K. M., 1933: The determination of vitamin C in diploid and tetraploid tomatoes. Biochem. J. (Brit.) **27**, 153.
KING, C. G., 1936: Vitamin C, ascorbic acid. Physiol. Rev. **16**, 238.
— 1939: The water-soluble vitamins. Annual Rev. Biochem. (Am.) **8**, 371.
— and W. A. WAUGH, 1932: The chemical nature of vitamin C. Science **75**, 357.

KIYOHARA, K., 1935: Zur Schimper-Meyerschen Theorie der Vermehrung der Chloroplasten. J. Fac. Sci. Univ. Tokyo **4**, 399.

KODÍČEK, E., and K. WENIG, 1938: Polarographic estimation of vitamin C. Nature (Brit.) **142**, 35.

KOENIG, R. A., T. L. SCHIEFELBUSCH, and C. R. JOHNSON, 1943: Chromogenic reagent for vitamin C determinations. Industr. Eng. Chem., Analyt. edit. **15**, 181.

KOHMANN, E. F., and D. R. PORTER, 1940: Solar rays and vitamin C. Science **92**, 561.

KON, S. K., and M. B. WATSON, 1936: The effect of light on the vitamin C of milk. Biochem. J. (Brit.) **30**, 2273.

KRASNOVSKII, A. A., 1948: Oxidation-reduction reactions involving an increase of free energy, photosensitized by chlorophyll and by magnesium phthalocyanin. Doklady Acad. Nauk SSSR. **61**, 91. russ.; zit. nach Chem. Abstr. **43**, 44 (1949).

— and G. P. BRIN, 1949: Transfer of hydrogen from ascorbic acid to codehydrogenase I under action of light, absorbed by chlorophyll. Doklady Acad. Nauk SSSR. **67**, 325, russ.; zit. nach Chem. Abstr. **43**, 8410 (1949).

— — 1950: Die Reaktionen der durch Licht reduzierten Form des Chlorophylls. Doklady Acad. Sci. URSS., N. S. **73**, 1239, russ.; zit. nach Chem. Zbl. **122**, 603 (1951).

KUBLI, U., 1936: Über die Stabilität von l-Ascorbinsäure (Vitamin C). Festschr. f. E. C. BARELL, Basel, 363.

KÜSTER, E., 1942: Über Erzeugung von Artefakten durch Silbernitratbehandlung pflanzlicher Gewebe, insbesondere der Epidermen. Z. Mikrosk. **58**, 346.

KUHN, A., und H. GERHARD, 1943: Zur Verbesserung der Spezifität der chemischen Vitamin-C-Bestimmung. Vitamine u. Hormone **4**, 325.

KUHN, R. und F. WEYGAND, 1936: *o*- und *p*-Nitro-phenylhydroxylamin. Ber. dtsch. chem. Ges. **69**, 1969.

KURC, F. A., 1953: Die Rolle der Ascorbinsäure als Wasserstoffüberträger bei Pflanzen. Biochimija **18**, 284, russ.; zit. nach Ber. wiss. Biol. **88**, 217 (1954).

KWIATKOWSKY, G., 1950: *Mesogerron* als zellphysiologisches Objekt. Protoplasma **39**, 289.

LAKON, G., 1942 a: Topographischer Nachweis der Keimfähigkeit der Getreidefrüchte durch Tetrazoliumsalze. Ber. dtsch. bot. Ges. **60**, 299.

— 1942 b: Topographischer Nachweis der Keimfähigkeit von Mais durch Tetrazoliumsalze. Ber. dtsch. bot. Ges. **60**, 434.

LAUERSEN, F., und W. ORTH, 1943: Die stufenphotometrische Bestimmung der Askorbinsäure. Experimentelle Beiträge zur Erhöhung der Spezifität der Askorbinsäurebestimmung. Vitamine u. Hormone **4**, 62.

LECAT, P., 1951: Répartition et variations du système ascorbique chez les végétaux. Plant and soil **3**, 267.

LEE, W. Y., 1936: The formation and distribution of vitamin C in the germinating pea, *Pisum sativum L.* (Blue Bantam variety). J. chinese chem. Soc. **4**, 217.

— and B. E. READ, 1936: The effect of light on the production and distribution of ascorbic acid in germinated soy-beans. J. chinese chem. Soc. **4**, 208.

LEONHARDT, H., und W. MOESER, 1941: Ein chlorometrisches Bestimmungsverfahren für l-Ascorbinsäure. Z. analyt. Chem. **122**, 3.

LEPESCHKIN, W. W., 1934 a: Nekrobiotische Strahlen. Protoplasma **20**, 232.

— 1934 b: Nekrobiotische Strahlen (II. Mitteilung). Protoplasma **21**, 594.

LEUTHARDT, F., und F. KOLLER, 1934: Über die Aktivatoren der Arginase. Helvet. chim. Acta **17**, 1030.

LIEBALDT, E., 1937: Einige Beobachtungen über rhythmische Fällungen in pflanzlichen Geweben. Protoplasma **27**, 264.

— 1938: Die Silberreduktion der Chloroplasten unter einem neuen Gesichtspunkt. Protoplasma **31**, 267.

LIEBICH, H., 1941: Quantitativ-chemische Untersuchungen über das Eisen in den Chloroplasten und übrigen Zellbestandteilen von *Spinacia oleracea*. Z. Bot. **37**, 129.

LIND, J., 1757: A treatise on the scurvy. 2nd edit. London.

LINSBAUER, K., 1926: Beobachtungen an Spaltöffnungen. Planta **2**, 530.

LINSKENS, H. F., 1955: Papierchromatographie in der Botanik. Berlin-Göttingen-Heidelberg.

LLOYD, F. E., 1925: The cobalt sodium hexanitrite reaction for potassium in plant cells. Flora **118/119**, 369.
LOEW, O., und T. BOKORNY, 1882: Die chemische Kraftquelle im Protoplasma. München.
LOJKIN, M., 1937: A study of ascorbic acid as an inactivating agent of tobacco mosaic virus. Contr. Boyce Thompson Inst. **8**, 445.
LONGENECKER, H. E., H. H. FRICKE, and C. G. KING, 1940: The effect of organic compounds upon vitamin C synthesis in the rat. J. biol. Chem. (Am.) **135**, 497.
LUGER, H., 1954: Der Einfluß der Askorbinsäure auf die Assimilation und Atmung höherer Pflanzen. Protoplasma **44**, 212.
LUGG, J. W. H., 1942: The use of formaldehyde and 2, 6-dichlorphenolindophenol in the estimation of ascorbic acid and dehydroascorbic acid. Austral. J. exper. Biol. a. med. Sci. **20**, 273.
LUND, H., and H. LIECK, 1936: A specific reaction for the qualitative and quantitative determination of ascorbic acid in serum. Nature (Brit.) **137**, 784.
LUNDE, G., 1940: Vitamine in frischen und konservierten Nahrungsmitteln. Berlin.
— und J. LIE, 1938: Vitamin C in Meeresalgen. Z. physiol. Chem. **254**, 227.
LUSTIG, B., und H. WACHTEL, 1938: Über biochemische Beeinflussung der Keimung und des Wachstums der *Cardamine*-Samen. II. Mitt.: Wirkungen von Vitaminen und Hormonen auf die Pflanze. Biochem. Z. **297**, 386.
MACDOWALL, F. D. H., 1952: The reducing potential of illuminated chloroplasts. Science **116**, 398.
MAIROLD, F., und F. WEBER, 1950: Notiz über *Cephalantera*-Albinos. Protoplasma **39**, 275.
MANDELS, G. R., 1953: The properties and surface location of an enzyme oxidizing ascorbic acid in fungus spores. Arch. Biochem. a. Biophys. **42**, 164.
MANNELLI, G., 1950: Die colorimetrische Bestimmung der Ascorbinsäure. Mikrochemie (Wien) **35**, 29.
MAPSON, L. W., 1941: The influence of halides on the oxidation of ascorbic acid. Biochem. J. (Brit.) **35**, 1332.
— 1943: Vitamin methods. VI. Estimation of ascorbic acid in the presence of reductones and allied substances. J. Soc. Chem. Ind. **62**, 223.
— 1946: Inhibition of urease by copper salts in the presence of ascorbic acid and related substances. Biochem. J. (Brit.) **40**, 240.
— 1953: Function of ascorbic acid in plants. Vitamins and hormones **11**, 1.
— and E. M. CRUICKSHANK, 1947: Effects of various salts on the synthesis of ascorbic acid and carotene in cress seedlings. Biochem. J. (Brit.) **41**, 197.
— and M. INGRAM, 1951: Observations on the use of *Escherichia coli* for the reduction and estimation of dehydroascorbic acid. Biochem. J. (Brit.) **48**, 551.
— F. A. ISHERWOOD, and Y. T. CHEN, 1954: Biological synthesis of l-ascorbic acid: the conversion of l-galactono-γ-lactone into l-ascorbic acid by plant mitochondria. Biochem. J. (Brit.) **56**, 21.
MARRÉ, E., 1954: Ricerche sulla fisiologia dell'acido ascorbico. X. Variazioni quantitative dell'acido ascorbico in coleoptili di avena e in segmenti di internodio di „*Pisum*" trattati con acido indolacetico. Atti Accad. naz. Lincei, Ser. 8, **16**, 758.
— e G. LAUDI, 1954: Trasporto di idrogeno all'ossigeno per la via ossidoriduttiva: trifosfopiridinnucleotide-glutatione-ascorbico in estratti di „*Pisum sativum*". Atti Accad. naz. Lincei, Ser. 8, **16**, 649.
MARTINI, E., e A. BONSIGNORE, 1934 a: Nuovo metodo per la determinazione chimica della vitamina C. Boll. Soc. ital. Biol. sper. **9**, 388.
— — 1934 b: Eine neue Methode der Ascorbinsäurebestimmung (Vitamin C). Biochem. Z. **273**, 170.
MARTIUS, C., und H. v. EULER, 1934: Zur Reduktionsanalyse der Reduktone und Sulfhydrylverbindungen. Biochem. Z. **271**, 9.
MARX, T., 1951: Zur Methodik der l-Ascorbinsäurebestimmung. Landwirtschaftl. Forsch. **2**, 229.
— 1952: Zur Frage der Existenz einer Protein-Ascorbinsäure-Verbindung im frischen Pflanzenmaterial. Z. Lebensmittelunters. **95**, 319.
— 1954 a: Über den Oxydationsschutz der l-Ascorbinsäure in frischem Pflanzenmaterial. Z. Lebensmittelunters. **99**, 181.
— 1954 b: Zum Nachweis einer an Eiweiß gebundenen l-Ascorbinsäure in frischem Pflanzenmaterial. Z. Lebensmittelunters. **99**, 261.

MASCHMANN, E., und E. HELMERT, 1934: Über die Aktivierung des Papains durch Vitamin C (Ascorbinsäure) oder Vitamin C-Eisen (III). Z. physiol. Chem. **224**, 56.

MATHEWS, M. B., 1951: The oxidation of reduced diphosphopyridine nucleotide in green peas. J. biol. Chem. (Am.) **189**, 695.

MATSUOKA T., 1935 a: Vitamin C. VII. Germination of seeds and vitamin C. 6. Effect of light on the production of vitamin C during germination. Mem. Coll. Agric. Kyoto **35**, 1; zit. nach Chem. Abstr. **30**, 139 (1936).

— 1935 b: Vitamin C. XVII. Chemical nature of vitamin C. 6. Change of content of vitamin C in barley. Mem Coll. Agric. Kyoto **35**, 93; zit. nach Chem. Abstr. **30**, 139 (1936).

MATTEI, P. D', 1923: Sui fattori complementari dell alimentazione. Le vitamine dei funghi mangerecci. Policlinico **30**, 221.

MCHENRY, E. W., and M. L. GRAHAM, 1935 a: Estimation of ascorbic acid by titration. Nature (Brit.) **135**, 871.

— — 1935 b: Observations on the estimation of ascorbic acid by titration. Biochem. J. (Brit.) **29**, 2013.

MCMILLAN, T. J., and E. N. TODHUNTER, 1946: Dehydroascorbic acid in cabbage. Science **103**, 196.

MEDAWARA, M. R., 1950: Notizen über Vitamin C in der Pflanze. Phyton **2**, 193.

MENTZER, C., 1940: Quelques données nouvelles sur l'acide ascorbique dans la règne végétal. 1. L'acide ascorbique et la germination des graines. Bull. Soc. Chim. biol. (Fr.) **22**, 445.

— et A. VIALARD-GOUDOU, 1937: Contribution à l'étude de l'acide ascorbique réduit. Remarques sur le dosage par la méthode au bleu de méthylène. Bull. Soc. Chim. biol. (Fr.) **19**, 707.

METZNER, H., 1952 a: Die Reduktion wäßriger Silbernitratlösungen durch Chloroplasten und andere Zellbestandteile. Protoplasma **41**, 129.

— 1952 b: Untersuchungen zur Silbernitratreduktion durch vitalgefärbte Chloroplasten. Nachr. Akad. Wiss. Göttingen, math.-physikal. Kl. II b, 1.

— 1954: Enzymologie der Plastiden. Z. Bot. **42**, 473.

MILLER, E. V., and G. D. HALL, 1953: Distribution of total soluble solids, ascorbic acid, total acid, and bromelin activity in the fruit of the Natal pineapple (*Ananas comosus* L. Merr.). Plant Physiol. **28**, 532.

MILLER, M. C., 1947: Reductone interference in estimation of vitamin C. Food Res. **12**, 343.

MILLS, J. I., 1932: The vitamin C content of sheep-liver; with observations on the effects of freezing and storage. Biochem. J. (Brit.) **26**, 704.

MIRIMANOFF, A., 1938 a: Vitamine C et chlorophylle. C. r. Acad. Sci. Paris **206**, 766.

— 1938 b: Acide ascorbique et pigments caroténoides. Signification de la réaction de Molisch et essai de localisation de l'acide ascorbique. C. r. Acad. Sci. Paris **206**, 1038.

— 1938 c: À propos de la réaction de Molisch. Rev. gén. Bot. **50**, 333.

— 1939 a: Le dosage et la localisation de la vitamine C dans les tissus végétaux. Rev. Cytol. et Cytophys. végét. **3**, 119.

— 1939 b: Remarques sur la réduction du nitrate d'argent au niveau des chloroplastes. Rev. gén. Bot. **51**, 133.

— 1940: Quelques propriétés des chloroplastes en relation avec leur structure granulaire. Bull. Soc. Bot. Genève **30**, 1.

— 1943: La réaction de Molisch, critère de vie cellulaire? C. r. Sci. Soc. Phys. et Hist. Nat. Genève **60**, 105.

MÖLLER, H. P., 1921: Rhythmische Fällungserscheinungen in pflanzlichen Zellmembranen. Kolloid-Beih. **14**, 97.

MOHLER, H., und H. LOHR, 1938: Spektren der R_1-R_1-Systeme IV. Spektren von l-Ascorbinsäure, Oxytetronsäure, Reduktinsäure und α-Crotonsäure. Helvet. chim. Acta **21**, 485.

MOLISCH, H., 1918 a: Das Chlorophyllkorn als Reduktionsorgan. S.ber. Akad. Wiss. Wien, math.-naturw. Kl., Abt. I, **127**, 449.

— 1918 b: Über das Verhalten der Zystolithen gegen Silber und andere Metallsalze. Ber. dtsch. bot. Ges. **36**, 477.

— 1921: Beiträge zur Mikrochemie der Pflanze. Nr. 16. Zur Silberreduktion der Chlorophyllkörner. Ber. dtsch. bot. Ges. **39**, 136.

MOLDTMANN, H. G., 1939: Untersuchungen über den Ascorbinsäuregehalt der Pflanzen in seiner Abhängigkeit von inneren und äußeren Faktoren. Planta **30**, 297.

MOLL, T., und H. WIETERS, 1937: Untersuchungen über Dehydroascorbinsäure. Mercks Jber. **50**, 65.

MÜLLER, W., 1952: Zur Problematik der Lokalisation von Vitamin C in der Zelle. Z. Zellforsch. **37**, 573.

NAGAI, S., 1950: Experimental studies on the reduction of silver nitrate by plant cell. I. Dynamic process in reduction and precipitation. J. Inst. Polytechn., Osaka City Univ., Ser. D. **1**, 33.

— 1951: Experimental studies on the reduction of silver nitrate by plant cell. II. Nature and responsibility of substances which cause the reduction. J. Inst. Polytechn., Osaka City Univ., Ser. D. **2**, 1.

— 1955: The reduction of silver nitrate by plant cells, particularly by chloroplasts. Protoplasma **44**, 444.

— and E. OGATA, 1952a: Experimental studies on the reduction of silver nitrate by plant cell. III. Further evidences on the rôle of ascorbic acid in the Molisch reaction. J. Inst. Polytechn., Osaka City Univ., Ser. D. **3**, 37.

— — 1952b: Experimental studies on the reduction of silver nitrate by plant cell. IV. The reaction in etiolated seedlings. J. Inst. Polytechn., Osaka City Univ., Ser. D. **3**, 46.

NATH, M. C., R. P. CHITALE, and B. BELAVADY, 1952: Biosynthesis of vitamin C and a new precursor. Nature (Brit.) **170**, 545.

NEISH, A. C., 1939: Studies on chloroplasts. II. Their chemical composition and the distribution of certain metabolites between the chloroplasts and the remainder of the leaf. Biochem. J. (Brit.) **33**, 300.

NELSON, E. M., and H. H. MOTTERN, 1932: Effect of lead arsenate spray on the composition and vitamin content of oranges. Amer. J. publ. Health **22**, 587.

NEUBAUER, M., 1939: Das Vitamin C in der Pflanze. Protoplasma **33**, 345.

NEUWEILER, W., 1936: Über die Fermentmethode zur Vitamin C-Bestimmung und das Vorkommen von Ascorbinsäure-Oxydase in pflanzlichen Produkten. (Vorläufige Mitteilung.) Klin. Wschr. **15**, 856.

NEWCOMB, E. H., 1951: Effect of auxin on ascorbic oxidase activity in tobacco pith cells. Proc. Soc. exper. Biol. a. Med. (Am.) **76**, 504.

OKRENT, A., und K. WACHHOLDER, 1940: Untersuchungen über den Oxydationsschutz bei der Vitamin C-Bestimmung. Biochem. Z. **306**, 6.

OLLIVER, M., 1954: Ascorbic acid. V. Estimation. In: W. H. SEBRELL, R. S. HARRIS: The vitamines. Chemistry, physiology, pathology. I, 242. New York.

OWEN, J. A., B. IGGO, and D. B. HORN, 1954: Use of *p*-chloromercuribenzoic acid in the determination of ascorbic acid in the presence of sulphydryl compounds. Nature (Brit.) **174**, 701.

PAECH, K., 1938: Über den Vitamin C-Gehalt deutscher Äpfel. Z. Unters. Lebensmittel **76**, 234.

— 1939: Die Veränderungen des Vitamin C-Gehaltes bei der Kaltlagerung und beim Gefrieren von Obst und Gemüse. Forschungsdienst **7**, 391.

PARKINSON, T. L., 1952: Determination of ascorbic acid in canned foods containing ferrous iron. Chemistry and Industry **17**.

PATSCHKY, A., 1950: Eine Bestimmungsmethode für Vitamin C unter Ausschaltung der Reduktone. Angew. Chem. **62**, 50.

PEKAREK, J., 1938: Die Lokalisation des Silbernitrat-Reduktors in den Chloroplasten. Protoplasma **30**, 534.

PENNEY, J. R., and S. S. ZILVA, 1943: The determination of 2, 3-diketo-l-gulonic acid. Biochem. J. (Brit.) **37**, 39.

— — 1945: The isolation of barium and calcium diketo-l-gulonates and the biological significance of 2, 3-diketogulonic acid. Biochem. J. (Brit.) **39**, 1.

PETT, L. B., 1936: Changes in the ascorbic acid and glutathione contents of stored and sprouting potatoes. Biochem. J. (Brit.) **30**, 1228.

PIETSCH, A., 1942: Notiz über eine Modifikation der Weberschen Tüpfelreaktionsmethode zum Nachweis von Vitamin C in Pflanzen. Protoplasma **36**, 149.

PLATENIUS, H., 1945: Diurnal and seasonal changes in the ascorbic acid content of some vegetables. Plant Physiol. **20**, 98.

Ponting, J. D., 1943: Extraction of ascorbic acid from plant materials. Relative suitability of various acids. Industr. Eng. Chem., Analyt. edit. **15**, 389.

Proskurjakov, N. I., und L. S. Cholopova, 1952: Die Reaktion von Ascorbinsäure mit pflanzlichen Amylasen verschiedenen Ursprungs. Biochimija **17**, 578, russ.; zit. nach Ber. wiss. Biol. **83**, 32 (1953).

Purr, A., 1934: The influence of vitamin C (ascorbic acid) on plant and animal amylases. Biochem. J. (Brit.) **28**, 1141.

Quastel, J. H., 1926: Dehydrogenation produced by resting bacteria. IV. A theory of the mechanism of oxydations and reductions in vivo. Biochem. J. (Brit.) **20**, 166.

— and W. R. Wooldridge, 1927 a: The effects of chemical and physical changes in environment on resting bacteria. Biochem. J. (Brit.) **21**, 148.

— — 1927 b: Experiments an bacteria in relation to the mechanism of enzyme action. Biochem. J. (Brit.) **21**, 1224.

Raadts, E., 1948: Über den Einfluß von Askorbinsäure auf die Auxinaktivierung. Planta **36**, 103.

Rakshit, P. C., 1938: Über den Einfluß des Chlorophylls auf die Autoxydation der Ascorbinsäure. Biochem. Z. **297**, 153.

Randoin, L., A. Giroud et C. P. Leblond, 1935: Relations entre la teneur en vitamin C de divers tissus végétaux et la présence ou l'absence de chlorophylle. C. r. Soc. Biol. **120**, 297.

Ray, S. N., 1934: On the nature of the precursor of the vitamin C in the vegetable kingdom. I. Vitamin C in the growing pea seedling. Biochem. J. (Brit.) **28**, 996.

Reedman, E. J., and E. W. McHenry, 1938: Combined ascorbic acid in plant tissues. Biochem. J. (Brit.) **32**, 85.

Reichstein, T., und V. Demole, 1936: Übersicht über Chemie und biologische Wirkung der Ascorbinsäuregruppe (Vitamin C). Festschr. f. E. C. Barell, Basel, 107.

— A. Grüssner, und R. Oppenauer, 1933: Synthese der d- und l-Ascorbinsäure (C-Vitamin). Helvet. chim. Acta **16**, 1019.

Reid, M. E., 1937: Localization of ascorbic acid in the cowpea plant at different periods of development. Amer. J. Bot. **24**, 445.

— 1938: The effect of light on the accumulation of ascorbic acid in young cowpea plants. Amer. J. Bot. **25**, 701.

— 1941 a: Relation of vitamin C to cell size in the growing region of the primary root of cowpea seedlings. Amer. J. Bot. **28**, 410.

— 1941 b: Relation of temperature to the ascorbic acid content of cowpea plants. Bull. Torrey Bot. Club **68**, 519.

Reiner, C. B., 1952: A critical examination of the histochemical staining technic for ascorbic acid. Proc. Soc. exper. Biol. a. Med. (Am.) **80**, 455.

Reppel, L., 1954: Über natürliche Cumarine. Pharmazie **9**, 278.

Reuter, L., 1938: Der Stärkegehalt der Schließzellen von *Zea*-Albinos. Protoplasma **31**, 147.

Ridi, M. S., and M. H. A. Wafa, 1950: General composition and vitamin content of the pollen grain of the date palm, *Dactylifera palmae* L. J. roy. Egypt. Med. Assoc. **33**, 168.

Roe, J. H., 1934: A color test for vitamin C. Science **80**, 561.

— 1936: The determination of ascorbic acid as furfural and a comparison of results obtained by this method and by indophenol titration. J. biol. Chem. (Am.) **116**, 609.

— M. B. Mills, M. J. Oesterling, and C. M. Damron, 1948: The determination of diketo-l-gulonic acid, dehydro-l-ascorbic acid, and l-ascorbic acid in the same tissue extract by the 2,4-dinitrophenylhydrazine method. J. biol. Chem. (Am.) **174**, 201.

— and M. J. Oesterling, 1944: The determination of dehydroascorbic acid and ascorbic acid in plant tissues by the 2,4-dinitrophenylhydrazine method. J. biol. Chem. (Am.) **152**, 511.

Rosenfeld, B., 1943: The irreversible transformation of dehydroascorbic acid. J. biol. Chem. (Am.) **150**, 281.

Rotter, R., H. Lohwag, H. Neumayer und L. Holik, 1952: Untersuchungen über den Gehalt an Vitamin C und β-Carotin in Früchten. Z. Lebensmittelunters. **95**, 89.

ROY, S. C., S. K. ROY, and B. C. GUHA, 1946: Role of thiamin and riboflavin in the biosynthesis of vitamin C. Nature (Brit.) **158**, 238.

RUBIN, B. A., E. V. ARTSIKHOVSKAYA, N. S. SPIRIDONOVA, and O. T. LUTIKOVA, 1939: On the sources of vitamin C formation in the living plant cell. Biochimija **4**, **260**, russ., engl. Zus.

— and N. S. SPIRIDONOVA, 1941: Rôle of oxidizing activity of vegetable tissue in the synthesis of ascorbic acid. C. r. Acad. Sci. URSS, N. S. **31**, 607.

RUDOLPH, W., 1937: Neue Erkenntnisse über das natürliche Vorkommen von Vitamin C, über die Haltbarkeit der Ascorbinsäure sowie deren Verhalten gegenüber anderen Vitaminen, Silbernitrat und Oxydationsfermenten. Diss. Frankfurt.

— 1946: Vitamine der Hefe. 3. Aufl. Stuttgart.

RUDRA, M. N., 1938: Role of manganese in the biological synthesis of ascorbic acid. Nature (Brit.) **141**, 203.

— 1939: Die Rolle des Mangans bei der biologischen Ascorbinsäuresynthese. Biochem. Z. **301**, 238.

RUHLAND, W., und K. WETZEL, 1924: Der Nachweis von Chloroplasten in den generativen Zellen von Pollenschläuchen. Ber. dtsch. bot. Ges. **42**, 3.

SABALITSCHKA, T., 1943: Zur Bestimmung von Vitamin C. IV. Mitteilung: Über die Bestimmung des Vitamins C mit Dichlorphenolindophenol. Vitamine u. Hormone **4**, 376.

— und A. PRIEM, 1941: Zur Bestimmung von Vitamin C. I. Mitteilung: Unbrauchbarkeit der Vitamin-C-Bestimmung mit Methylenblau für Trockengemüse. Z. physiol. Chem. **270**, 194.

SANSOME, F. W., and S. S. ZILVA, 1933: Polyploidy and vitamin C. Biochem. J. (Brit.) **27**, 1935.

SAVELLI, R., e C. CARUSO, 1938: La reazione di Maassen nei tessuti dei vegetali superiori. Protoplasma **31**, 234.

— — 1939: Ulteriori ricerche su taluni processi riduttivi in rapporto con la localizzazione e l'azione della vitamina C nei tessuti. Protoplasma **32**, 397.

— — 1940: Sur la nature de certaines reactions du noyau au liquide de Giroud. Protoplasma **34**, 484.

SCARBOROUGH, H., and C. P. STEWART, 1938: Combined ascorbic acid in plant tissues. Nature (Brit.) **142**, 40.

SCHAFFERT, R. R., and G. R. KINGSLEY, 1955: A rapid, simple method for the determination of reduced, dehydro-, and total ascorbic acid in biological material. J. biol. Chem. **212**, 59.

SCHAUENSTEIN, E., 1948: Absorptionsspektrographische Studien an l-Ascorbinsäure I. Mh. Chem. **79**, 487.

SCHEUNERT, A., 1930: Vitamingehalt der deutschen Lebensmittel. Berlin.

— und J. RESCHKE, 1940: Coniferennadeln und deren Absude als Vitamin-C-Träger. Klin. Wschr. **19**, 976.

— und E. THEILE, 1952: Ein Beitrag zur Kenntnis des Vitamin-C-Gehaltes in grünen Pflanzen unter besonderer Berücksichtigung des Gehaltes an Dehydroascorbinsäure. Pharmazie **7**, 776.

SCHMALL, M., C. W. PIFER, and E. G. WOLLISH, 1953: Determination of ascorbic acid by a new colorimetric reaction. Analyt. Chemistry **25**, 1486.

— — — R. DUSCHINSKY, and H. GAINER, 1954: Colorimetric determination of ascorbic acid. New developments concerning the reaction with diazotized 4-methoxy-2-nitroaniline. Analyt. Chemistry **26**, 1521.

SCHULEK, E., J. KOVÁCS und P. RÓZSA, 1941: Bromatometrische Bestimmung der l-Ascorbinsäure (Vitamin C). Z. analyt. Chem. **121**, 17.

SCHWARTZ, M. A., and J. N. WILLIAMS jr., 1955: New procedure for ascorbic acid analysis by the osazone method. Proc. Soc. exper. Biol. a. Med. (Am.) **88**, 136.

SCHWARZ, W., 1931: Beiträge zur Entwicklungsgeschichte der Panaschierungen. Entwicklungsgeschichte der Plastiden einiger grüner Pflanzen. Z. Bot. **25**, 1.

SCHWARZE, W. K., und E. GÜNTHER, 1947: Die Bestimmung der l-Ascorbinsäure mit chemischen Methoden. II. Mitteilung. Pharmazie **2**, 161.

— — 1949: Vergleichende Untersuchungen zur Vitamin-C-Bestimmung in Pflanzenmaterial. Biochem. Z. **319**, 139.

SCUDI, J. V., and H. D. RATISH, 1938: A colorimetric method for the determination of ascorbic acid. Industr. Eng. Chem., Analyt. edit. **10**, 420.

SÉCHET, J., 1953: Sur l'élaboration de l'acide ascorbique au cours du traitement de printanisation. C. r. Acad. Sci. Paris **237**, 434.

SEN-GUPTA, P. N., and B. C. GUHA, 1939: Estimation of vitamin C in foodstuffs. J. indian chem. Soc. **16**, 549.

SEYBOLD, A., und H. MEHNER, 1948: Über den Gehalt von Vitamin C in Pflanzen. S.ber. Heidelberger Akad. Wiss., math.-naturw. Kl., 10. Abh.

SHAW, A. C., and R. T. TATCHELL, 1951: Distribution of vitamin C in the tip of the broad bean radicle. Nature (Brit.) **167**, 116.

SIEBERT, F., 1931: Über den reduzierenden Stoff in pflanzlichen Lebensmitteln und seine Übereinstimmung mit dem Vitamin C. Diss. Frankfurt.

SMITH, A. M., and J. GILLIES, 1940: The distribution and concentration of ascorbic acid in the potato (*Solanum tuberosum*). Biochem. J. (Brit.) **34**, 1312.

— and W. Y. PATERSON, 1937: The study of variety and virus disease infection in tubers of *Solanum tuberosum* by the ascorbic acid test. Biochem. J. (Brit.) **31**, 1992.

SMITH, F. G., 1952: Ascorbic acid formation in potato tuber slices. Plant Physiol. **27**, 736.

SNOW, G. A., and S. S. ZILVA, 1938: The nonspecificity of ascorbic acid oxidase. Biochem. J. (Brit.) **32**, 1926.

— — 1943: A critical examination of Lugg's method for the determination of l-ascorbic acid. Biochem. J. (Brit.) **37**, 630.

SOMERS, G. F., W. C. KELLY, and K. C. HAMNER, 1948: Changes in ascorbic acid content of turnip-leaf discs as influenced by light, temperature, and carbon dioxide concentration. Arch. Biochem. **18**, 59.

SOSA, J. M., 1952: Vitamin C microscopic demonstration and Golgi apparatus. Exper. Cell Res. **3**, 184.

SOSA-BOURDOUIL, C., 1941: Répartition de l'acide ascorbique dans les organes floraux au cours du developpement. C. r. Acad. Sci. Paris **212**, 1000.

SRINIVASAN, M., 1937: The enzymatic determination of ascorbic acid. Biochem. J. (Brit.) **31**, 1524.

STEIDLE, H., 1924: Besitzen eßbare Pilze antiskorbutische Wirkung? Biochem. Z. **151**, 181.

STEINMANN, H. G., and C. R. DAWSON, 1942: On the mechanism of the ascorbic acid-ascorbic acid oxidase reaction. The hydrogen peroxide question. J. amer. Chem. Soc. **64**, 1212.

STERN, H., and S. TIMONEN, 1954: The position of the cell nucleus in pathways of hydrogen transfer: cytochrome C, flavoproteins, glutathione, and ascorbic acid. J. gen. Physiol. (Am.) **38**, 1.

STEWART jr., A. P., and P. F. SHARP, 1945: Determination of vitamin C in the presence of interfering reducing substances. Selective oxidation-reduction method. Industr. Eng. Chem., Analyt. edit. **17**, 373.

STONE, W., 1937: Ascorbic acid oxidase and the state of ascorbic acid in vegetable tissues. Biochem. J. (Brit.) **31**, 508.

STOTZ, E., C. J. HARRER, and C. G. KING, 1937: A study of "ascorbic acid oxidase" in relation to copper. J. biol. Chem. (Am.) **119**, 511.

STROHECKER, R., 1935: Über die Bildung, Entstehung und örtliches Vorkommen von Vitamin C in pflanzlichen Geweben. Z. Unters. Lebensmittel **70**, 76.

— und R. VAUBEL, 1936: Die Bestimmung der Ascorbinsäure (C-Vitamin) nach J. TILLMANS durch Titration mit 2,6-Dichlorphenolindophenol. Angew. Chem. **49**, 666.

STRUGGER, S., 1951: Die Strukturordnung im Chloroplasten. Ber. dtsch. bot. Ges. **64**, 69.

SUGAWARA, T., 1939 a: Studies on the formation of ascorbic acid (vitamin C) in plants. 1. The influence of light on the ascorbic acid contents in various etiolated seedlings. Jap. J. Bot. **10**, 141.

— 1939 b: Studies on the formation of ascorbic acid (vitamin C) in plants. 2. The influence of radiation of different wave length on the ascorbic acid contents in etiolated seedlings. Jap. J. Bot. **10**, 325.

SUR, S. K., S. C. ROY, and B. C. GUHA, 1949: Biosynthesis of ascorbic acid. Synthesis by germinating seeds as influenced by different factors. Abstr. 1. Internat. Biochem. Congr. Cambridge, S. 52.

SVIRBELY, J. L., and A. SZENT-GYÖRGYI, 1932: Hexuronic acid as the antiscorbutic factor. Nature (Brit.) **129**, 690.

— — 1933: The chemical nature of vitamin C. Biochem. J. (Brit.) **27**, 279.

SZENT-GYÖRGYI, A., 1928: Observations on the function of peroxidase systems and the chemistry of the adrenal cortex. Biochem. J. (Brit.) **22**, 1387.

— 1931: On the function of hexuronic acid in the respiration of the cabbage leaf. J. biol. Chem. (Am.) **90**, 385.

— and W. N. HAWORTH, 1933: "Hexuronic acid" (ascorbic acid) as the antiscorbutic factor. Nature (Brit.) **131**, 24.

TAUBER, H., 1934: Eine empfindliche Tüpfelreaktion auf Ascorbinsäure (C-Vitamin). Mikrochemie (Wien) **17**, 111.

— 1935: Activators and inhibitors of enzymes. Erg. Enzymforsch. **4**, 42.

— 1938: The interaction of ascorbic acid (vitamin C) with enzymes. Erg. Enzymforsch. **7**, 301.

— and I. S. KLEINER, 1935 a: A method for the quantitative determination of ascorbic acid (vitamin C). The vitamin C content of various plant and animal tissues. J. biol. Chem. (Am.) **108**, 563.

— — 1935 b: An enzymic method for the estimation of true vitamin C. J. biol. Chem. (Am.) **110**, 559.

TEGETHOFF, B., 1953: Zur papierchromatographischen Identifizierung von Vitamin C in pflanzlichen Substanzen. Z. Naturforsch. **8** b, 374.

TERENTEVA, E. L., 1952: Ascorbigen, the bound form of ascorbic acid. Biochimija **17**, 641, russ.; zit. nach Chem. Abstr. **47**, 4945 (1953).

THOMAS, J. B., L. C. POST, and N. VERTREGT, 1954: Localisation of chlorophyll within the chloroplast. Biochim. Biophys. Acta **13**, 20.

TILLMANS, J., 1930: Das antiskorbutische Vitamin. Z. Unters. Lebensmittel **60**, 34.

TONZIG, S., e L. BRACCI, 1951: Ricerche sulla fisiologia dell'acido ascorbico. V. Tubercoli radicali nelle leguminose e acido ascorbico. Nuovo Giorn. bot. ital., N. S. **58**, 237.

— e F. TREZZI, 1951 a: Ricerche sulla fisiologia dell'acido ascorbico. III. L'acido ascorbico e la distensione cellulare. Nuovo Giorn. bot. ital., N. S. **57**, 535.

— — 1951 b: Ricerche sulla fisiologia dell'acido ascorbico. IV. L'acido ascorbico e le curvature d'accrescimento. Nuovo Giorn. bot. ital., N. S. **57**, 549.

ULMANN, M., 1954: Zum papierchromatographischen Nachweis von Ascorbinsäure und Dehydroascorbinsäure. Pharmazie **9**, 523.

VACHER, M., et D. FAUCQUEMBERGUE, 1949: Identification et dosage de substances biochimiques par virage de leur spectre ultra-violet d'absorption. Application à l acide ascorbique et à la pyridoxine. Bull. Soc. Chim. biol. (Fr.) **31**, 1419.

VILLELA, G. G., 1944: Vitamin C in the needles of some conifers. Science **99**, 124.

VILTER, R. W., 1954: Ascorbic acid. IX. Effects of deficiency in human beings. In: W. H. SEBRETT and R. S. HARISS: The vitamines. Chemistry, physiology, pathology. I, 348, New York.

VIRTANEN, A. I., 1949: On the role of substances present in the seeds and arising in them during germination in the growth of plants. Experientia **5**, 313.

— and S. SAUBERT-V. HAUSEN, 1949 a: Role of substances formed during germination in the growth of plants. Nature (Brit.) **163**, 482.

— — 1949 b: Über die Bedeutung der das Redoxpotential erniedrigenden Stoffe für das Wachstum der Pflanze. Z. Pflanzenern. **45**, 11.

VOGEL, H., 1943: Chemie und Technik der Vitamine. 2. Aufl. Stuttgart.

WACHHOLDER, K., und A. OKRENT, 1940: Untersuchungen zur Frage des Vorhandenseins gebundener Ascorbinsäure. Z. physiol. Chem. **264**, 254.

WALLACE, T., and S. S. ZILVA, 1933: The antiscorbutic potency of apples VI. Biochem. J. (Brit.) **27**, 693.

WALZEL, G., 1952: Vitamin C in *Cuscuta*. Protoplasma **41**, 260.

WANKA, J. K., and V. HEROUT, 1949: Analysis of pharmaceutical preparations. I. Chemical determination of ascorbic acid. Chem. Listy **43**, 58; zit. nach Chem. Abstr. **44**, 9625 (1950).

WASIUTA, M., 1949: Über Vitamin C in der Pflanze. Öst. bot. Z. **96**, 201.

WAUGH, W. A., and C. G. KING, 1932: Isolation and identification of vitamin C. J. biol. Chem. (Am.) **97**, 325.

WAYGOOD, E. R., 1950: Physiological and biochemical studies in plant metabolism. II. Respiratory enzymes in wheat. Canad. J. Res., Sect. C, **28**, 7.

WEBER, F., 1937: Plastiden-Studien. Protoplasma **28**, 283.

— 1938 a: Silber-Reduktion der Chloroplasten. Protoplasma **29**, 427.

— 1938 b: Notizen über den *Drosera*-Tentakel-Schleim. Protoplasma **31**, 289.

— 1939: Tüpfel-Reaktionen zur Orientierung über den Vitamin-C-Gehalt von Pflanzen. Protoplasma **33**, 474.

— 1940 a: Vitamin C-Gehalt ergrünter Rhizom-Knollen von *Stachys*. Protoplasma **34**, 153.

— 1940 b: Vitamin C-Gehalt durch niedere Temperatur am Ergrünen verhinderter Keimlinge. Protoplasma **34**, 314.

— 1940 c: Frühtreiben und Vitamin C-Gehalt. Protoplasma **34**, 317.

— 1941: Vitamin C-Gehalt von Albinos und panaschierten Pflanzen. Protoplasma **35**, 136.

— 1950: Vitamin C-Gehalt des *Sauromatum*-Spadix. Protoplasma **39**, 113.

— 1952: Vitamin C-Gehalt Röntgen-bestrahlter Keimlinge. Phyton **4**, 144.

WEIER, T., 1938: Factors affecting the reduction of silver nitrate by chloroplasts. Amer. J. Bot. **25**, 501.

WEISSENBÖCK, K., und M. WEISSENBÖCK, 1940: Vitamin C-Gehalt im Licht CO_2-frei gezogener Pflanzen. Protoplasma **34**, 585.

WENDLAND, G., 1947: Eine Methode zur redoxanalytischen Bestimmung von Ascorbinsäure und Ferroeisen in Gemischen. Pharmazie **2**, 350.

— 1952 a: Die bei der Zubereitung von Naturstoffen entstehenden starkreduzierenden Substanzen. II. Mitteilung: Verhalten in wäßriger Lösung und in Gemischen mit Säuren. Arch. Pharmaz. **285**, 109.

— 1952 b: Die bei der Zubereitung von Naturstoffen entstehenden starkreduzierenden Substanzen. III. Mitteilung: Analytisches über Reduktone und Redukton-Ascorbinsäuregemische. Arch. Pharmaz. **285**, 169.

— 1953: Die Gesamtvitamin-C-Bestimmung. II. Mitteilung: Die Bestimmung der Dehydroascorbinsäure mit Thioacetamid. Arch. Pharmaz. **286**, 158.

WETMORE, R. H., and G. MOREL, 1949: Polyphenoloxidase as a problem in organ culture and auxin diffusion studies in horsetails and ferns. Amer. J. Bot. **36**, 830.

WHATLEY, F. R., L. ORDIN, and D. I. ARNON, 1951: Distribution of micronutrient metals in leaves and chloroplast fragments. Plant Physiol. **26**, 414.

WIDENBAUER, F., und K. KOSCHORRECK, 1937: Über die Bildung von Vitamin C mit überlebenden Gewebsschnitten im Reagensglas. Biochem. Z. **291**, 209.

WIELER, A., 1936: Über den Bau der Chlorophyllkörner. Protoplasma **26**, 295.

WILLIAMS, D., and L. H. ROGERS, 1937: The infrared absorption spectrum of vitamin C. J. amer. chem. Soc. **59**, 1422.

WINTER, E., 1952 a: Ascorbinsäure-Synthese in Gewebeschnitten. Planta **41**, 52.

— 1952 b: Bestimmung von Ascorbinsäure neben Eisen. Z. analyt. Chem. **134**, 401.

— 1952 c: Über den Einfluß von Zinn auf die Bestimmung von Ascorbinsäure. Z. analyt. Chem. **137**, 163.

WITTWER, S. H., and A. D. HIBBARD, 1947: Vitamin C-nitrogen relations in peaches as influenced by fertilizer treatment. Proc. amer. Soc. horticult. Sci. **49**, 116.

— R. A. SCHROEDER, and W. A. ALBRECHT, 1945: Vegetable crops in relation to soil fertility: II. Vitamin C and nitrogen fertilizers. Soil Sci. **59**, 329.

WODSAK, W., und E. UECKERMANN, 1955: Die Vitamingehalte der wichtigsten Baumrinden und deren möglicher Einfluß auf das Schälen des Rotwildes. Internat. Z. Vitaminforsch. **25**, 379.

WOKES, F., 1947: Oxalic acid extractant in vitamin C assay. Analyst **72**, 63.

— and J. G. ORGAN, 1943: Oxidizing enzymes and vitamin C in tomatoes. Biochem. J. (Brit.) **37**, 259.

WOLF-HEIDEGGER, G., und H. WALDMANN, 1942: Zur Spezifität des histologischen Vitamin C-Nachweises nach GIROUD und LEBLOND. Z. Vitaminforsch. **12**, 1.

WOLLMANN, E., 1921: Sur le rôle des microorganismes dans la production des vitamines. C. r. Soc. Biol. **85**, 801.

ZELLER, A., 1952: Über die spezifische Bestimmung der Ascorbinsäure. Z. Vitamin-, Hormon- u. Fermentforsch. **5**, 1.

ZIEGLER, H., 1953: Über die Bildung und Lokalisierung des Formazans in der Pflanzenzelle. Naturw. **40**, 144.

ZILVA, S. S., 1927: The antiscorbutic fraction of lemon juice. V. Biochem. J. (Brit.) **21**, 689.

— 1936: A note on the reversible enzymic oxidation of d-gluco-ascorbic acid. Biochem. J. (Brit.) **30**, 1215.

— F. KIDD and C. WEST, 1938: Ascorbic acid in the metabolism of the apple fruit. New Phytol. **37**, 345.

ZOTOVA, O. N., 1953: Influence of some conditions of cultivation of potatoes on the vitamin C content. Biochimija **18**, 205, russ.; zit. nach Chem. Abstr. **47**, 8843 (1953).

ZSCHEILE, F. P., 1935: Toward a more quantitative photochemical study of the plant cell's photosynthetic system. Cold Spring Harbor Symp. **3**, 108.

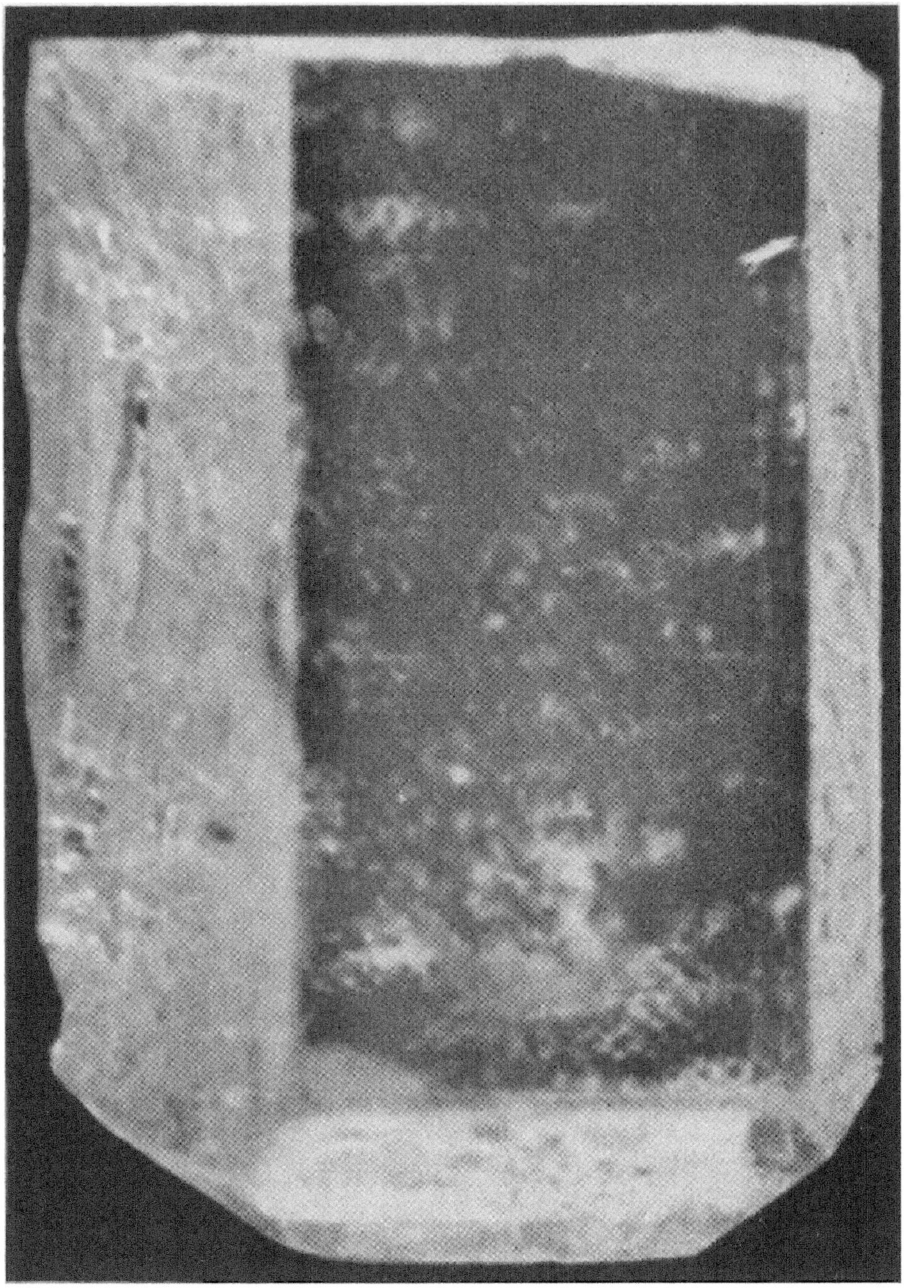

Fig. 1. A crystal of vitamin C.
(By courtesy of Mr. J. A. Lorenz of California Citrus Growers Inc.)

Protoplasmatologia
II. Cytoplasma
B. Chemie
2. Spezielle Cytochemie und Histochemie
b) Organische Verbindungen
α) Vitamin C in the Animal Cell

Vitamin C in the Animal Cell

By

G. H. Bourne

Department of Histology, London Hospital Medical College, London E. 1

With 49 Figures

Contents

I. Introduction

Although vitamin C was not isolated until 1928 its importance for the normal functioning of animal cells and tissues had been demonstrated by the occurrence of scurvy for hundreds or even thousands of years before.

Deficiency of this vitamin results in the development of a number of symptoms which have been described as "scurvy." The origin of this word is lost in antiquity, but it may have come from Pliny's use of the word "scelotyrbe" to describe a disease characterized by a loss of teeth and loosening of ligaments. The word "scuerbuyck" used by RONSEUS in 1564 seems to be near our own word and since that time there have been a number of variations on that theme. Germany produced, among others, the words "Scharbrock" and "scharbock," the Danes "skjorby", the French "scorbut," the Italians "scorbuto" and the English used the latinized "scorbutus" originally and then "scurvy."

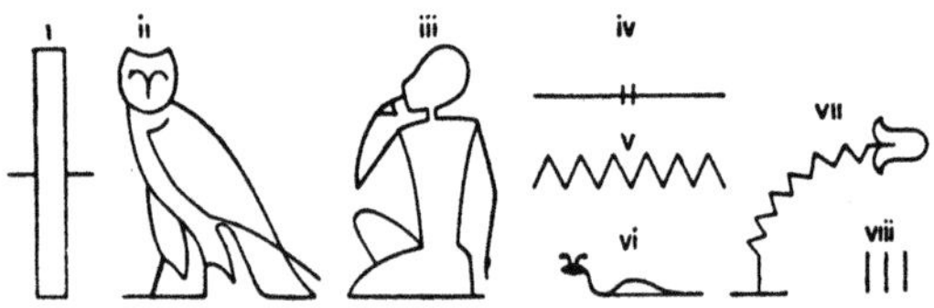

Fig. 2. Hieroglyphs taken from the Ebers Papyrus. These are believed to represent "scurvy" and suggest that this disease was known to the Ancient Egyptians at least 2000 years before the birth of Christ.

There is evidence that the disease scurvy was known a long time ago. The Ebers medical papyrus (1500 B. C.) gives a series of hieroglyphs which are claimed by EBBELL (1938) to represent scurvy. These hieroglyphs are reproduced above.

Hippocrates, too, described a disease in his writings which HIRSCH (1885) accepts as being scurvy.

DE JOINVILLE (1250) in his accounts of the disease which beset the crusading armies of Louis IX before Cairo refers to one which seems to have been accepted unequivocally as being scurvy. The presence of bleeding and fungating gums, petechial and large sub-cutaneous haemorrhages certainly suggests its scorbutic nature.

Since those days the occurrence of a disease which was undoubtedly scurvy has been continuously recorded. It occurred in the crews of all ships which went on long sea-voyages and its constant occurrence under these circumstances led to its description as "purpura nautica." It is recorded in the Imperial troops of Hungary in 1720 and in RICHARD WALTER's (1748) account of Admiral Lord ANSON's voyage around the world, in both sides during the American civil war, in the Crimean war (see Medical and Surgical History of the British Army in the Crimea 1858) and in the First

World War (see Sir W. H. Wilcox in the "Official History of the War 1922"). There are many other records of its occurrence throughout the world.

Among the symptoms recorded are oedematous limbs, stiff and painful joints, petechial haemorrhages of the lower extremities, peritoneal, pleural and pericardial haemorrhages, gums at first greatly swollen and then almost totally destroyed, roots of teeth carious, haematuria, bloody diarrhoea, ecchymoses (large purplish subcutaneous extravasations of blood) and delay in wound healing and fracture repair.

The first *post-mortem* examinations of persons dying of scurvy were made during Jacques Cartier's voyage up the Gulf of St. Lawrence in 1535. Post-mortem examinations were also made by Lind (1753) and by Barlow (1894)—the latter identifying infantile and adult scurvy. Considerable post-mortem detail was given by Aschoff and Koch in 1911 and there are 31 other references to the results of post-mortem examination of scurvy between Lind's account in 1753 and that of Aschoff and Koch 1919.

The characteristic lesions of scurvy appear to be in the bones. In young persons the epiphyses often separate away from the shafts of the bones and Lind noticed in seamen suffering from the disease a separation of the cartilaginous from the bony part of the ribs. Sub-periosteal haemorrhage extending for considerable distances along the shaft of the bone was a frequent post-mortem observation. The marrow in scorbutic bones loses its red colour and develops a yellow colour and a gelatinous consistency—this type of marrow has been described as the "Gerüstmark." The bone substance is affected—the cortex becoming greatly thinned—sometimes to such an extent that fractures occur and in the long bones the diaphysial-cartilage junction becomes the seat of characteristic scorbutic changes. The normal straight line of this junction becomes wavy and irregular and concave towards the bone and at the junction itself the tissues are in a state of disorder. This is known as the "Trümmerfeld" zone. In it small and large bony trabeculae are scattered irregularly about. Cells have a disorderly shape and arrangement and there are very numerous haemorrhages and unrecognizeable material. Hess believed that this picture suggested that the weakened bone may have been crushed by the more compact cartilage. That this was in fact, probably what happened was demonstrated by Follis (1951). By putting the legs of experimental scorbutic animals in plaster thus letting the plaster instead of the weakened bone take the weight he prevented the occurrence of a "Trümmerfeld" zone.

In 1907 the first experimental scurvy was produced in guinea-pigs by Hölst and Frölich. Theobald Smith had previously pointed out (1895) that guinea-pigs died with haemorrhagic manifestations when fed entirely on cereals and Bolle (1902) had reported that in guinea pigs fed entirely on milk the bones become fragile. The type of scurvy which develops in guinea-pigs on the appropriate scorbutic diet is analogous in all respects to human scurvy.

At about the same time as Hölst and Frölich produced experimental scurvy Hopkins had come to the conclusion that no animal could live upon a mixture of pure protein, fat and carbohydrates even when the correct minerals were given in addition. According to Hopkins the—"Animal body is adjusted to live either upon plant tissues or other animals and these contain countless substances other than the proteins, carbohydrates and fats."

The production of the Vitamin theory by Funk in 1913 was the next step forward and the conception that scurvy was an avitaminosis—due to a deficiency of a specific vitamin—vitamin C, eventually became established.

Aschoff and Koch's great work on the pathology of scurvy appeared in 1919 and in 1924 Höjer's large monograph established that the fundamental defect in scurvy is physical and involved functional breakdown of connective tissue and that it was because of this fact that wounds did not heal nor fractures knit.

Interest in the isolation of the anti-scorbutic substance quickened during the 1920's. S. S. Zilva had been working for some time on the fractionation of lemon juice—known for centuries as a potent anti-scorbutic substance and demonstrated conclusively as such by Lind in 1747. In his papers published in the Biochemical Journal in 1924 Zilva showed at first that it was possible to remove the acids and sugar from lemon juice without affecting its anti-scorbutic potency. The active residue left after such extraction represented only about 1/30th of the total solids. Using further fractionation Zilva then showed that still more solid material could be removed without affecting the activity of the remaining material, which by this time represented 0.03—0.07% of the solids. Connell and Zilva (1924) then showed that these fractions possessed considerable reducing activity and that they would reduce ammoniacal silver nitrate in the cold and decolourise potassium permanganate. However, they then found that heating in air or standing in an alkaline solution in air destroyed more of the silver nitrate reducing activity in the concentrate than the permanganate decolourizing property, and that—to quote their own words "this reducing substance, or substances, is inactivated at a different rate from the anti-scorbutic factor. One may therefore conclude that part at least, if not all of this reducing material is chemically independent of the physiological principle." The same two authors in another paper in the same year showed by differential dialysis firstly that the active anti-scorbutic material from lemon juice and turnip was approximately the same in molecular size and secondly that it was the same order of size as the hexose molecule. It can thus be seen how close Zilva and his colleague came to isolating and identifying vitamin C. During the 1920's C. G. King and his colleague W. A. Waugh had also found a parallelism between reducing activity of plant extracts and anti-scorbutic activity.

In 1928 Szent-Györgyi published a paper in the Biochemical Journal on the results of his investigations into peroxidases in animals and plants. He found a reducing substance in plants, which he considered to be a factor of the peroxidase system and which reduced hydrogen peroxide, iodine, phosphotungstic acid and neutral silver nitrate. In the second part of his paper he discussed the results which had been obtained from his studies of the adrenal gland. The results he obtained are probably best told in his own words:—"To see whether the adrenal cortex contains any such reducing agent the gland was cut with a knife into halves—which were immersed in a 0.4% $AgNO_3$ solution. In a few minutes the cortical part was seen to darken through the deposition of reduced metallic silver. In a quarter of an hour the cut surface of the cortex turned completely black while the medulla remained largely uncoloured. The black colouration ends towards the medulla with a sharp margin, which corresponds to the anatomical margin between the medulla and cortex. Like the medulla, other organs, such as brain, liver and muscle remain practically uncoloured."

When the gland was immersed in a mixture of potassium iodate and acetic acid—a reagent for adrenalin, the medulla became violet in colour and the cortex remained colourless. Szent-Györgyi therefore came to the conclusion that:—"The adrenal cortex therefore, contains some specific highly reducing agent which can be no artefact, since its action is produced in the almost fresh material."

Methyl alcohol extracts of the cortex reduced neutral silver nitrate almost instantaneously and when the portions of the interrenal glands of Elasmobranch fishes were treated with silver nitrate solutions they too went black—so that it appeared that this highly reducing factor was a fundamental constituent of adrenal tissue.

Szent-Györgyi then isolated the reducing substance in a crystalline condition from the methyl alcohol extract of the adrenal cortex. An elementary analysis of the material showed no nitrogen, chlorine, phosphorous or sulphur. Carbon 40.7%, hydrogen 4.7% and oxygen 54.6% appeared to be the only elements present. The crystals gave the main reactions for carbohydrates and appeared to be isomeric with glucuronic acid and to possess an empirical formula of $C_6H_8O_6$. Szent-Györgyi concluded this part of his paper with the following remarks:—"As has been shown above the substance is specific for the cortex in as far as no other animal organ contains it in amounts comparable to those present in the interrenal tissue. But whether other tissues contain it in small quantities, or whether the substance is absent from other organs altogether, cannot be stated at present. The extracts of all organs have some reducing action 8 to 20 times smaller than that of the adrenal cortex. How far this reduction is due to hexuronic acid, or to other substances, cannot be stated since the quantities possibly present are too small for isolation, which is the only reliable way of identification. As will be shown in the latter part of this paper the hexuronic acid is extremely active as a catalyst in certain systems of oxido-reduction. Concentrations of 1 : 0.000025 are sufficient to show a distinct biological activity, so that this substance may play an important role in the oxidation mechanism of all animal tissues." Szent-Györgyi also isolated his reducing carbohydrate—"hexuronic acid" from oranges and cabbages. Further studies on its properties showed that it had a definite reducing potential, it was reversibly oxidized by mild oxidizing agents losing two atoms of hydrogen and this form of the substance was strongly reduced by animal tissues. The active agent involved appeared to be glutathione from which hexuronic acid took up two atoms of hydrogen. Thus Szent-Györgyi's substance could function in the cells as a hydrogen carrier.

Tillmans and his colleagues (1928 and later in 1932) in Germany were about this time carrying out investigations on the properties of natural and artificial fruit juices by showing that natural juices were able to reduce the dye 2, 6-dichlorophenolindophenol. They noticed and commented upon the fact that those foods which were most powerful in decolourizing their dye were those which had been shown by biological assay to have the greatest anti-scorbutic activity. This was an important observation since other groups of workers, e. g. Zilva—as described earlier, and King and Waugh (1932), had shown a parallelism between anti-scorbutic and reducing activity in plant and animal tissues.

Tillmans' observations led Szent-Györgyi and his colleague Svirbely in the autumn of 1931 to see whether their hexuronic acid (later referred to as ascorbic acid since it was not really an hexuronic acid) had any anti-scorbutic potency. It was found to be active in this respect and in March 1932 the two authors after having obtained three identical results, published their observations. In the same month King and Waugh from the U. S. A. claimed anti-scorbutic activity from crystals of reducing material they had obtained from lemon juice.

The experiments of Szent-Györgyi and Svirbely were repeated at their request by Zilva and by L. J. Harris and his colleagues at Cambridge. Identical results were obtained by both laboratories but Zilva remained unconvinced that hexuronic acid itself was the anti-scorbutic agent, believing that it was some impurity associated with the acid which was the real anti-scorbutic factor. One fact in support for this was that the daily protective dose for a guinea-pig was relatively high 0.5—1.0 mg. per day—whereas minimum protective doses of other known vitamins at that time were of the order of micrograms rather than milligrams. So an impurity of the order of only 0.1% associated with the anti-scorbutic preparations used could have been responsible for the results obtained and there was evidence that in the preparations of both King and Waugh and Szent-Györgyi and Svirbely more than 0.1% of impurity did in fact exist.

At this stage the latter workers discovered that the Hungarian red pepper (*Capsicum annuum*) contained relatively large amounts of easily extracted hexuronic acid. This provided large amounts of the material for chemical experimentation and one of their colleagues L. V. Vargha (1932) prepared mono-acetone hexuronic acid by shaking the acid with acetone in the presence of anhydrous copper sulphate for 24 hours. The compound was then crystallized in the form of colourless prisms or long needles. It had only moderate anti-scorbutic activity but if it was boiled in water for a few minutes the original acid could be obtained from it (the acetone derivative hydrolyses only slowly in cold water) and was found to have full anti-scorbutic activity, this semeed to prove fairly conclusively that the acid was identical with the anti-scorbutic factor—vitamin C or "water soluble C"—as it had originally been described by DRUMMOND in 1918.

L. J. HARRIS and his colleagues then refined the 2,6-dichlorophenolindophenol reaction for hexuronic acid so that by its means very minute amounts of the acid could be estimated (BIRCH, HARRIS, and RAY 1933). With the aid of this technical refinement they carried out an extensive series of experiments ranging over a number of plant and animal tissues. They found a close correlation between anti-scorbutic activity and hexuronic acid content, thus giving further support to the identity of this acid as vitamin C (HARRIS 1933 a, b, HARRIS and RAY 1933 a, b, c). Their conclusions were as follows:—

1. The anti-scorbutic value of a number of natural products was comparable with the amount of contained hexuronic acid.

2. Hexuronic acid obtained from paprika and that obtained from the adrenal cortex were found to have identical anti-scorbutic properties.

3. Despite repeated purification, the hexuronic acid retained its anti-scorbutic activities.

4. The estimated hexuronic acid values of a number of natural products accounted for their anti-scorbutic activities.

5. The estimation of hexuronic acid by intensity of absorption was correlated with the biological and chemicals tests.

6. In the guinea-pig in scurvy the anti-scorbutic value of liver and kidney was lost. This corresponds with the disappearance of hexuronic acid.

7. The thermolability of hexuronic acid and vitamin C activity were similar.

8. With other species of animals which are able to synthesise their own vitamin C (rat und dog) hexuronic acid content and anti-scorbutic property remained the same on a scorbutic diet.

MOORE and RAY in HARRIS's laboratory in Cambridge then showed that if macroscopic slices of adrenal glands of normal guinea-pigs were placed in silver nitrate the cortical portion rapidly blackened, but that the glands from scorbutic animals failed to blacken. SVIRBELY (1933) showed that the hexuronic acid content of liver and adrenal decreased in scurvy but that the liver lost its vitamin C first. Further investigations on the chemistry of vitamin C by the isolation of relatively large amounts of the material from the Hungarian paprika led to the conclusion that the vitamin C was not really one of the hexuronic series and it was therefore renamed ascorbic acid (SZENT-GYÖRGYI and HAWORTH 1933).

The next step was the establishment of the structural formula—this was mainly the work of HERBERT and his colleagues (1933) using the material which SZENT-GYÖRGYI had isolated from paprika. The formula they gave was as shown overleaf.

The year 1933 also saw the synthesis of the vitamin by two laboratories that of REICHSTEIN (REICHSTEIN, GRÜSSNER, and OPPENAUER 1933) publishing their synthesis just before HAWORTH, AULT et al. (1933). HARRIS' laboratory and others then showed that the synthetic vitamin had full anti-scorbutic potency and the story was complete. It was a remarkable saga of two year's intensive research by a number of laboratories scattered throughout the world in which a postulated, but undiscovered vitamin was isolated, identified chemically and synthesised.

Vitamin C has acidic properties which are due to dissociation of enolic hydrogen. The enolic and alcohol groups react readily in common laboratory reactions, but this is not so in the case of the carboxyl group. In the reversibly oxidized form of the vitamin (dehydroascorbic acid) the lactone ring will open more easily than in the ascorbic acid tiself. The vitamin condenses readily with aldehydes, acetone and other ketones to form stable, crystallizable compounds. It is of interest that BARRON and

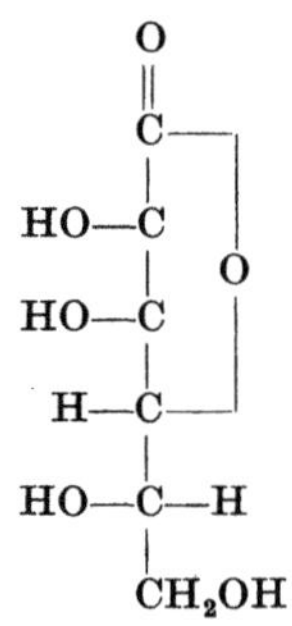

his co-workers (1935) have shown that the vitamin is not auto-oxidizable within the normal pH range, but it can be reversibly oxidized by a wide range of organic and inorganic substances.

Vitamin C is easily crystallized from solutions in water and a variety of organic solvents. The pattern is one of radiating clusters of crystals or of larger plates or needles which may take the monoclinic or pseudo-orthorhombic form depending partly on the nature of the solvent and partly on the rate at which crystallization takes place. KING (1938) has given a list of the physical constants of vitamin C. These are:—Melting point 192° C. Specific rotation 24 degrees in water, 48 degrees in alcohol. Acidic dissociation pK = 4.17 (HARRIS et al.). Absorption maximum 260 millimicrons in water, 263 millimicrons in alcohol, oxidation reduction potential at pH 4.0 and 35 degrees C

$$E\frac{1}{o} = +0.166\,\text{V}.$$

Although it had been suggested that combined forms of ascorbic acid existed no evidence had been presented, however, recently GOL'DSTEIN, VOL'KENZON, and KOCHEROVA (1950) have claimed that ascorbic acid may be bound to iron and nucleic acids.

The reversibly oxidized form of ascorbic acid, as has been mentioned above, has been called dehydroascorbic acid, but as LLOYD and SINCLAIR (1953) have pointed out it has no acidic properties and the name "ascorbone" has been suggested in view of the ketonic and anti-scorbutic but lack of acidic properties of this compound.

II. Quantitative Distribution of Vitamin C in Various Organs and Tissues

Birch and Dann (1933) in Dr. L. J. Harris' laboratory in Cambridge were among the first to study the quantitative distribution of ascorbic acid in various organs. They also estimated the glutathione content and showed that tissues rich in vitamin C were also rich in glutathione. They suggested that the two substances were linked in a "redox" system. The ascorbic acid values for the organs they investigated are given below.

	Ascorbic acid mg./g.
Rat blood	0.02
„ muscle	0.06
„ liver	0.15
„ kidney	0.22
Sheep liver	0.45
„ eye lens	0.46
Rabbit liver	0.40
„ kidney	0.25
Guinea-pig liver (scorbutic)	0.09
„ „ „ (normal)	0.30
Ox adrenal cortex	1.62

A recent list of ascorbic acid contents of the organs of various mammalian species collected by Lloyd and Sinclair (1953) is shown below:—

The Distribution of ascorbic acid in various mammals (mg./100 g.).

	Ox	Horse	Dog	Sheep	Rat	Guinea-pig		Man	
						cab-bage	2 mg./day	from Yavorsky et al. (1934)	fr. Goth a. Littmann (1941)
Brain	16.6	18.5	13.4	15.4	27	18.6	8.4	11–46	6.2
Hypophysis	126	136	101	139.6	106				
Testicle	30	46	45	34	26.3				3.1
Thyroid	17	18	16.5	31.7	22				2.1
Stomach	6.3	8	4	6.5	16.6	11.0	1.7		2.8
Small Intestine	18	17	18	20.2	22.6	20.4	4.2		2.0
Large Intestine	7.3	6.8	7	10.4	19	10.3	2.2		1.3
Lymphatic ganglion	51	44	27.6	45.4	57				
Lung	18.2	18	14.6	12.6	27			4–13	1.0
Skeletal muscle	1.6	1.3	1.7	2.55	3.1	3.1	0.4		
Cardiac muscle	3.8	3.3	3.6	6.2	4.6	7.5	2.2	2–88	
Smooth muscle	6.3	5.3	4	10.8	18.7				
Liver	20–37					16.7	1.7	6–16	5.0
Spleen	27.5	29	24.4	34	32.6	43	9.3	8–16	30.0
Kidney						8.5	1.3	5–15	4.3
Adrenal	97–160					150	21	25–38	15.5

By far the greatest amount of vitamin C in tissues is in the reduced form—this has been demonstrated chemically by a number of authors and also histochemically by Bourne (1935). According to Lloyd and Sinclair the ratio ascorbone/ascorbic acid rises in scurvy and can be referred to as a "scorbutic index." The amounts of ascorbic and ascorbone in normal and scorbutic guinea-pig tissues is shown in the table below (reproduced from Lloyd and Sinclair).

Ascorbone and ascorbic acid (mg./100 g.) in organs of scorbutic (S) and normal (N) guinea-pigs; mean values.

Tissue	Whole animal		Adrenals		Brain		Pancreas		Spleen		Blood		Intestine		Muscle		Kidney		Liver	
	N	S	N	S	N	S	N	S	N	S	N	S	N	S	N	S	N	S	N	S
Ascorbone	—	—	0.0	2.9	—	—	0.0	1.3	0.0	1.0	—	—	0.0	1.0	—	—	0.0	1.2	0.0	1.9
	0.4	0.2	1.6	0.6	0.4	0.4	—	—	0.8	—	0.03	—	1.0	1.0	0.3	0.1	0.4	0.1	0.5	0.3
Ascorbic Acid	—	—	67.7	10.1	—	—	12.9	2.9	30.8	3.6	—	—	13.0	3.6	—	—	14.9	4.9	17.0	7.3
	1.9	0.5	49.4	4.0	14.9	4.8	—	—	25.1	2.7	0.31	—	3.4	0.4	1.9	0.6	8.1	1.3	9.7	1.3

Giroud and his colleagues (1937) published analyses of a variety of organs some of which had been carried out by themselves and some collected from various sources. Their figures showing the distribution of vitamin C in various tissues of the ox is shown on the next page. (Fig. 1 Giroud et al., Bull. Soc. Chim. biol., Tome XIX, No. 6, June 1937.)

Figures below for the nervous system are taken from Melka (1936):

	Fresh tissue mg./100 g.
Calf	
Grey matter of brain (cerebral cortex)	20
White matter (corpus callosum)	15
Ox	
Grey matter (brain)	15
White matter (brain)	10
Spinal ganglion	15
Sympathetic ganglion	23.1
Cerebrospinal nerves	4
Sympathetic nerves	12

Giroud and his colleagues give the following values for the eye:

	mg./100 g.
Crystalline lens	26
Aqueous humour	17
Vitreous humour	8
Retina	20
Sclerotic	2
Lachrymal gland	11

GLICK and BISKIND (1936) showed that the crystalline lens of a cow contained 35 mg./100 g. of vitamin C and that the concentration remained the

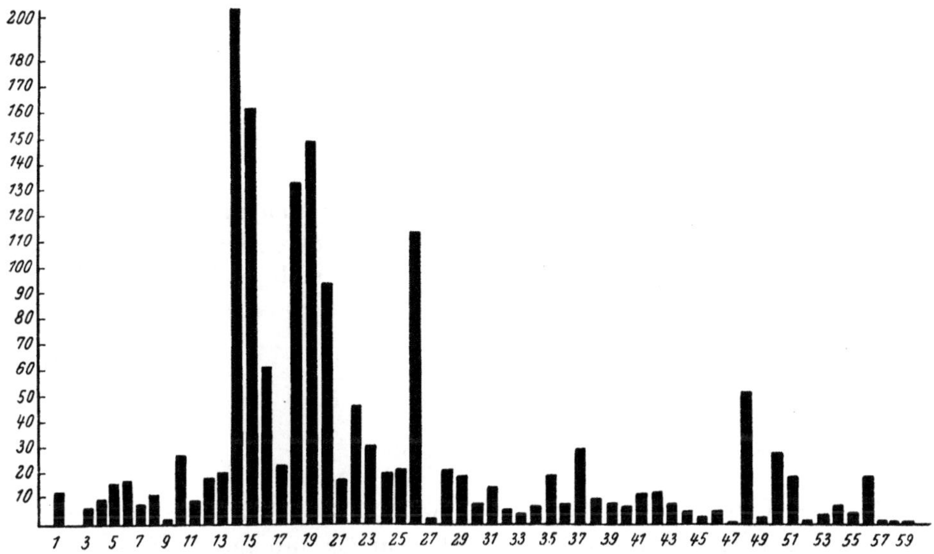

Fig. 3. Graphical representation of the comparative amounts of vitamin C in the tissues and organs of the Ox. The vitamin content is expressed in milligrams per 100 grams of fresh tissue. *1* Corps muqueux. *2* Cornea. *3* Spinal cord. *4* White substance of brain. *5* Gray substance of brain. *6* Total brain substance. *7* Couche optique. *8* Optic nerve. *9* Sclerotic. *10* Crystalline lens. *11* Vitreous humour. *12* Aqueous humour. *13* Retina. *14* Intermediate lobe of hypophysis. *15* Anterior lobe of hypophysis. *16* Posterior lobe of hypophysis. *17* Epiphysis. *18* Total adrenal. *19* Adrenal cortex. *20* Adrenal medulla. *21* Thyroid. *22* Parathyroid. *23* Testicle. *24* Spermatozoa (from epididymus). *25* Ovary without corpus luteum. *26* Corpus luteum. *27* Follicular fluid. *28* Prostate. *29* Uterine muscle. *30* Total Uterus. *31* Uterine mucous membrane. *32* Mammary gland. *33* Oesophagus. *34* Stomach. *35* Small Intestine. *36* Large intestine. *37* Liver. *38* Pancreas. *39* Parotid. *40* Sub-maxillary. *41* Total kidney. *42* Kidney cortex. *43* Kidney medulla. *44* Bladder total. *45* Mucous membrane of bladder. *46* Muscular wall of bladder. *47* Blood. *48* Lymphatic node. *49* Bone marrow. *50* Spleen. *51* Lung. *52* Skeletal muscle. *53* Cardiac muscle. *54* Smooth muscle (from stomach wall). *55* Smooth muscle from bladder. *56* Myometrium. *57* Tendon. *58* Elastic ligament. *59* Fatty connective tissue.

(Taken from A. GIROUD et al., Bull. Soc. Chim. biol. **19**, 2105, 1937.)

same from the outer surface of the lens to the nucleus where it dropped to about 30 mg.

It was also demonstrated by GIROUD and his colleagues that the mucous (deeper) part of the epidermis had very much more vitamin C in it than either the dermis or the cornified layer—the figures they give are:—

	mg./100 g.
Dermis	3
Deeper (mucous) layer of epidermis	11
Cornified layer	1

In a more detailed paper (1935) these authors gave details of the study of vitamin C in skin from different parts of the body. In the guinea-pig for example the skin of the back had 5 mg./100 g. of vitamin C and the plantar skin of the foot 8 mg. Melanomatous nodules had 12.0 mg.

In the adrenal gland the cortex was found to be richer than the medulla. In the horse the cortex has a value of 192 mg./100 g. of tissue and the medulla 144. In the ox the figures are 149 and 94, respectively.

GOUGH and ZILVA (1933) appear to have been the first to show the high concentration of vitamin C in the pituitary and EULER (1933) demonstrated a higher concentration of the vitamin in the anterior than in the posterior lobe — the intermediate lobe was found to be richer than either.

	mg./100 g.
Anterior lobe	170
Intermediate lobe	200
Posterior lobe	60

The testis was found to have only moderate amounts of the vitamin, although histochemical, tests as will be shown later, demonstrated a high concentration of the vitamin in the interstitial cells of Leydig. The following results from the bull are given by GIROUD and his co-workers.

	mg./100 g.
Testicle	30
Genital cells	31.5
Spermatozoa (taken from the epididymus)	19.5

The ovary (without a corpus luteum) of a cow had a value of 17 mg. and with a corpus luteum 37 mg. The corpus luteum itself was found to have a vitamin C value equal to that of the adrenal cortex.

	mg./100 g.
Young corpus luteum	75
Mature corpus luteum	100
Regressing corpus luteum	58

The zona granulosa cells from which the corpus luteum cells develop contain a concentration of vitamin C approximately equal to 20 mg. per 100 g.

The distribution of vitamin C in the alimentary tract of the ox is:—

	mg./100 g.
Œsophagus	3
Stomach	6
Small intestine	12
Large intestine	7

The amount of the vitamin in muscular tissue varies with the type of muscle, e. g. in the ox:—

	mg./100 g.
Smooth muscle	6.3
Cardiac muscle	3.8
Skeletal muscle	1.6

Tendons, ligaments, cartilage, bone, fat and synovial fluid have very small quantities of the vitamin.

In 1935 DAVID GLICK developed a micromethod for estimating the amount of vitamin C in histological sections of tissues, which was based on micro-techniques developed by LINDERSTRØM LANG, and HOLTER. This made possible the quantitative assessment of vitamin C in larger histological structures. Applying this technique to the adrenal of the ox, GLICK and BISKIND found that the capsule and zona glomerulosa contained very small amounts of the vitamin, but that at the zona fasciculata the value rose rapidly to about 112 mg./100 g. It dropped at the inner part of the zona fasciculata to about 84 mg., but this was due more to the spongy arrangement of the cells than to a substantial drop in the cells. The lower

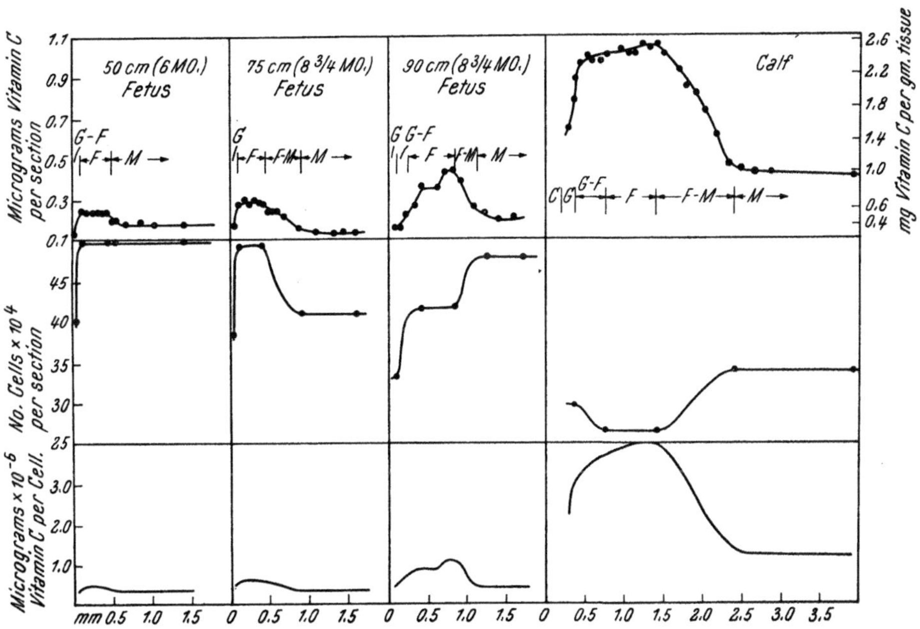

Fig. 4. Distribution of vitamin C, number of cells and content of vitamin C per cell in the adrenal gland at various developmental stages. *G* represents glomerulosa, *F* fasciculata, *M* medulla, *C* Capsule, *G-F* mixture of glomerulosa and fasciculata, *F-M* mixture of fasciculata and medulla.

(From GLICK and BISKIND, J. biol. Chem. **115**, 551, 1936.)

value in the zona reticularis was probably likewise due to the more spongy arrangement.

GLICK and BISKIND also carried out cell counts of their sections and were thus able to calculate the average amount of vitamin C present in individual cells of the various zones. These figures clearly demonstrated that there was a slow decrease of vitamin C content in the cells of the zona fasciculata and the cells of the zona reticularis as the medulla was approached. The medulla cells had less vitamin C than any of the cortical cells. The cells of the most active part of the zona fasciculata contained in fact about 1½ times as much of the vitamin as the medullary cells.

GLICK and BISKIND (1936) then made a study of the quantitative distribution of vitamin C in the adrenal gland of the ox at various stages of development. The curves obtained are shown overleaf:—

In all cases maximum values for vitamin C were found in the fascicular region of the cortex. However, as the zona reticularis was absent in these young (fœtal) adrenals the curves had a different shape from those from the adrenals of adult animals, which not only had a reticular zone but a more sparsely cellular inner fascicular region as well. The general trend of the curves was to fall to a lower level in older glands because of the progressive enlargement of the cells—however, eventually, the increasing concentration of vitamin C in the older glands causes a rise of the amount

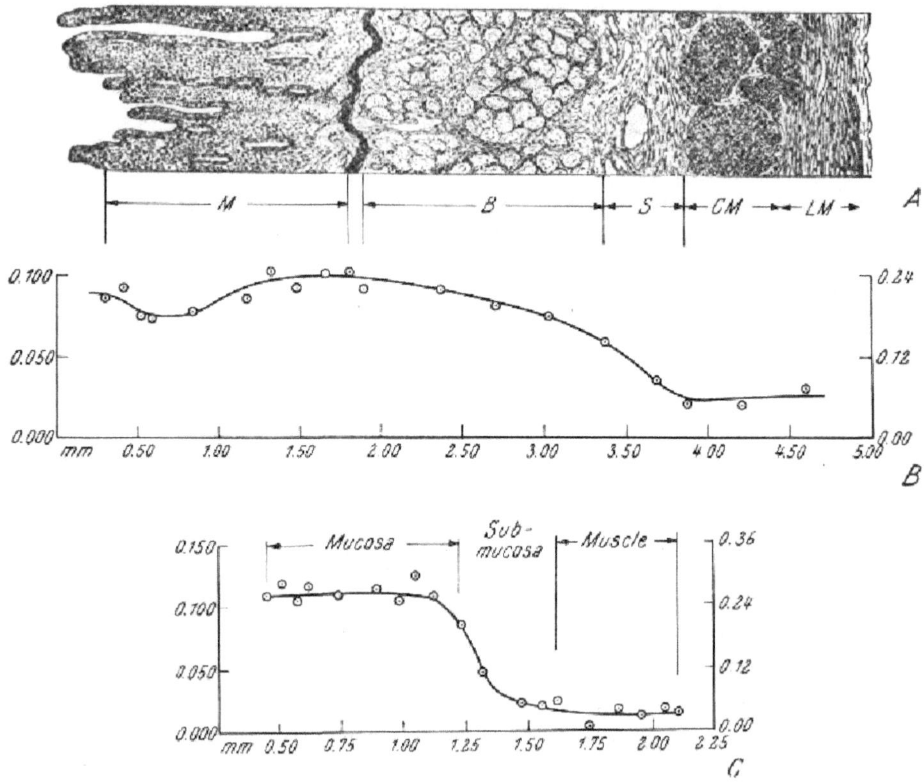

Fig. 5. *A* and *B*, Vitamin C concentrations in various portions of the duodenum. *M* represents mucosa. *L* muscularis mucosae. *B* Brunner's glands. *S* Submucosa. *CM* Circular muscle. *LM* Longitudinal muscle. The left ordinate represents micrograms of vitamin C per section, the right ordinate milligrams of vitamin C per gram. *C*, Vitamin C concentrations in various portions of the jejunum. The left ordinate represents micrograms of vitamin C per section, right ordinate, milligrams of vitamin C per gram.

(From GLICK and BISKIND, J. biol. Chem. **113**, 427, 1936.)

in the cells even though they were enlarging. In these earlier glands greater concentrations of the vitamin were found in the zona glomerulosa the amount being approximately equal to that found in the medulla.

Among other organs studied were the ovary and especially the corpus luteum, the testis and the alimentary tract. ST. HUSZAK had estimated the vitamin C content of the corpus luteum of various animals in 1933. His values were:—

	mg./100 g. tissue
Pig	102
Ox	119

The ovary of a frog gave a value of 23 mg. and the liquor folliculi of an ox ovary 5 mg. Bessey and King (1933) found a figure of 139 mg. in the pig's corpus luteum. It may be noted that the figures for the corpus luteum are comparable with those of the adrenal cortex.

Biskind and Glick (1936) studied the vitamin C content of the corpus luteum in various stages of the œstrous cycle and in pregnancy in the cow. Their results are shown below:—

Vitamin C content of cow corpora lutea at various stages of the œstrous cycle.

A	B	C	D
—	6–17 days old corpora	16–24 days old corpora. Beginning of involution	Older than 24 days involution and atrophy
—	120–140 mg./100 g.	56–110 mg./100 g.	31–41 mg./100 g.

Vitamin C in the corpora lutea of the cow at various stages of gestation.

Age of foetus (month)	1.6	2	2.2	2.6	2.8	3.8	4.4	6	6.6	7.2	8
Vitamin C content of corpus luteum mg./100 g.	160	180–200	220	160	160	170	150–180	190	200	180	110

The first table shows that the corpus luteum of œstrus is at a maximum when the organ itself was mature and decreased as the organ involuted and atrophied. On the other hand, a high level of vitamin C was retained in the corpus luteum right through pregnancy—the organ of course being fully functional during this period—the vitamin C content in the corpus luteum of pregnancy might also be noted as being 50% more than that of œstrus. Old atrophic corpora lutea were found to have about the same concentration of the vitamin as normal ovarian tissue (i. e. 30—40 mg./100 g. of tissue).

Biskind and Glick (1937) also carried out an investigation of the vitamin C content of the testis. According to Bessey and King (1933) the vitamin C content of the testis of a wide variety of animals was 20–30 mg./100 g. Glick and Biskind showed that in the developing testis of the calf the vitamin C content has a direct relationship to the amount of interstitial cells present relative to the amount of spermatogenic elements. They confirmed this with transplanted testes in the rabbit in which there had been interstitial hypertrophy. The adult rabbit testis was found to have a vitamin C content of 21–30 mg./100 g. of vitamin C, but the concentration in the interstitial tissue was found to be from 4–14 times this amount.

Glick and Biskind (1936) (see figure 3, page 14) also investigated the distribution of vitamin C in various layers of the gut. The vitamin was not localized in a specific layer of the duodenum since the mucosa and the Brunner's glands have an approximately similar concentration. The amount of vitamin C was low in the muscle and fibrous layer.

In another paper (1936) the authors studied the relationship between the concentration of vitamin C and the development of the pineal gland. They found that the vitamin C concentration increased from 15 mg./100 g. of tissue in the five months bovine fœtus to about 27 mg. in that of an 8 months fœtus and the concentration then decreased progressively to 7—12 mg./100 g. in older animals. This result was in keeping with a general principle that the vitamin C concentration in organs falls with increasing age, an observation made in 1934 by YAVORSKY, ALMADEN, and KING. It is not surprising that the vitamin C content of the pineal is similar to that of the brain.

The vitamin C content of the thymus was investigated by GLICK and BISKIND (1936). YAVORSKY, ALMADEN, and KING had previously shown that the vitamin C content of the human thymus was about 31 mg./100 g. in infants at birth to 1 year of age; 19.0 mg. in children from 1—10 years; 4—6 mg. in adults between 46 and 77 years of age. This decrease in the case of the thymus was shown by GLICK and BISKIND to be due to the displacement of thymic tissue by fatty and connective tissue rather than to a decrease of concentration in the lymphatic tissue itself and that the amount in the latter was the same as for young animals.

YAVORSKY et al. give the following values for the vitamin C content of various human organs (autopsy material). The figures represent means of 19 cases varying in age from 46—77 years.

	mg./100 g		mg./100 g
Adrenal	23	Kidney	4.7
Brain	11	Lung	4.5
Pancreas	9.5	Heart	2.1
Liver	6.8	Thymus	4.6
Spleen	8.1		

The ascorbic acid content of organs has been shown to vary according to physiological conditions, for example in the case of the rat, which synthesizes its own vitamin C, the vitamin content of the liver of the normal female is about 25 mg./100 g. of tissue, but during pregnancy this value increases progressively to about 35 mg. Changes in the vitamin C content in the developing corpus luteum have already been recorded.

KENNAWAY and TIPPLER (1947) showed that hypertrophic human prostates contained ascorbic acid in amounts equal to 5—11 mg./100 g. They pointed out that if most of this, as seems likely, is present in the epithelium of the organ there must be a very high concentration of the vitamin in this tissue. These prostates were obtained by operation and in fact, there are very few records of the vitamin C content of fresh human organs. MANCEAU, POLICARD, and FERRAND (1936) gave figures of 11—30 mg./100 g. of fresh tissue for human ovary and 23—103 for human corpus luteum—the analyses having been carried out fifteen minutes after the organ was removed by operation. According to GIROUD and his co-workers (1936) MOURIQUAND and COEUR had shown that vitamin C persists in organs for some considerable time after death. GIROUD and his colleagues studied the changes in the amount of vitamin C in various organs after death in the rat and guinea-pig. Their results are shown below.

	Vitamin C content at death	Vitamin C content 48 hrs. after death
Rats	mg./100 g.	mg./100 g.
Adrenal	284.2	104.5
Liver	20.5	15.5
Kidney	10.5	11.5
	At death	24 hrs. after death
Guinea-Pigs	mg./100 g.	mg./100 g.
Adrenal	139.0	117.9
Liver	34.6	30.0
Kidney	14.2	15.7
	At death	48 hrs. after death
	mg./100 g.	mg./100 g.
Adrenal	166.0	4.5
Liver	13.0	6.0
Kidney	12.0	6.0

GIROUD and RATSIMAMANGA (1935) also carried out a series of analyses of the vitamin C content of various invertebrate animals. Their results are shown below.

	mg./100 g.
Earthworm (Lumbricus terrestris)	
Intestine with chlorogenous cells	10
Integument and musculature	3
Müssel (*Mytilus galloprovincialis*)	
Hepato-pancreas	26
Gills	13
Sexual organs	17
Foot muscle	6
Venus verrucosa	
Hepato-pancreas	28
Gills	14
Adductor muscles	5
Scallop (*Pecten maximus*)	
Hepato-pancreas	11
Ovaries (with carotenoid pigment)	24
Testes (without pigment)	4
Gills	5
Muscle	3
Snail (*Helix pomatia*)	
Hepato-pancreas	34
Foot	5

	mg./100 g.
Squid (*Sepia officinalis*)	
Hepato-pancreas	30
Intestine	13
Gills	14
Tentacle muscles	3
Testis	22
Excretory apparatus	6
Octopus (*Octopus vulgaris*)	
Hepato-pancreas	130
Washed intestine	2
Gills	12
Sexual glands	3
Lobster (*Homarus vulgaris*)	
Gills	3
Hepato-pancreas	24
Muscle	2
Crayfish (*Astacus fluviatilis*)	
Hepato-pancreas	14
Muscle	3
Insect (*Dytiscus marginalis*)	
Sexual organs	47
Intestine	31
Muscle	6
Ascidian (*Microcosmos sulcatus*) (aberrant vertebrate)	
Hepato-pancreas	30
Gills	30
Peribranchial muscles	6
Excretory organ and sexual glands	13

In a subsequent and more extensive paper the vitamin C content of the organs of a much wider group of invertebrate animals was examined. Other annelids, molluscs, crustaceans and ascidians gave results for the various organs in keeping with those already described, but the results in some other animals might be of interest.

Coelenterates	mg./100 g.
Anemones (*Anemonia sulcata*)	
Total internal part	3
Jellyfish (*Medusa blanche*)	
Digestive tubules	18
Echinoderms	
Sea-slug (*Holothuria tubulosa*)	
Hepato-pancreas, sexual and secretory organs	3
Sea-urchin (*Paracentrotus lividus*)	
Washed digestive tube and gills	20
Genital apparatus	40

	mg./100 g.
Starfish (*Ophiomyxa longuicauda*)	
Intestine	7.5
Sexual organs	6
Ophiomyxa pentagona	
Total internal part	4
Astropecten bispinosus	
Total interior part	3
Astropecten aurantiacus	
Digestive tube	18

These results show that in a variety of invertebrate animals glandular organs such as the hepato-pancreas and the sexual glands are particularly rich in vitamin C, but that muscle is poor. There are negligible amounts of the vitamin in the gills, in this respect these organs are similar to the equivalent organs in vertebrates.

III. Histochemistry of Vitamin C

A. Historical

Szent-Györgyi (1928) was the first person to show that vitamin C rich organs would reduce silver nitrate—but his experiments were carried out on macroscopic sections of the tissue he used, i. e. the adrenal gland.

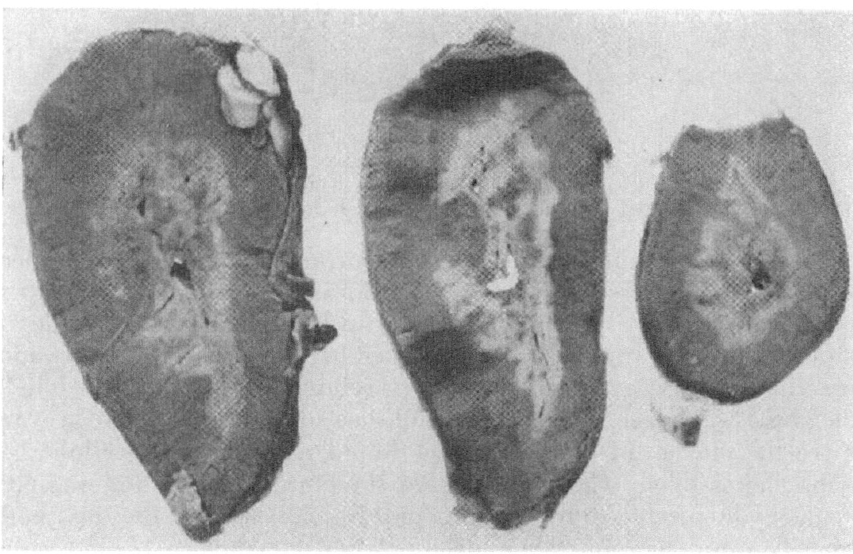

Fig. 6. The silver nitrate reaction in the cortex of the adrenals of three oxen. Note the irregular boundary between cortex and medulla and the presence of islands of positive cortical tissue in the medulla. The medulla gives no reaction with silver nitrate.

Moore and Ray (1932) were the next authors to use this macroscopic staining method and they showed that whereas in a normal guinea-pig the cut surface of an adrenal blackened rapidly in neutral silver nitrate that of a scorbutic animal did not blacken at all.

In 1933 Gough and Zilva still using macroscopic staining methods with neutral silver nitrate showed that the adrenal cortex, anterior and intermediate lobes of the pituitary and the ovary from various animals, even if they were not susceptible to scurvy reduced silver nitrate in the dark. In both susceptible and non-susceptible animals the liver did not stain with this reagent. In 42 human cases who showed no clinical signs of scurvy the adrenals failed to reduce silver nitrate in a number of cases but in most of them the anterior lobe of the pituitary did so. Other authors who showed that the adrenal cortex blackened with silver nitrate included Bessey, Menten, and King (1934), Siehrs and Miller (1934), Galvao and Cardoso (1934), Harde (1934) and Mouriquand and Couer (1935).

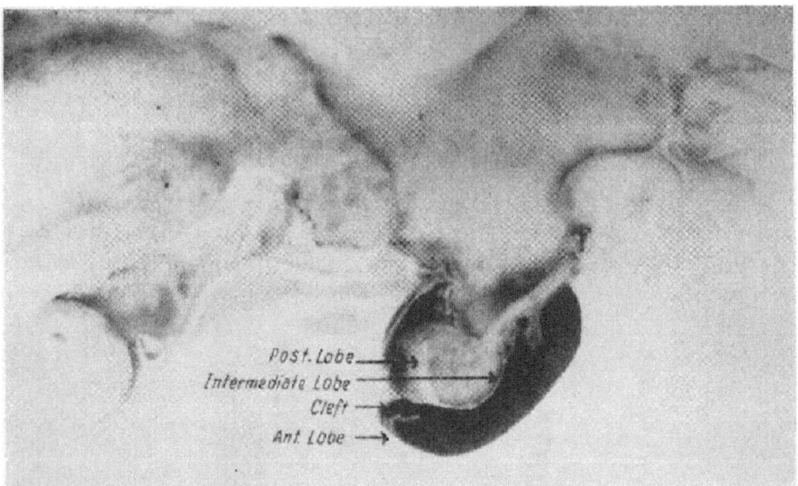

Fig. 7. The Silver nitrate reaction in the pituitary gland of the Ox. (From Gough and Zilva, Biochem. J. **27**, 1279, 1933.)

The first attempt to apply the silver nitrate technique histochemically was made by the present author in 1933 (Bourne 1933 a, b, c). Two of these papers dealt with the attempt to demonstrate the localization of the vitamin in the adrenal in tissue which was fixed beforehand in formalin vapour. Since vitamin C was known to be very soluble in water it was felt that if the gland was placed straight into aqueous silver nitrate or into a watery fixative the movement of the vitamin would make its intra-cellular localization impossible. The glands were therefore fixed in the vapour of formaldehyde produced by heating paraformaldehyde. By this method extremely rapid fixation takes place. Adrenal glands so treated rapidly blackened after being quickly washed in distilled water and placed in 2.75% neutral silver nitrate for 24 hours in the dark. It was found that the cortex rapidly blackened completely but that the medulla did not start to blacken until after two hours. The glands of a number of animals were treated in this way including those of the mouse, guinea-pig and cat. Many fine granules were found in both cortical and medullary cells which appeared to be aggregated around the cell and nuclear membranes and between the lipoid droplets. In many cells granules were present which appeared to be associated with the Golgi apparatus of the cells. Similar but not identical results were obtained when the gland was fixed prior to impregnation in chloroform vapour and in other cases it was placed direct into a solution of silver nitrate in 70% alcohol so that fixation and impregnation took place simultaneously. Silver nitrate is sparingly soluble in chloroform but even so pieces of adrenal blacken rapidly in such a mixture.

These three techniques, as might be expected, gave a variety of results, although there were some fundamental points of identity—notably the association of the reaction with the Golgi region. It seems obvious now that the results obtained with the formalin fixed material were unreliable owing to the partial destruction of the vitamin and the possible reduction of the silver nitrate by residual formalin. However, these strictures do not apply to the chloroform or alcohol fixed and impregnated material.

Later in the year (1933 c) the description of the localization of vitamin C in the adrenal gland of a human fœtus less than half an hour after removal from its mother, appeared. This was carried out by fixing and impregnating the gland in a 2% solution of silver nitrate in 70% alcohol. This was the first and probably the only record of the localization of vitamin C in the adrenal of a human fœtus. It might be of interest here from an historical point of view to repeat the most important findings:—

Both cortex and medulla had blackened but under the microscope it was obvious that the outer portions of the cortex had not reacted so strongly as the deeper portions. The region known as the fœtal cortex exhibited a very strong reaction and the nuclear aggregation of the argentophil granules was so great that the nuclei were in many cases quite obscured. Nuclear aggregation did not occur to anything like the same extent in the outer regions of the cortex. In the medulla the perinuclear aggregation was also not as marked as in the fœtal cortex. In this paper the present author considered also the possible physical state of the vitamin in the gland cell. If the vitamin was in molecular solution the positive nature of the reaction in the vicinity of the nuclear membranes is not so easy to explain but if it is in the form of particles of colloidal dimensions it may be due simply to surface tension effects. The typical granular form of the reaction was however, not invariable, in some cases argentophilic aggregations of varying sizes made their appearance and some of these resembled the Golgi apparatus. In these early papers it was felt that the Golgi material, being primarily lipoid in nature, would have been destroyed by the alcohol or chloroform used on the glands but in fact, the identity of the vitamin C preparations with those of the Golgi apparatus led ultimately to the conclusion by the present and other authors that the vitamin was in fact present in the Golgi apparatus. The concluding remarks in the paper quoted above were:—

"The physical condition of the vitamin varies over a period of time, dependent upon factors as yet unknown, certainly modified by the physiological state of the adrenal cells and undoubtedly modified to a certain extent by the reagents used upon the gland."

In 1934 a monograph was published by C. P. LEBLOND from the laboratories of A. GIROUD entitled "Recherche Histochimique sur la localisation et le cycle de la Vitamine C dans l'organisme." Here, for the first time, was the discovery that the vitamin C technique could be made much more specific if aqueous silver nitrate, acidified with acetic acid were used. This had the additional advantage of securing fixation of the tissues with the acetic acid and more or less simultaneous reduction of the silver nitrate. The acetic acid had no significant effect on the vitamin itself. Following LEBLOND's first publication a series of papers were published by GIROUD and LEBLOND and their colleagues using the acid silver nitrate reaction. This reagent was immediately adopted by the present author and by other workers in this field.

B. Specificity of the Vitamin C Reagent

It was originally shown by MOORE and RAY that the adrenals of a normal guinea-pig blackened rapidly macroscopically in aqueous neutral silver nitrate solutions whereas those of a scorbutic guinea-pig did not. These investigations were repeated by the present author and it seemed reasonable to assume that the positive silver nitrate reaction was due to vitamin C in the gland. Furthermore, it was shown by the present author that soaking slices of the gland in water or in dilute alcohol caused a loss of silver nitrate staining material from the gland and SZENT-GYÖRGYI had shown that this silver nitrate staining substance was in fact ascorbic acid. Adrenalin will of course react rapidly with ammoniacal silver nitrate to give a black precipitate but it reduces neutral silver nitrate very slowly and acid silver nitrate practically not at all. Long impregnations were given to some of the early glands investigated by the present author and it may be that some of the results described in the medulla may have been due in part to the adrenalin. Gold chloride preparations were also made. Acidified gold chloride is reduced by vitamin C.

LEBLOND (1934) investigated the specificity of the reagent in some detail. First of all he pointed out that vitamin C will reduce aqueous silver nitrate solutions in the acid, neutral or alkaline state. Although, as mentioned earlier, many substances can reduce silver nitrate rapidly in the alkaline condition very few can do so in the neutral or acid state, particularly in the dark and in the cold.

LEBLOND in association with GIROUD therefore tried the effect of a number of substances which might be expected to be present in tissues, on a cold acid solution of silver nitrate in the dark for varying periods of time. These were adrenalin (it took 8 hours to produce a metallic deposit of silver by adrenalin under these conditions), polyphenols such as tannin and hydroquinone; glucose, glucuronic and various organic acids, cysteine and creatinine.

It should be appreciated, as was pointed out by LEBLOND, that silver nitrate has a wide use in a number of well-known histological techniques, but in all these the silver nitrate is used after treatment of the tissues with fixatives that destroy vitamin C and that the former is subsequently reduced by an external reducing substance (e. g., hydroquinone) which is added to the tissue at a later stage in the technique. Vitamin C in fresh tissues, on the other hand, reduces the silver nitrate directly.

LEBLOND also described for the first time the technique of intra-vascular injection of silver nitrate to demonstrate the vitamin. This secures a penetration of the reagent to the centre of individual organs without subjecting them to the trauma of removal and slicing. The blood is first washed from the vessels of a freshly killed animal with a solution of levulose and the

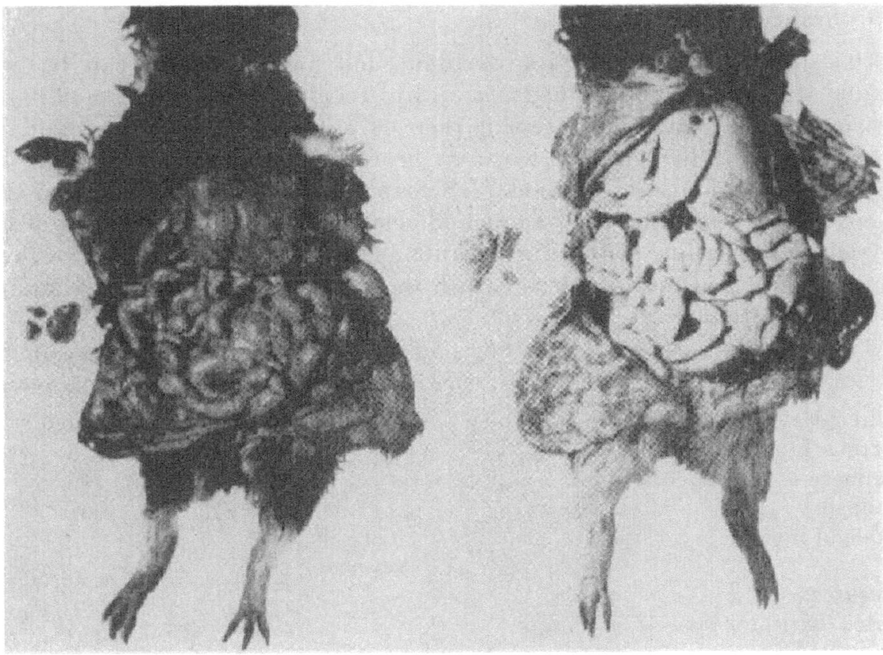

Fig. 8. Comparison between a normal guinea-pig (left) and a scorbutic guinea-pig (right) after the vascular system has been injected with acid silver nitrate. The organs of the normal guinea-pig have obviously much more reducing activity.

(From C. P. LEBLOND "La vitamine C dans l'organisme." Thèse de l'Université de Paris, 1934.)

vessels then injected with acid silver nitrate. The animal is then placed in the dark for about thirty minutes.

The specificity of the reaction was also discussed by GIROUD (1938) and by the present author and BARNETT (BARNETT and BOURNE 1941). The latter authors pointed out that acid silver nitrate is reduced by a number of substances, but that with the exception of vitamin C these substances are not of a kind which could exist free in living cells. They also drew attention to the fact that in considering reducing substances it is important that the acid silver nitrate method involves the use of the reagent in prescribed physical conditions (dark, cold etc., see above) and over short periods of time. In these conditions it has been shown that other strongly reducing substances which occur in cells have no effect on the reagent. The possibility of lipoidal substances being responsible for the reaction was shown by BOURNE not to exist since prior extraction of fatty and lipoidal substances from for example the adrenal cortex by chloroform did not affect the silver nitrate staining ability. On the other hand, the reacting substance could be removed from sections of the adrenal gland by washing with water and with methyl alcohol (LEBLOND 1934). LEBLOND showed that washing small pieces of tissue in methyl alcohol for 10 minutes results in an alteration of the reactions; the reducing substance can be seen to have diffused through the tissue as a result of the mobilizing action of the solvent. Exposure to the solvent for longer periods caused the complete disappearance of the reaction.

The anti-scorbutic activity of plant and animal tissues can be estimated by biological methods, i. e. by feeding measured amounts to scorbutic guinea-pigs and assessing their curative action against a standard. The amount of the vitamin can also be estimated chemically by the dichlorophenolindophenol method. The results obtained by these two methods can be expressed in + signs and compared with an assessment of the degree of blackening with silver nitrate. LEBLOND (1934) published a table of various organs and plants in which the values with the three techniques were compared.

	Silver nitrate reaction	Titration with Indophenol	Antiscorbutic biol. value
Adrenal	++++	++++	++++
Corpus luteum	++++	++++	++++
Cabbage	+++	+++	+++
Orange	+++	+++	+++
Skeletal muscle	0 (only in vessels)	+	+
Mushrooms	0	0	0
Dried haricot beans	0	0	0
Haricot germ	++	++	++

From this list it can be seen that organs such as adrenal and corpus luteum which give the most intense silver nitrate reaction also give the highest indophenol titre and have the highest biological (antiscorbutic value), similarly mushrooms and dried haricot beans which do not blacken at all with silver nitrate give no indophenol titre and have no biological activity. This is further evidence for the validity of the acid silver nitrate reaction as an index of the amount of vitamin C in tissues. Further examples of this type may be found in the papers by GIROUD and his collaborators— see GIROUD (1938).

However, none of the above facts is conclusive. As already mentioned, the most important evidence for the specificity of the silver nitrate reaction is derived from the studies of scorbutic animals (see in addition to MOORE and RAY, LEBLOND 1934, BOURNE 1935, DEMOLE et al. 1935, GIROUD and LEBLOND 1936, 1937). Outside the primates only cavies are known to be susceptible to scurvy (i. e., to be unable to synthesise vitamin C) and consequently the work has been carried out on these. In a variety of tissues, including the adrenal, testis and the kidney the reaction with silver nitrate disappears progressively when the animal is put on a scorbutic diet. An extensive study of the kidney was published by GIROUD and LEBLOND in 1937. The silver nitrate reaction was found to persist in the kidneys of rats on a scorbutic diet but disappeared progressively from cavies on the same diet. Intravenous injection of vitamin C into scorbutic cavies resulted in rapid reappearance of the reaction. Similar observations on a number of tissues had already (1936) been briefly reported on by these authors, they had also shown that injection of vitamin C into normal animals caused the appearance of reactions in tissues such as the liver and the epithelial cell of the intestine which did not show them before.

Certain melanin pigments seem to be an exception to the rule that only ascorbic acid reduces acid silver nitrate (GIROUD and LEBLOND 1936; GIROUD 1938, p. 22). The melanin granules in the Langerhans cells and the Malpighian layer of the skin show a reaction which persists both after extraction with methyl alcohol and in scurvy. However, these pigment granules are easily recognisable and the reaction they give does not constitute an objection to the use of the reagent for demonstrating the presence of ascorbic acid in other tissues.

A further difficulty concerning this test arises from the fact that liver and adrenal medulla, both of which are known from biological and chemical tests to contain large quantities of ascorbic acid give only a slight, or a negative reaction (BOURNE 1933, GALVAO and CARDOSO 1934). HARRIS and RAY (1933) have suggested that this is due to the presence of a substance which inhibits the oxidation of ascorbic acid. It is known that glutathione has a stabilizing action on ascorbic acid *in vitro* and *in vivo* (BORSOOK et al. 1937) and the question arose whether it might not be glutathione, or at least the presence of free sulphhydryl, which is responsible for the supposed inhibition. Various authors (EMMERIE 1934, SVIRBELY 1935, GIROUD et al. 1937) have carried out experiments *in vitro* which showed that glutathione can prevent the reduction of acid silver nitrate, in the relevant physical conditions, by vitamin C. BOURNE (unpublished work 1934) found a critical amount of glutathione for a given quantity of vitamin C had an inhibiting effect on the silver nitrate reaction. GIROUD and his co-authors found in fact that this inhibitory effect became important when the concentration of glutathione reached a level corresponding to one molecule to five of ascorbic acid. They were of the opinion that this was the cause of the absence of the reaction in the adrenal medulla and the liver. It should also be pointed out that silver nitrate is only reduced by vitamin C itself and not by the vitamin in its reversibly oxidised state (ascorbone or dehydroascorbic acid). In all normal tissues which have been studied the latter occurs in a concentration of only one tenth to one twentieth of that of the reduced vitamin (GIROUD 1938). The present author (BOURNE 1936) found that the treatment of tissues with H_2S (which reduces dehydroascorbic acid) before impregnation had very little effect on the amount of silver precipitated. However, it was also shown (BOURNE 1935) that if an animal had been forced to give a "defense" (stress) reaction the medulla became strongly reducing and there is some evidence (see Harris and Ray 1933) that an appreciable proportion of the vitamin C in the medulla is in the reversibly oxidized condition. Apparently therefore, stress, e. g. prolonged anæsthesia, fright etc. causes the reversibly oxidized vitamin in the medulla to become reduced and so give the vitamin C reaction.

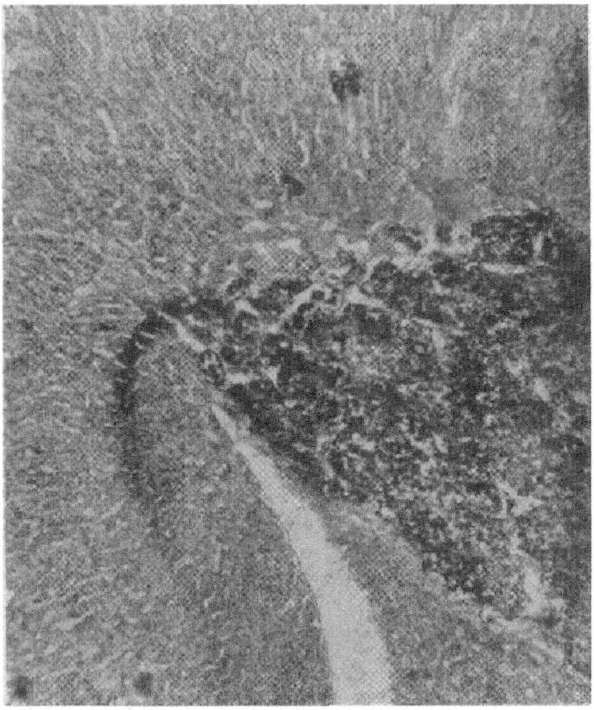

Fig. 9. Positive vitamin C reaction in medulla of adrenal gland of marsupial subjected to stress.

It seems clear from the foregoing that there is excellent evidence that the production of a black precipitate in tissues by the acid silver nitrate technique indicates the presence of ascorbic acid (vitamin C). A positive reaction can therefore be assumed to indicate the presence of the vitamin, but an absence of a reaction does not necessarily indicate absent. Since the early that the vitamin is work of some twenty years ago the specificity of this reaction has become widely accepted. There is no other histochemical test which can be controlled so well for specificity as that for vitamin C. However, the value of the reagent in demonstrating the intra-cellular *localization* of vitamin C is still a matter for considerable debate, and this will be discussed later.

C. Localization of Vitamin C in Animal Cells and Tissues

1. Vitamin C in Lower Organisms, Invertebrates and Tissue Culture Cells

The application of the silver nitrate reagent to a number of ciliates was described by the present author (1935). In those which contained a number of small vacuoles the major portion of the vitamin C reaction was in the form of small granules scattered between the vacuoles. Any granules outside this vacuolar zone were very large. In one ciliate examined a number of small granules were scattered among vacuoles on one side of the nucleus and nine large granules were aggregated close together on the opposite side. There were no vacuoles in this region. Specimens containing no vacuoles showed large vitamin C granules scattered indiscriminately through the cytoplasm. A further specimen showed a number of small granules aligned along one side of the organism as if they were basal granules of the cilia, but this could not be determined for certain. The other granules in this specimen were elongated and irregularly placed throughout the cytoplasm.

The distribution of vitamin C has been studied in very few Invertebrate animals. HILL and SMYTH (1944) have applied the technique to a species of Nematode, *Belascaris marginata.* In specimens taken from dogs fed a normal mixed diet a large aggregation of vitamin C could be found in the walls of the intestine. The reaction was granular and was localized almost exclusively in the intestinal cells. Only minute scattered granules could be seen in the muscle cells and in those of the reproductive organs. In the intestinal cells the reaction was composed of spherical granules concentrated in the distal side of the cytoplasm but near the nucleus. PELLUET and WATTS (unpublished) made a study of the vitamin C reaction in the ovotestes of the slugs belonging to the genera *Arion* and *Denoceras* and WATTS (1951) found that these animals appear to be able to synthesise vitamin C and that after exposure to cold the number of vitamin C granules present in the cytoplasm of the ovotestes cells was increased.

Tissue cultures of tadpole liver and skin, treated with the vitamin C reagent were described by the present author. All the cells showed large rounded granules of argentophil material. They showed no particular orientation in the cell and varied in number. Granules were also seen in a number of migrating connective tissue cells present in the cultures. In these cells granules appeared to be fortuitously disposed in the cytoplasm. No intra-nuclear granules could be seen in any of the cells.

A more detailed study of the vitamin C reaction in explanted cells was published by BARNETT (1942). The tissues used were 10-day ventricle, 11-day frontal bone and 17-day adrenal from chick embryos. In some of the adrenal cultures crystalline vitamin C was added to the culture medium. No reaction at all could be seen in heart fibroblast and in the bone cultures most of the cells similarly were without reaction, this was the case in all those in the process of mitosis. In a small number of the cells a black juxta-nuclear cytoplasmic area could be seen which was probably the Golgi area. The general background reaction of this region was grey with a number of black granules scattered through it. It was curious that many of the outgrowing cells of the adrenal cortex explants likewise gave no reaction, however, some fibroblasts in these cultures did give a positive reaction in the Golgi region similar to that already described. Unexpectedly even in cultures to which ascorbic acid was added the adrenal cells still were negative, but the number of positive fibroblasts were increased. In these cultures some cells were present which contained a number of fat globules. BARNETT believed that these were degenerating. Such cells gave a relatively strong reaction which took the form of small granules associated with the fat. Cultures of adrenal medulla showed fibroblasts and epithelial (medullary) cells but the former only gave a reaction when in a 'degenerate' state. In some cells the silver deposit was unusual in being "u" shaped and not in the form of spherical granules, also they were scattered through the cytoplasm instead of, as in the fibroblast described above, being localized in the Golgi region. BARNETT believed that they represented fragments of the Golgi apparatus. Some of the adrenal medullary cells in these preparations also showed accumulation of fat and in these too a positive reaction was present, but it was localized mainly in the Golgi region. BARNETT pointed out that in plant seeds the onset of rapid growth during germination was preceded by an accumulation of large quantities of ascorbic acid. In these chick embryo cells in culture, however, no vitamin C could be observed. However, it was also shown (BARNETT and BOURNE 1941) that during the first four days of incubation of whole chick embryos the rapidly developing embryonic tissues had no vitamin C. BARNETT pointed out that it seemed a reasonable deduction from this that vitamin C is not required for the occurrence of any of the synthetic processes involved in the multiplication of embryonic chick tissues, although, of course, any ascorbic acid may be rapidly oxidised and not able to accumulate in histo-chemically detectable granules. BARNETT rejects the idea that the positive reaction in the Golgi region necessarily represents the site of localization of vitamin C but this problem will be discussed at a later stage.

2. Vitamin C in chick embryos

a) Early embryos

RAY in 1934 showed that in an unincubated hen's egg no vitamin C was detectable by the indophenol titration method but that titrable amounts could be found after the 4th day of incubation—this suggested a synthesis of the vitamin by the developing embryo and its associated membranes. No vitamin C could be found in the unincubated yolk or in the white. CARRICK and HAUGE had, in fact, in 1925, shown that the new laid eggs of hens kept on a scorbutic diet had no anti-scorbutic effect but that after five days incubation they did. The details which follow are taken from two papers on vitamin C in the chick embryo published by BARNETT and BOURNE.

BARNETT and BOURNE (1941) showed by the acid silver nitrate method that small positive granules could already be found attached to the surface of the yolk granules in the unincubated blastoderm. It was of interest that these granules were in some cases within the cells of the blastoderm or in the layer of yolk immediately below them. At this stage the yolk granules may have several blackened granules attached to them, but in most cases, at this stage only one was present. From this result it seems possible that ascorbic acid may actually be synthesised extra-cellularly in part—possibly due to the diffusion of an enzyme from the blastoderm into the yolk below.

Not all the yolk granules were found to have silver granules attached to them—in the epiblast (upper layer of blastoderm) this reaction was found only in the periphery and the remaining cells, although they contained yolk, were negative. In the endoderm this central negative region was found to be smaller and in the layer of yolk granules underlying the blastoderm, in most specimens examined, there was an even distribution of the granules throughout the positive part of the area. It seems that

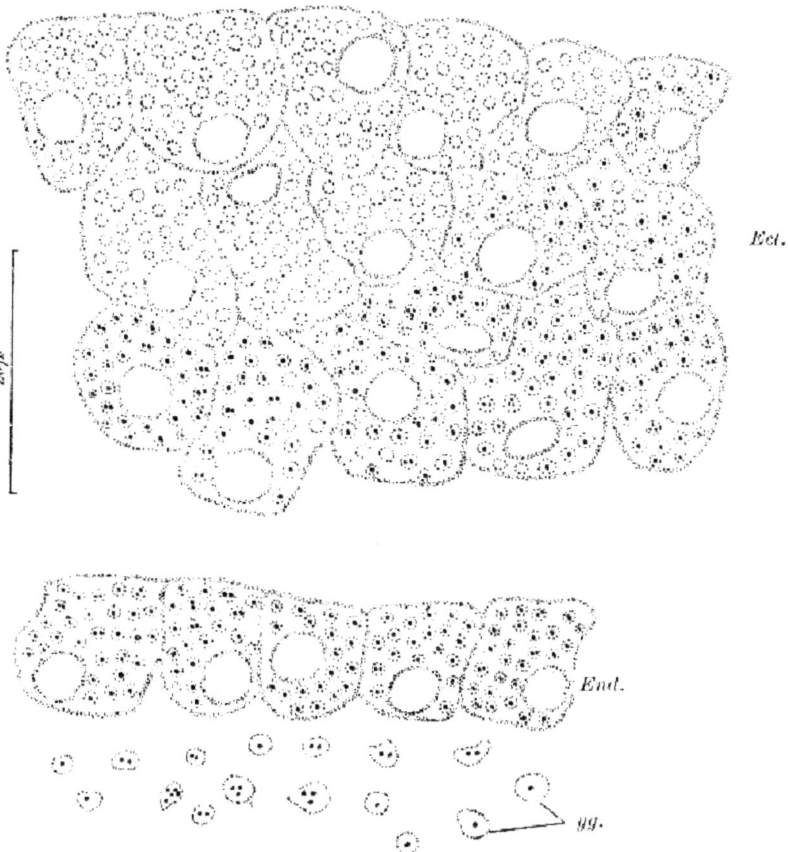

Fig. 10. Semi-diagrammatic representation of part of the unincubated blastoderm (Hen's egg) showing intra- and extracellular yolk globules (*yg.*). Some of them showing the presence of ascorbic acid. *End.* = Endoderm, *Ect.* = Ectoderm.

the more central area which will ultimately form the area pellucida and which ultimately will contain the primitive streak and the embryo, is in a different physiological condition from the surrounding blastoderm, perhaps it metobolizes vitamin C more rapidly. The positive impregnation associated with the yolk globules was not uniform. The latter had either one or two granules (in the cells) on many more in extra-cellular yolk globules. These granules which were dark grey in colour had one or two black caps crescent-shaped at their opposite ends. However, the form of the reaction is not important since the precise arrangement depends largely on the physical conditions in the vicinity of the reaction.

After 12 hours of incubation (the stage of appearance of the primitive groove) little change could be seen in the vitamin C reaction, at 18 hours (time of maximum length of primitive streak) a reaction could be found only in the yolk granules underlying the blastoderm, but it was more intense than formerly. There appeared to be no intracellular reactions

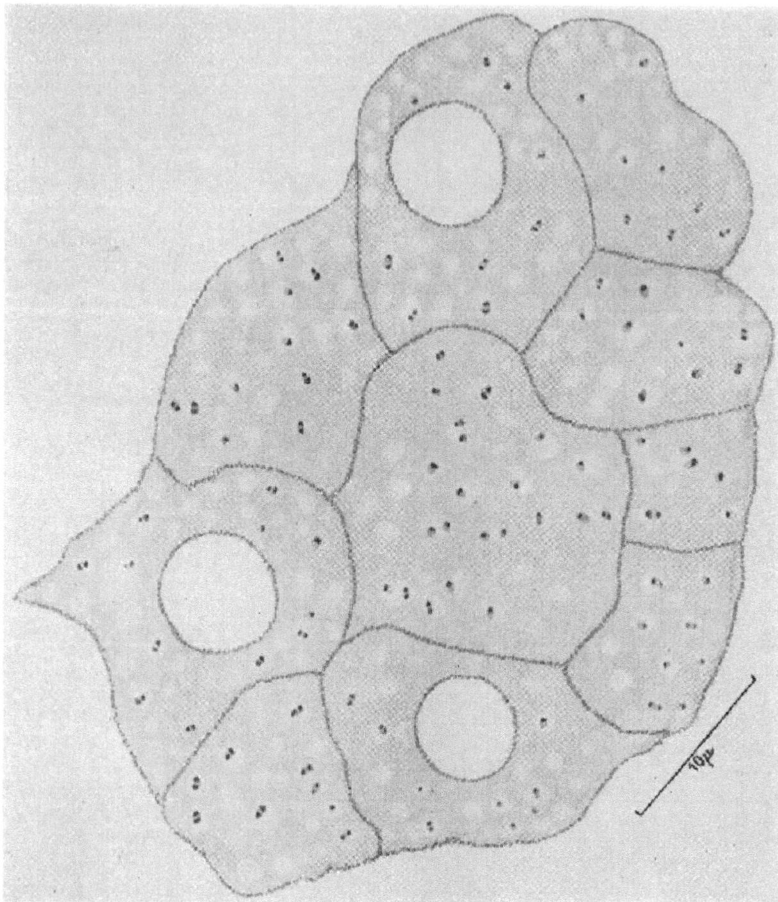

Fig. 11. Endoderm cells from unincubated chick embryo. Small white globules represent intracellular yolk. "Double" granules of silver nitrate positive material (? vitamin C) can be seen in some of them.

at all. By 24 hours incubation, however, the cells gave a positive reaction again, but this was restricted to the extra-embryonic tissues and in particular to the ectoderm and endoderm. The reaction was granular, in the form of spheres or rods and was not restricted to any part of the cytoplasm—in fact it strongly resembled a mitochondrial preparation. In embryos from 1—3 days the abrupt transition between the positive reaction in the blastoderm and the negative embryonic reaction was well shown. In some specimens, however, a reaction was found in the embryonic endoderm. The amnion and the chorion, having an extra-embryonic formation gave a strong reaction—but in 3 day embryos the reaction was absent from both membranes immediately dorsal to the embryo. It is difficult to explain this, but in connection with it one might refer to the negative area in the yolk immediately below the embryonic region of early blastoderms.

It was on the 4th day of incubation that Ray was able to find titrable amounts of vitamin C in the chick embryo and histochemical studies demonstrated that the vitamin makes its appearance at this time in the central nervous system, parts of the gut, some of the material of the somites and certain mesenchyme cells.

In the Central nervous system a dense impregnation could be found in the dorsal ependymal layer at all levels of section and a strong reaction

a 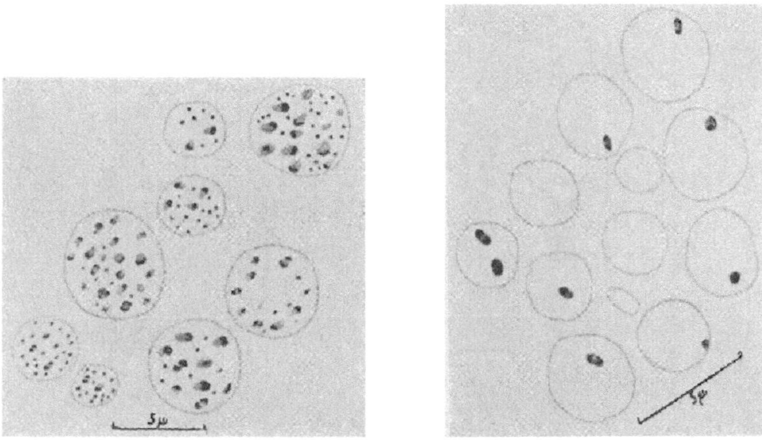 b

Fig. 12. *Left*: Extracellular yolk globules from hen's egg incubated for 18 hours. Note greater number of vitamin C granules compared with *right* figure which shows extracellular yolk globules from unincubated egg. The synthesis of the vitamin from yolk is suggested by these results.

in the thin roof-plate of the medulla. In the spinal cord the inner, ependymal layer of the roof-plate was more positive than other regions. The cytoplasm of the individual cells in the medullary roof-plate was packed with spherical granules resembling mitochondria but in the spinal cord roof-plate the reaction was associated mainly with the cell membranes and there was very little intra-cellular reaction. The diencephalon and the midbrain also showed a positive reaction. Dense granular deposition in the inner layer of the roof was found in the former, in addition there were fairly numerous intra-cellular granules scattered through the whole of the lateral wall. Some of these granules were found to be attached to the nuclear membrane but many were distributed at random through the cytoplasm. In the diencephalon and in the lateral walls of the spinal cord positive granules were found in some of the axons of the developing nerve cells. The diverticulum destined to become the pineal organ also showed a positive reaction. Although the developing alimentary tract gave very little reaction, the liver and pancreatic diverticula gave a strong positive granular reaction. In the somites the dermatome cells gave almost no reaction; in the myotome relatively large numbers of positive granules were found, both inside the cells and attached outside to the cell membranes. It is of interest that in developing muscle fibres TONUTTI (1939) made a similar observation; at a later stage in the embryonic development BARNETT and BOURNE were not able to find histochemically detectable vitamin C in muscle. The observations on the sclerotome confirm those of VAN WEEL (1939). In the vicinity of the dorsal root ganglia and ventral to them groups of positive cells were seen which appeared to be the neural crest cells of HIS (1892) and they were probably cells destined to form the sympathetic chain. This is of interest in view of the fact that as will be

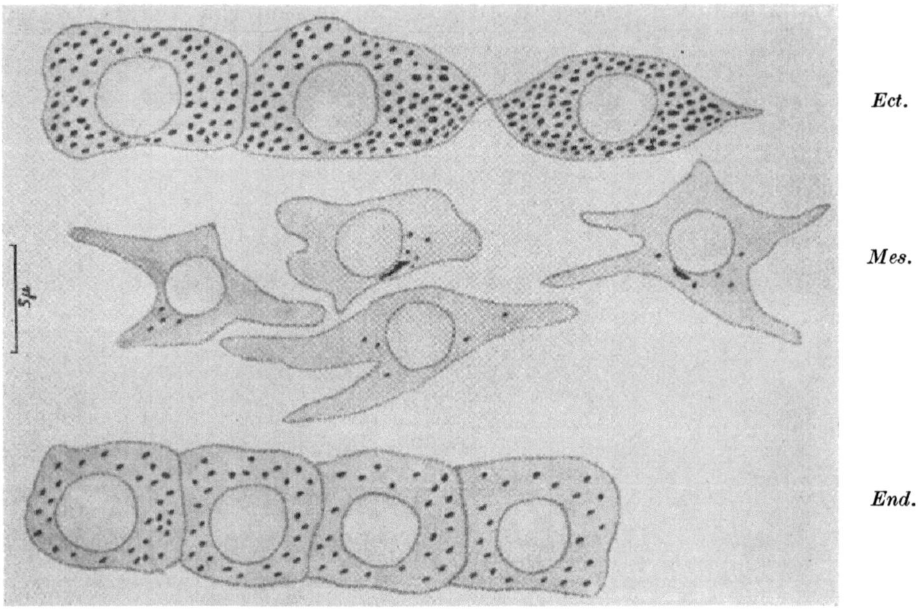

Fig. 13. Extra-embryonic cells of a 36 hours chick embryo, showing positive vitamin C reactions in all cells, but particularly in ectoderm and endoderm. A positive Golgi reaction can be seen in some of the mesoderm cells. In other layers it is mitochondrial in appearance. The nuclei are negative. *Ect.* = Ectoderm, *Mes.* = Mesoderm, *End.* = Endoderm.

shown later, sympathetic ganglia in adults contain appreciable amounts of vitamin C (detected histochemically). A few irregular cells near the neural tube containing highly refractile material (? fat) also gave a strong positive reaction, but the nature and ultimate destination of these cells is not known.

This work raises a number of queries—one is that of the *in vivo* synthesis of vitamin C in the developing chick embryo. There is evidence from radio carbon studies that in some animals, e. g. rat the vitamin may be synthesised from glucose (KING and co-workers) and other authors have suggested other sugars. It is of interest that MUSULIN et al. (1939) found that the unsaponifiable fractions of various oils when fed to rats caused an increase in the synthesis of vitamin C and these authors suggested a fatty precursor in vitamin C synthesis. However, these substances

(LONGENECKER et al. 1939) may only be stimulating vitamin C synthesis. It is noteworthy, however, that the appearance of fat and a vitamin C reaction was coincidental in time in the chick embryo tissue culture cells, that vitamin C is present in large amounts in lipoid containing cells such as those of the corpus luteum, the adrenal cortex and the interstitial cells of the testis, and that in the work just described the vitamin granules appear in association with yolk globules, and that fat-containing cells near the neural tube also contain an accumulation of vitamin C granules. Perhaps in the chick embryo vitamin C may be indeed produced from a fatty precursor.

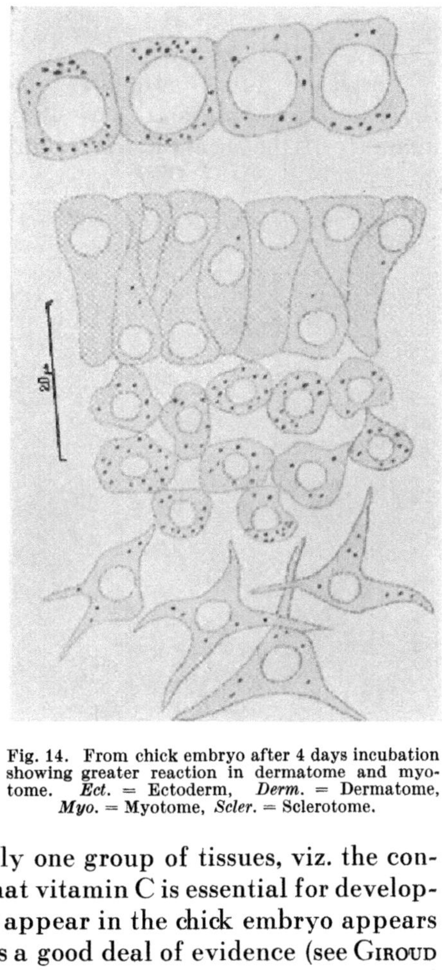

Fig. 14. From chick embryo after 4 days incubation showing greater reaction in dermatome and myotome. *Ect.* = Ectoderm, *Derm.* = Dermatome, *Myo.* = Myotome, *Scler.* = Sclerotome.

This problem is not one which can be adequately discussed in this text but it seems clear that the organs which synthesise vitamin C up to the third day in the chick embryo are the extra-embryonic tissues and the yolk granules under the blastoderm, which probably do so under the influence of enzymes diffused from the cells of the latter. This extra-embryonic synthesis and storage of vitamin C is not unique, for example the same thing appears to occur for glycogen in the chick embryo which is stored extra-embryonically until the liver becomes functional—in a sense we can speak of an extra-embryonic transitory liver (NEEDHAM 1934). The absence of vitamin C from the embryonic tissues during in the first 3 days and its sudden appearance in various tissues during the fourth day requires some explanation. There is only one group of tissues, viz. the connective tissues, where it is established that vitamin C is essential for development and yet the vitamin—when it does appear in the chick embryo appears in association with other tissues. There is a good deal of evidence (see GIROUD 1938, p. 152 et seq.) that vitamin C is essential for the rapid growth of embryonic tissues in flowering plants but there is no certain evidence for this in animal tissues. It could be argued that the absence of vitamin C from the embryo suggests that it plays no part in the development however it seems more likely that it is utilized by the embryonic tissues but that the oxidation potential which prevails there is so high that the vitamin is oxidized immediately it reaches them. In this connection it is of interest that in embryos from 1–3 days a slight positive precipitate is found on the inner walls of the blood vessels and of the lumina of the cœlomic cavities and the neural tube, perhaps this indicates that the blood vessels are carrying vitamin C from its extra-embryonic site of synthesis to its sites of utilization in the embryo and that it is distributed to some parts of the embryo via the cerebro-spinal fluid or body fluids.

BARNETT and BOURNE (1942) also made a histochemical study of the later stages of development of the chick embryo from the 4th day of incubation to two days after hatching. The results are of considerable interest and will be repeated in detail here.

b) Skeletal Tissues. Later Chick Embryos

Small amounts of vitamin C had been detected, as mentioned earlier, in the sclerotome on the 4th day of incubation. On the 5th day much greater amounts of the vitamin were found to be present in the mesenchyme surrounding the notochord. The first of the series of changes leading to the formation of cartilage is the rounding up of the mesenchymal cells and the secretion of a mucinoid matrix (FELL 1925), the tissue so formed is called pre-cartilage. Prior to this the cells appeared to accumulate vitamin C possibly as a prelude to, or associated with, the synthesis and excretion of the matrix. The reaction appeared mainly in the cell processes. A similar process could be seen in later embryos in association with cartilage already formed and undergoing accretional growth. Such cartilage was surrounded by a layer of pre-cartilage and outside that a layer of mesenchyme; both layers contained vitamin C and the amount in the cells decreased with increasing distance from the surface. Most of the fully developed cartilage cells had little reaction but occasionally groups of cells could be seen to give a very strong reaction, these were mostly situated near the periphery of cartilage. The reaction was granular and filled the cytoplasm of the cell. Varying stages in the accumulation of the vitamin could be seen. In some cases an accumulation of granules in the region of the Golgi apparatus was visible. In places granules could be seen in the ground substance particularly of pre-cartilage. Further study of the positive cartilage cells showed that many of them were in a state of cell divi-

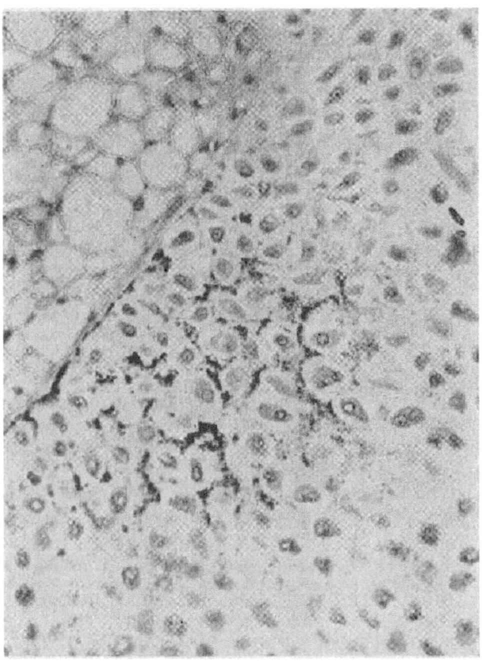

Fig. 15. Cartilage of centrum of 12 day chick embryo. In matrix near notochord among hypertrophied cells there is a deposit of silver which may represent localization of vitamin C though it appears in the same site as the first deposits of calcium phosphate which may be responsible for the reaction. The group of vacuolated cells occupying the top left-hand of the illustration is the notochord.

sion and it seems likely that they accumulate vitamin C immediately before passing into this state. Where such cells were seen to be undergoing mitosis the vitamin C granules were seen to be accumulated around the nucleus in what appeared to be the prophase, when the spindle elongated the granules surrounded it and in telophase the reaction was again around the two daughter nuclei. It was of interest that in preparations where these positive dividing cartilage cells were seen, mesenchyme cells were observed in the neighbourhood but they showed no accumulation of the

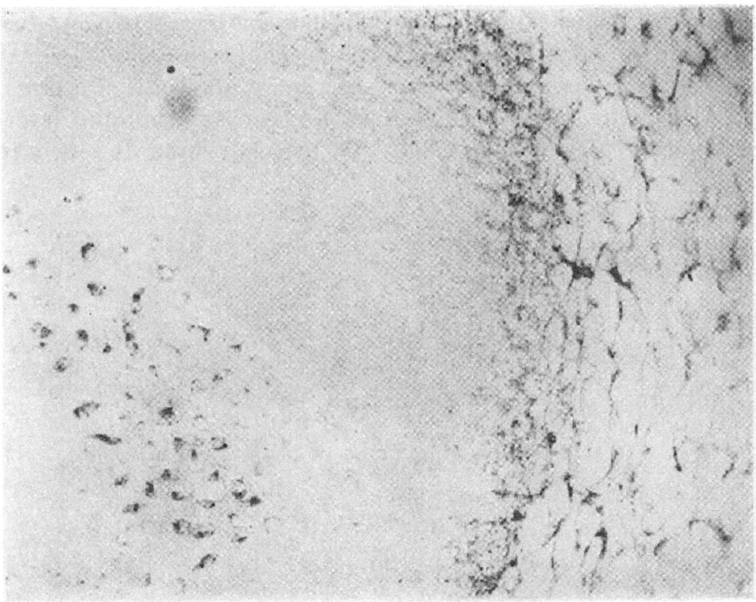

Fig. 16. Growing cartilage in cranium of 10 day chick embryo showing positive mesenchyme (right), positive pre-cartilage (middle) negative, positive peripheral cartilage cells (left).

vitamin. Only in *dividing* embryonic cartilage cells has the presence of large amounts of vitamin C been observed.

In mesenchyme destined to form membrane bone vitamin C was found to be present and to be distributed in the same way as in pre-cartilage. When differentiation into osteoblasts began the cells lost their vitamin C, even those which do not become completely differentiated and which remain on the surface of the bone became negative. The early osteoblasts and also those in well-developed bone (e. g. in the femur) do in fact contain a few positive granules, but two days after hatching a few heavily impregnated cells were seen. The reaction was both granular and diffuse. Klein (1938) using gold chloride instead of silver nitrate for the demonstration of vitamin C observed a similar impregnation in periosteal mesenchyme of pig embryos. However, he also found that osteoblasts gave a strong reaction, either local or diffuse, both when on the surface and when embedded in the calcified matrix. In regions where calcification had not begun but where the collagenous 'osteogenic' fibres had appeared, extra-cellular vitamin C was present. It appeared in the form of granules which in many cases appeared to be arranged in rows along the collagen fibres. Very fine granules were also present, rather unevenly distributed in freshly calcified bone laminae. In the development of cartilage bone whether endochondral or perichondral, the osteoblasts do not differ from those of membrane bone. However, in the cartilaginous matrix around the hypertrophied cartilage cells which precede the ossification processes a deposit of silver granules appeared. These granules appeared in the site where von Kossa preparations ussually demonstrate the presence of bone salt—it may be that this reaction was due to this substance and not due to ascorbic acid. The reactions described earlier for bone forming tissues, however, are more likely to be due to vitamin C. This was due to the application of a technique described by Barnett, Bourne and Fisher (1941) for distinguishing the two reactions.

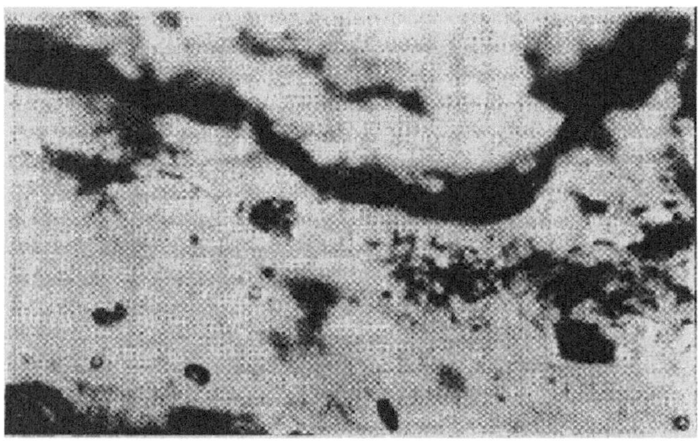

Fig. 17. Positive osteocytes in first formed chick embryo bone.

If freshly developed bone is placed in the acid silver nitrate reagent a heavy black precipitate develops which can be removed by leaving the tissue for five minutes in 5% ammonia. The reaction due to vitamin C appears to be unaffected by the ammonia treatment since in an adrenal gland treated in this way, no difference can be found in the number and distribution of the granules both before and after the reaction.

The sub-epidermal mesenchyme gave a uniform positive reaction from the 6th day of incubation and on the 4th day the mesenchyme which invades the optic cup and which is concerned in the formation of vitreous humour also contained vitamin C, the surrounding mesenchyme with which it was in contact gave little or no reaction. The former cells (those invading the optic cup) remained positive so long as they were still obviously mesenchymatous, but by the 10th day the reaction had practically disappeared. These observations on the developing eye bring it into line with other mesenchyme derivatives in which the cells lay down large amounts of intercellular ground substance.

c) Blood and Related Tissues. Later Embryos

By the 5th day vitamin C granules appeared in the erythrocytes. The reaction was granular and was distributed evenly throughout the cytoplasm. After the 5th day the blood of the chick embryos of all ages showed a similar reaction, from the 10th day on the cells varied from a few which contained so many granules that under low power of the microscope they appeared as homogenous black ovals to those which show no reaction at all—this variation may be related to the age of the cells, the younger ones being positive. Chemical studies have recorded the presence of vitamin C in mammalian erythrocytes (HEINEMANN 1936) and GIROUD (1938, p. 62) has referred to an inconstant reduction of silver nitrate in red blood cells—this again may be a reflection of the age of the cells.

It is known that erythropoiesis is affected by vitamin C and reduced or stopped in scurvy (FLEISCHHACKER and SCHÜRER-WALDHEIM 1938, MENSHIKOV, ROHMER et al. 1938) and, as mentioned above, it might be supposed that it is the young cells which contain the largest amount of the vitamin. BARNETT 1938 and BOURNE investigated this problem by studying the yolk sac which is a blood forming organ of the chick embryo (DANTSCHAKOFF 1908), at 16 and 18 days. A reaction was found in the walls of the blood vessels but the erythrocytes did not give a positive reaction and this may suggest that it is in fact the older erythrocytes which accumulate vitamin C. It is known that vitamin C injected into mammalian blood gradually accumulates in the erythrocytes (HEINEMANN 1938, HEINEMANN and HALD 1940, BUTLER and CUSHAMON 1940) and this fact seems to support the suggestion that it is the older cells which have the vitamin. It seems possible that in the chick embryo the vitamin is synthesised outside the embryo and enters the blood plasma from where it gradually passes into the erythrocytes.

In striped muscle a number of cells were found which contained a large number of positive granules and which resembled the histiocytes figured by TONUTTI and reported by him to accumulate vitamin C when stimulated to activity by bacterial infection.

The liver diverticulum of these older embryos gave a strong positive reaction on the 4th day whereas the cells of the gut had only a few scattered granules. At this stage the liver cells were not histologically distinguishable from those of the gut wall from which they are derived. In the diverticuli the reaction persisted until the 7th day as spherical granules randomly dispersed in the cytoplasm. By the 8th day most of the liver cells had lost their reaction, a good deal of vitamin C could be demonstrated in the blood-vessels and some in the cells immediately surrounding them but the reaction faded with increasing distance from a blood-vessel. By the 10th day the granular reaction had completely disappeared, but a reaction was shown by a number of cells which was identical with that given by the Golgi apparatus in chick embryo liver and which was figured and described by DALTON in 1934. This reaction is, however, transitory and after 12 days the liver became negative.

It is of interest that up till the 6th day the liver cells gave a reaction which was quite characteristic for an organ rich in vitamin C, so presumably the inhibitory substance or mechanism, which is known to be present in adult mammalian and other livers is not present during this period. It seems, in fact, that the inhibiting substance is synthesised during the 7th day because after that day the reaction becomes progressively less until it disappears. The 10th day is the last on which the reaction appears and then it resembles that of an organ containing relatively small quantities of vitamin C in which it is confined to the Golgi material (see TONUTTI 1939). A further point of interest here is that the chick liver becomes functional at the 11th day of incubation. The results described earlier suggest that vitamin C is synthesised in the yolk from the earliest stages and in the extra-embryonic tissues from the 24th hour of incubation. The distribution of vitamin C in the liver at the 8th day its relation to the blood vessels, already described, seems to indicate that the vitamin is still synthesised elsewhere and carried to the liver in the blood.

At 12 days a reaction was present in the olfactory epithelium, in the cells lining the utriculus and sacculus, in the cornea, and in the lens of the eye. In the first of these the reaction is sligth: the deposit was granular, and most of it was close to the nucleus. In the sacculus of the inner ear the lining cells showed great variety in the reaction they present; in some there were heavy impregnations, in others none et all; again, the deposits were granular. The epithelium of the inner surface of the utriculus showed a reaction similar to that of the olfactory epithelium.

In the eye a granular reaction appeared in the cornea; the corneal epithelium was a continuation of the epidermis but contained no melanin; as the melanin disappeared in the process of differentiation of the cornea the deposit of precipitated silver became apparent. The lens is well-known to contain vitamin C in the adult mammal (EULER and MALMBERG 1935; GLICK and BISKIND 1936). In the chick a reaction was shown from the first appearance of the lens as a differentiated tissue; at 12 days there was none in the lens epithelium; the most marked reaction was in the region of the ciliary processes.

In the alimentary canal the mouth and the small intestine gave positive reactions. In the former there was a fine deposit in the superficial cells, and a much heavier one in the stratum germinativum; at intervals this epithelium was interrupted by groups of cells which appeared to be developing into glands; these cells showed no reaction at all. In the epithelium of the small intestine the cells showed a granular deposit, mainly round the nucleus and wholly confined to the part of the cell farthest from the lumen.

d) Endocrines. Later Embryos

i. Thyroid

Sufficient material was not obtained for a full survey of the thyroid. At 10 days, when the vesicles had not developed, no vitamin C could be detected in the thyroid rudiment. In one specimen of 12 days incubation quite large amounts were present in some vesicles, not only in the colloid but also in some of the cells of the glandular epithelium. Other vesicles

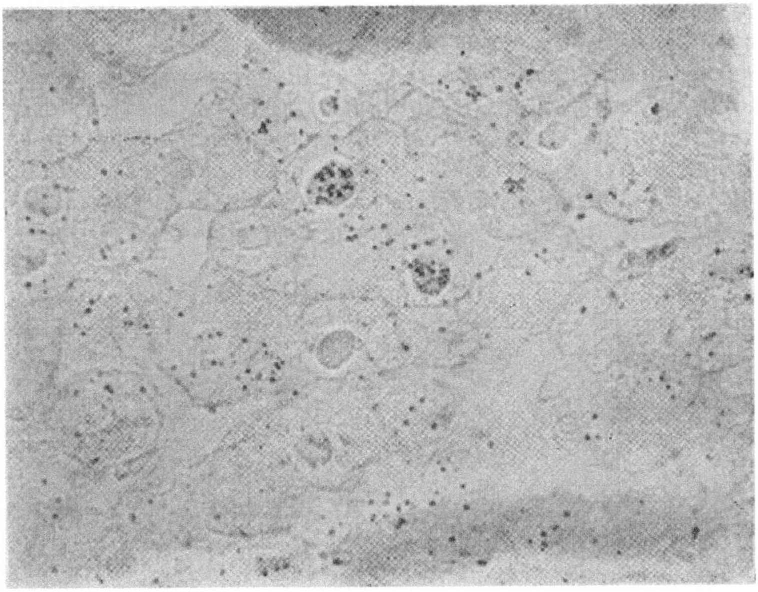

Fig. 18. Thyroid of 12 days chick embryo. Positive reaction can be seen in the colloid in some of the vesicles.

showed no reaction. In two thyroids from chicks 2 days after hatching there was a negative reaction throughout.

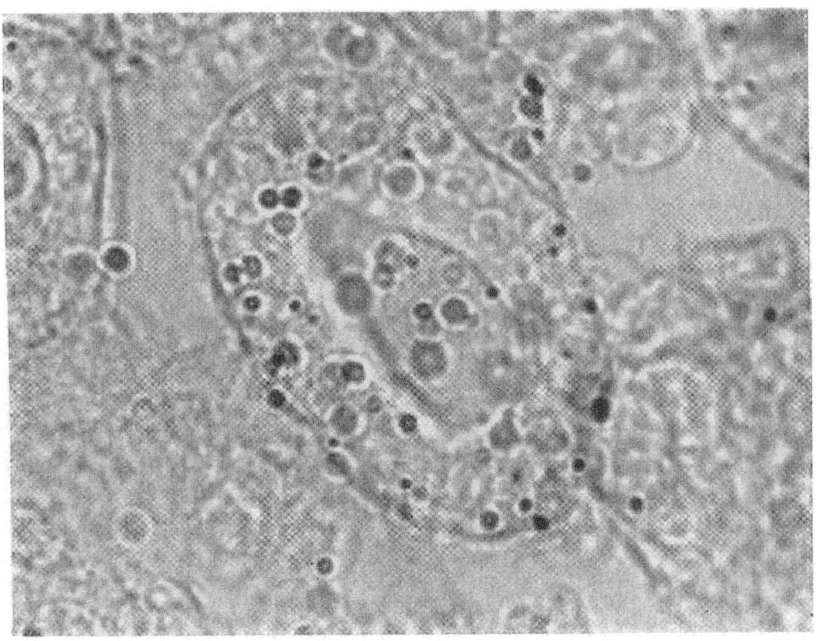

Fig. 19. Enlarged view of single thyroid follicle to show granules of vitamin C.

ii. Adrenal

A reaction occurs in both components of the adrenal at the 12th day, in the form of a light granular deposit in most of the cells. At 14 days the two rudiments, though still topographically separate, possessed already the main histological characters of the adult tissues. They had also developed different and specific distribution of vitamin C; after this stage the amount present increased, but no other change was observed. In the medulla at 16 days the vitamin in most of the cells was distributed diffusely in the cytoplasm the amounts varying greatly: a few cells contained so many granules that they stood out as conspicuous black objects under

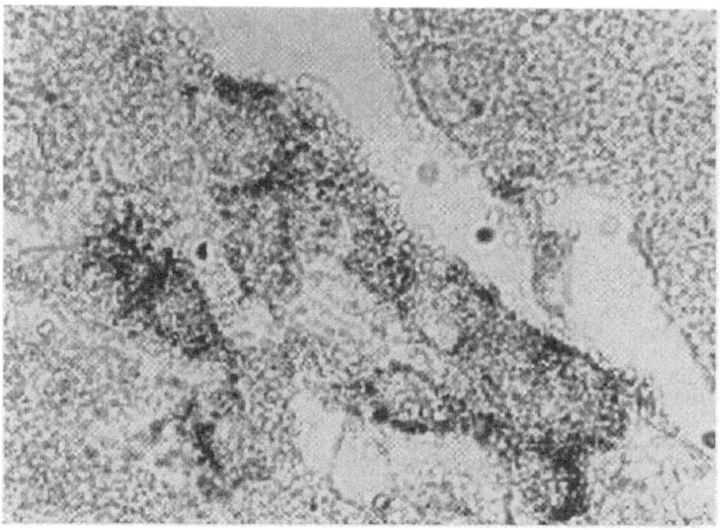

Fig. 20. Positive reaction of adrenal cortical cells in 16 day chick embryo.

low power. This type of reaction also occurred in the mammalian adrenal (BOURNE 1933). In the cortex the reaction was very much less marked than in the medulla.

Two days after the hatching of the chick the adrenal had the adult arrangement of the component tissues, in which the two kinds of cell occurred in small groups in a composite organ. The same type of distribution of vitamin C was observed as at 16 days, with the medullary cells showing on the average, a much heavier deposit than those of the cortex. (The terms 'medulla' and 'cortex' are, of course, taken over from the mammalian adrenal, where they have a literal significance.) The deposit in both was granular only. A few of the cells were again particularly heavily impregnated and could be picked out in the duplicate stained preparations. They could then be seen to be confined to the class of chromcphil medullary cells described by UOTILA (1939).

It is to be noted that there is a reversal of the conditions which usually hold in the mammalian adrenal, regarding the reactions shown by the two components of the gland. In the mammal the cortex has exceptional capacity for reducing silver nitrate, and although the medulla can be shown by other tests to contain large quantities of vitamin C it resembles the liver in giving a disproportionately slight reaction (BOURNE 1933 b, GALVAO and CARDOSO 1935). However, in the sheep the medulla has a stronger reaction than the cortex (GIROUD 1938) and in other mammals in certain physiological states the reaction can be reversed (BOURNE 1935).

e) Gonads. Later Embryos

Vitamin C has not been observed in the testis. According to GIROUD and LEBLOND (1934), in the mammalian testis it was localized in the interstitial cells; the embryonic testes studied were not yet organized into tubules and separate interstitial tissue, although interstitial-type cells appear during the 13th day (WILLIER 1939, p. 84).

The ovary of the chick embryo produced no reaction till the 14th day, and then only in certain large cells of the cortex; at this age the deposit was confined to what was little more than a large granule, close to the nucleus. At 16 days the impregnated area was larger and either granular or reticular; a similar picture being presented by the 23 day ovary. BOURNE (1935) reported the presence of ascorbic acid in the oocytes of the fox, although there was none in the surrounding follicular cells. It is tempting to suppose that the cells which showed a reaction in the embryonic fowl ovary were also germ-cells; their distribution in the organ as a whole being compatible with this view. However, the deposits cannot be seen in the duplicate stained preparations and it is consequently not possible to identify the cells with certainty. It may be that the cells in question do not constitute all the germ-cells, but only those which have reached a certain stage in development. The primordial germ-cells, according to WILLIER (1939, p. 85), have their mitochondria generally distributed in the cytoplasm; the mitochondria of the oogonia which they produce are grouped on one side of the nucleus. Changes of this kind may be paralleled by alterations in vitamin C content.

f) Nephroi. Later Embryos

i. Mesonephros

The chick embryo mesonephros shows a distinct reaction at the 5th day. Many tubule cells contained fine granules in the cytoplasm, and slight reactions also appeared in the glomeruli and the lumina of the tubules. This type of distribution persisted until after the 10th day, but certain variations from it had been observed in some of the tubule cells. A few showed intense impregnation of the cytoplasm located at a pole of the nucleus nearest the lumen; these cells for the most part contained none of the ordinary granular deposit. This type of distribution had not been observed after the 10th day, though up to 16 days granules were observed in the tubule cells and glomeruli; by this time the mesonephros was rapidly degenerating, and a few days after hatching it was vestigial.

ii. Metanephros

The metanephros does not show any reaction worth noting until the 12th day of incubation. At that time the granules are present in the cells of some tubules, they are situated near the nucleus and usually on the side of it nearest the lumen. The blood-vessels also contain a deposit. At 14 and 16 days the deposit was more general; at these ages the vitamin C content of the metanephros was much greater than that of the mesonephros. Again, there were cells with localized deposits at one or other pole of the tubule cells.

The mesonephros is said to commence functioning in the chick embryo on the 5th day and it is of great interest that on that day it first shows

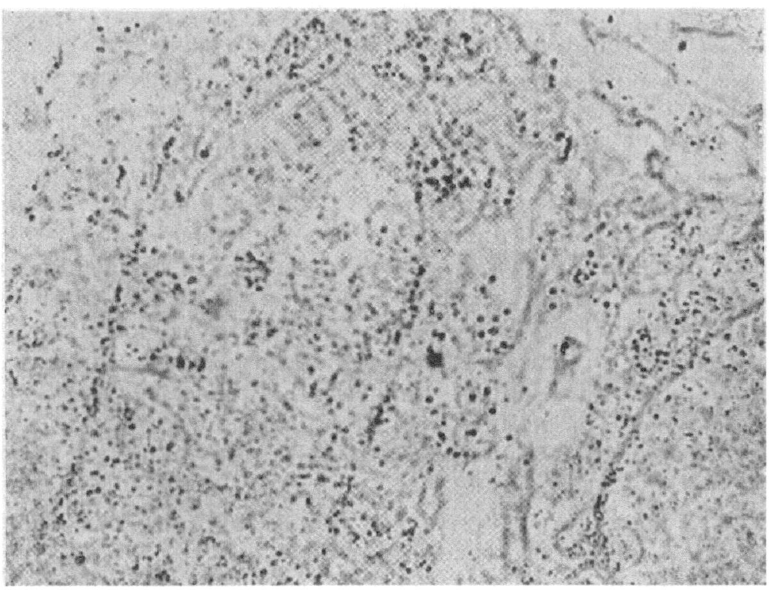

Fig. 21. Metanephros of 16 day old chick embryo showing wide-spread distribution of granules in tubule cells.

the presence of a vitamin C reaction. Similarly the metanephros begins its secretory functions after the 11th day (LILLIE 1908) and vitamin C appears in it on the 12th day but is absent on the 10th day and before. The various localizations of the vitamin in kidney tubule cells are presumably a reflection of the different functional states of the cells. There is one point where the distribution of the vitamin suggests the break-up of the Golgi apparatus into dispersed granular bodies all bearing ascorbic acid or the converse process. In addition, apparent stages in the passage of vitamin C through the wall of the tubule could be seen. One point of interest was the impregnation of the mesenchyme around the mesonephros at the 5th day. This might be taken to suggest that vitamin C is concerned in the process of the differentiation of mesenchymatous cells into kidney cells.

g) Nervous system. Later embryos

i. *General*

The distribution of vitamin C in nerve-cells of the developing chick may be localized or diffuse. If localized, it may be in any of three types of situation. Very commonly the deposit was confined to a relatively small area adjacent to the nucleus: this area is often diametrically opposite the point of origin of the axon, and is generally in that half of the cell-body which does not include the latter. This type of localized distribution did not become common until the 10th day, but after this age the number of cells which showed it become progressively greater; it occurred in all parts of the brain and spinal cord, but not in the cells of peripheral ganglia. In detail. It took various forms: sometimes it was reticular, quite often it took the form of closely packed granules; in some cells the network was open; in such cases the picture is closely similar to those given by ALEXENKO (1930) of Golgi substance in the spinal ganglion cells of the fowl embryo; in a few cells the reticulum appeared to be partly broken up and scattered over the surface of the nucleus.

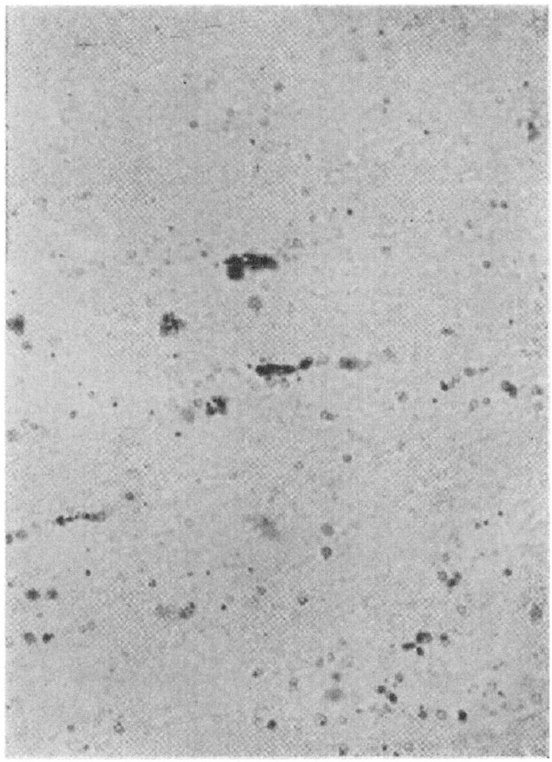

Fig. 22. Neurone from optic tectum of chick embryo of 12 days. A positive reaction is present in the axon impregnation near the nucleus.

The second type of localized distribution was shown by cells in which the axon and its cone of origin were impregnated. In this case the deposit was always granular, and was combined with any of the other types of distribution. Vitamin C appeared in some axons at the 4th day, at which age little is to be seen in other parts of the nerve-cells (BARNETT and BOURNE 1941). It was present in axons at all later ages and in all parts of the brain and spinal cord, but not in all axons and to varying extents in different regions. The third type of localization was less well defined than the other two: the reaction was perinuclear, and was closely confined to the cytoplasm immediately surrounding the nucleus.

This arrangement has only been observed in cells which have impregnated axons. It was not sharply marked off from the diffus e type of

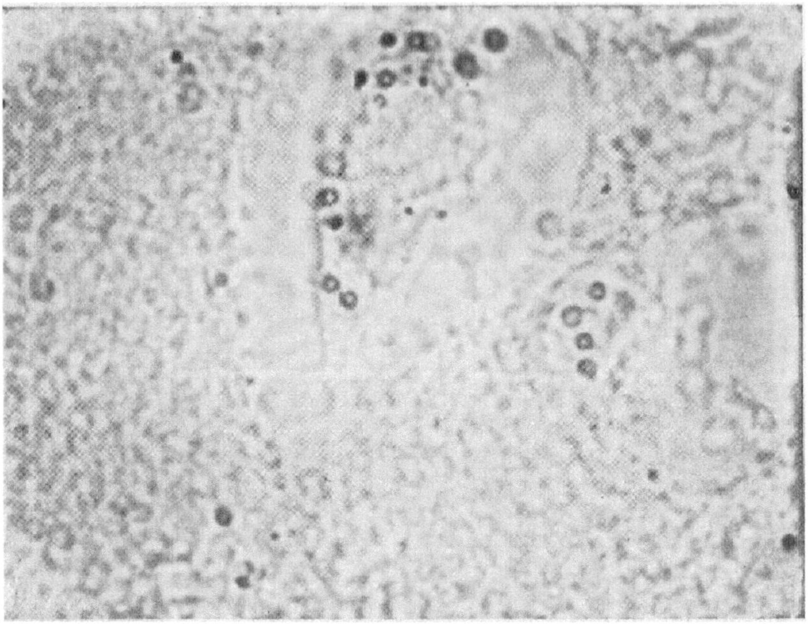

Fig. 23. Neurone from 16 day old chick embryo showing distribution of vitamin C granules. None in axon.

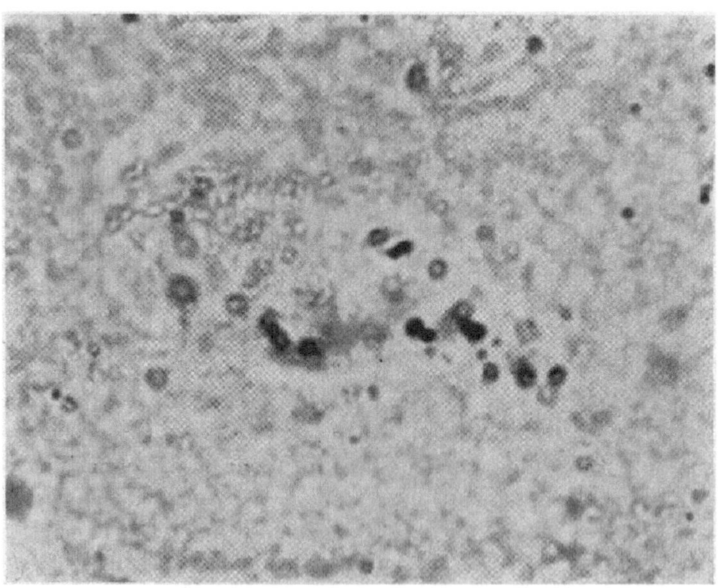

Fig. 24. Neurone from 16 day old chick embryo showing distribution of vitamin C granules in cone of origin of axon.

arrangement, in which the whole of the cytoplasm of the cell-body contained granules. This last type was comparatively rare.

ii. *Telencephalon*

Well marked deposits in this part of the nervous system did not appear until comparatively late. At the 10th day local impregnation occurred in a few cells, and at later ages the number of such deposits increased steadily; at 16 days very many cells in all layers showed local impregnations. Axon impregnation occurred in the telencephalon, but it has not been observed earlier than the 17th day. By the second day after hatching local impregnations were exceedingly numerous in all regions.

iii. *Diencephalon*

The diencephalon is of interest for the reaction shown at the 4th and 5th days. A marked reaction occurred at the 4th day: the lateral walls

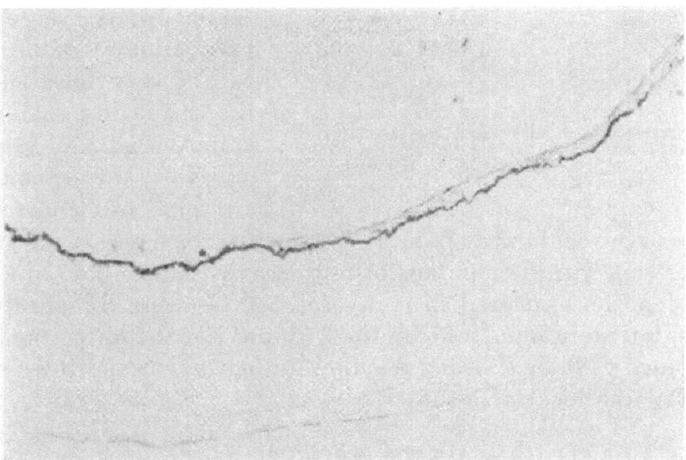

Fig. 25. Transverse section of 4 day chick embryo showing positive vitamin C reaction in dorsal ependymal layer of diencephalon. The ectoderm can be seen as a faintly stained layer above it.

showing a light, diffuse impregnation, which became more marked ventrolaterally, at the level of the optic chiasma; at other levels, also ventrolaterally, the axons of some of the cells contained vitamin C. At 5 days this phenomenon was more widespread; ventro-laterally there was a layer of cells in the inner part of the mantle layer, i. e. next to the ependymal layer, with the axons impregnated; further up, in the upper part of the lateral wall, there was a similar zone of nerve-cells in the middle of the mantle layer. After 5 days the amount of vitamin C present decreased, and no distinctive reaction was shown at later stages.

iv. *Mesencephalon*

As in the diencephalon the cells of the mid-brain contain vitamin C from the 4th day: at this age most of the cells showed some degree of diffuse impregnation and a few axons contained granules. After this there was an increase in the amount present and at the 12th day the mid-brain contains more vitamin C than any other part of the nervous system. The greater part of the mid-brain was made up by the optic tectum, in which the cortical layers were at this age already developing. Corresponding with them the distribution of vitamin C was also zoned. This distribution was of some interest, and will be described in some detail. In the superficial layers there was a heavy deposit of a diffuse character in the great majority of cells; a fairly small number had their axons heavily impregnated. Within these layers was a wider zone, also mainly cellular, in which there were no impregnated axons and much less vitamin C. The next layer, also wide, was one, containing very few cell-bodies, across which migration was taking place; here the impregnations of axons was general and very conspicuous, while the cell-bodies contained little or no vitamin C. Between the migratory and ependymal layers there was a narrow zone in which a few axons contained vitamin C and many cells showed a diffuse deposit.

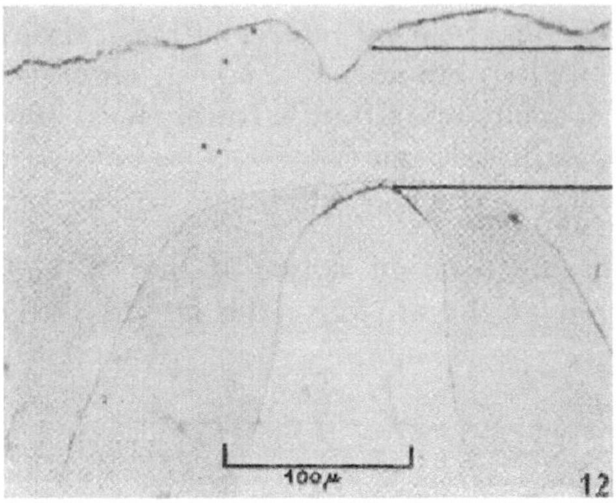

Fig. 26. Transverse section of 4 day chick embryo showing positive vitamin C reaction in roof-plate of spinal cord and slight reaction in spinal cord. *EC.* = Ectoderm, *RP.* = Roof-plate.

In older embryos the numbers of impregnated axons showed a decrease, but local deposits appeared in many cells; these were comparatively few at 16 days, but were numerous by the 23th day; at the latter age numerous cells continued to show a strong reaction in their axons and these sometimes accompanied the local deposits.

v. *Cerbellum*

At the 17th day local impregnations were very numerous and striking in the cells of the nuclear layer, and as far as could be see few of these cells did not contain granules. In the molecular layers many of the axons contained vitamin C; in addition there were cells, which may be neuroglial, containing a diffuse deposit around the nucleus; the latter were especially numerous in a zone at the extreme periphery of the molecular layer. Two days after hatching the distribution of vitamin C was similar, but the amount was greater; axon impregnations were more conspicuous and more numerous, and more cells with well marked diffuse impregnations could be seen. In addition, Purkinje cells were now identifiable, but they contained only a few scattered granules.

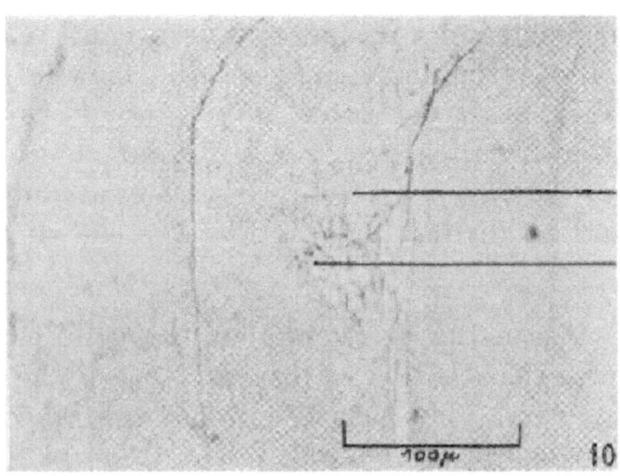

Fig. 27. Transverse section of 4 day chick embryo showing developing dorsal root ganglion (*DRG.*) and sympathetic cells (*S.*) giving a positive vitamin C reaction.

vi. *Spinal Cord*

At 4 days many cells of the mantle layer contained a few granules and some of their axons had begun to show a reaction (see BARNETT and BOURNE 1941). At 6 days granules also appeared in the ependymal cells. After this age the ependymal layer always contained some vitamin C, generally orientated at one end of the cell. The main change which took place after the 6th day was the disappearance of the granular type of deposit, except in some axons, and the appearance of local impregnations in increasing numbers of cells. This process was complete by the 10th day, after which, apart from the ependymal cells of the canal, only axons and small areas close to the nucleus showed well-marked deposits. Axons in both the dorsal and ventral horns contained vitamin C.

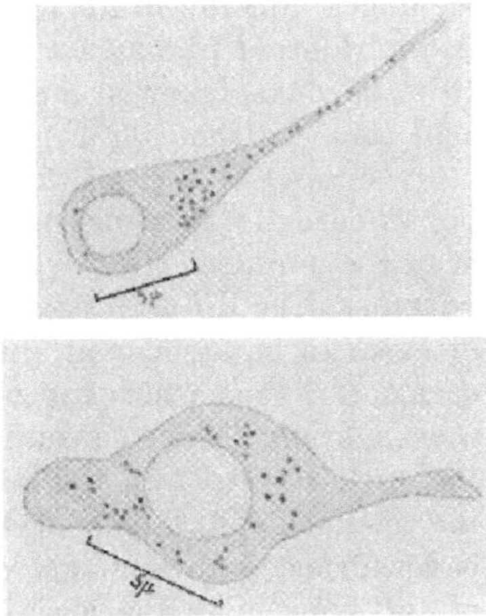

Fig. 28. *Top*: Neurone from spinal cord of 4 day embryo with ascorbic acid in axon. *Bottom*: Cell containing what appears to be fat from mesenchymal tissue of 4 day embryo (note vitamin C granules).

vii. *Ganglia*

A little diffusely distributed vitamin C was present in the cells of the dorsal root ganglia at the 6th day. The type of distribution observed in ganglion cells was intermediate between the diffuse arrangement and strict localization. There was much variation, even amongst the ganglia of a single embryo, in the reaction shown. The ganglia of the cranial nerves have, on the whole, very little reaction; the anterior sympathetic ganglia had fairly light deposits similar to those of the dorsal root ganglia, but those in the abdominal region contained more than any of the others. This observation is in concordance with the titrimetric studies of GIROUD (1938 a, p. 65). The variation seems to be due primarily to the presence of different amounts in the nerve-fibres passing through the ganglia, and not to great differences between the ascorbic acid contents of the cell-bodies themselves.

viii. *Membranes*

Finally, it may be mentioned that the mesenchyme which gives rise to the membranes of the central nervous system contained vitamin C from the 6th day. The amount present was considerable even at that age, and it increased. The concentration was particularly high in the embryonic arachnoid and pia mater; this could be seen very well, for example, in the fissures of the cerebellum from 16 days onwards. At the same time, it is a general rule that the surface layers of the parts of the central nervous system adjacent to the pia-arachnoid showed heavier deposits than the rest; and these heavier deposits were not within the cells, for the most part, but seemed to indicate the presence of vitamin C in the tissue fluid. The appearance is as if vitamin C were being transported from the meninges into the brain tissue. Corresponding phenomena were observed in the chloroid plexuses. Their epithelial cells, at all ages examined from 10 to 23 days, showed deposits which indicated a passage of ascorbic acid into, or from, the cerebro-spinal fluid.

It seems likely from these results that most adult nerve cells, and perhaps neuroglia as well, contain vitamin C localized in a specialized region of the cytoplasm—this region is probably also the site of the Golgi apparatus. The diffuse distribution seems to be transitory and in a majority of cases to be associated with the axon. Whether the latter phenomenon occurs in axons which are not growing cannot be decided without further investigation. Their conspicuous impregnation in the zone of migration in the optic tectum, and the later reduction in the number of axons in which the phenomenon is seen, seem to indicate that the presence of the vitamin is concerned with their growth, this is also in accord with the appearance of the vitamin in the axons when they first develop during the 4th day.

3. Distribution of Vitamin C in Mammalian Tissues

a) Endocrine glands

i. *Adrenals*

The adrenals of one of the lowliest mammals, the *Echidna* (Monotremata) were shown by the present author (BOURNE 1935) to give a strong positive reaction with silver nitrate. Both cortical and medullary tissues blackened, but the cortical tissues stained with greater intensity. In the cortical tissue the reaction took the form of a few large granules with a few small granules scattered between them. In many cells the granules were clumped around the nucleus. In the medullary tissue the granules were much finer and did not exhibit this perinuclear condensation. A similar distribution was seen in the adrenals of the *Platypus* (*Ornithorhyncus*). In two marsupials, the flying phalanger (*Petaurus breviceps)* and the short-tailed wallably (*Se-*

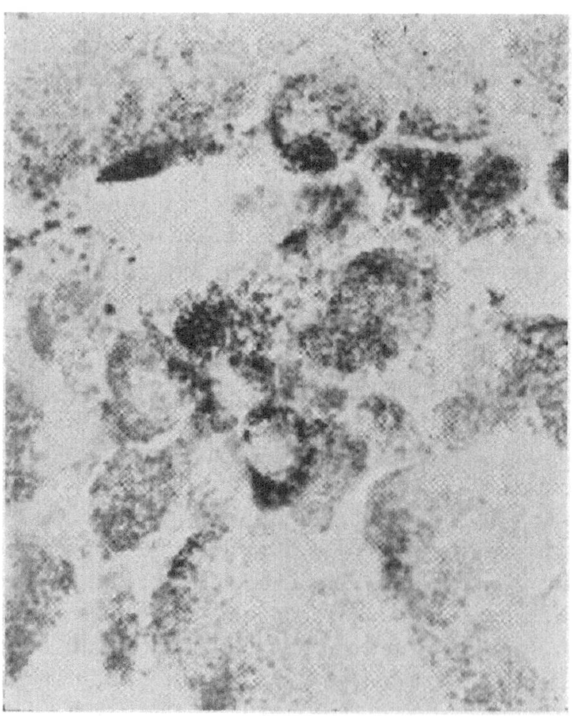

Fig. 29. Silver nitrate reaction in adrenal cortical cells of rat, showing granular nature of reaction.

tonyx brachyurus) the adrenals were found to stain with the same intensity as in higher mammals. It is of interest that in both these animals the medulla stained with a greater intensity than the cortex. This may have been due to a "stress" reaction as a result of their having been killed with ether. In both parts of the gland the reaction was in the form of small granules which did not show any pronounced perinuclear condensation. In some cells an aggregation of vitamin C granules around the lipoid droplets could be observed. Vitamin C was found also to be present in the adrenals of a large number of species of Marsupial.

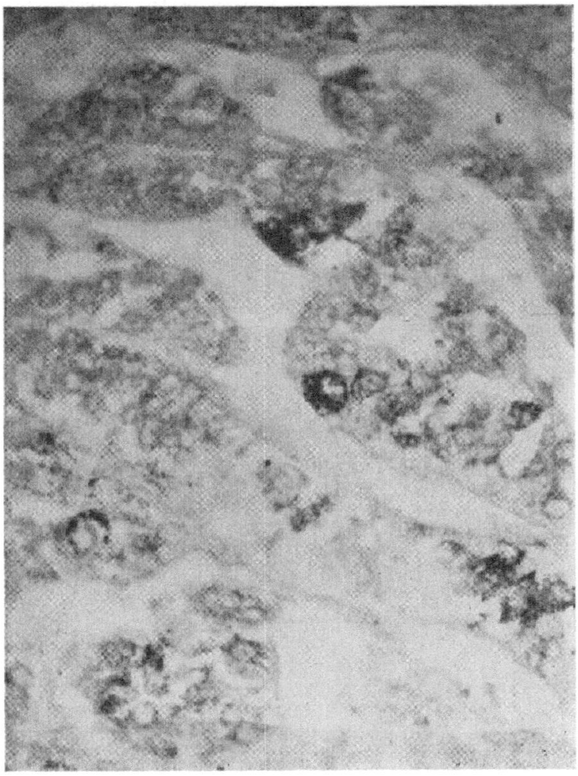

Fig. 30. Showing variation of reaction of silver nitrate reaction in cells of adrenal cortex of ox.

Vitamin C was demonstrated also in the adrenal glands of a new-born Zebra (*Equus zebra*) by the acidulated gold chloride method (Bourne 1936). The reaction was found to be virtually negative in the zona glomerulosa and outer fasciculata (which is in keeping with results of Giroud and Leblond 1934 for adult mammals), and reached its maximum in the central part of the gland and in the inner part of the true cortex. The reaction was finely granular and in some cases showed signs of a peri-nuclear aggregation.

Leblond (1934) studied the vitamin C reaction in the adrenal of rats, mice, guinea-pigs, rabbits, cats, sheep, hedgehogs and man. A dense black reaction was found in the cortex but the medulla was only slightly coloured. The zona glomerulosa cells were found to give very little reaction—in some cells a single granule of silver could be found but these were exceptional. After unilateral adrenalectomy in one case a positive reaction was found in the zona glomerulosa of the remaining adrenal, but not in others. The reaction was very strong in the fasciculate and reticulate zones. The line of demarcation between the cortex and medulla was very strongly marked. The positive adrenal cortical cell was found to contain many fine positive granules which were always found in the cytoplasm and never in the nucleus. They were scattered between the lipoid droplets.

Some of the granules were in the form of small batonettes and they measured from 0.5 to 1.5 μ in length. In size and distribution they resembled mitochondria. In some cells a positive reaction was seen, in the Golgi region. A positive precipitate was also found in the interior of the medullary vessels.

The adrenal gland of the sheep is known to be deficient in lipoid droplets. However, the zona glomerulosa gives a negative reaction for vitamin C and in other ways it resembles that of the rat. In human adrenals 6, 24 and 32 hours after death Leblond found a macroscopic

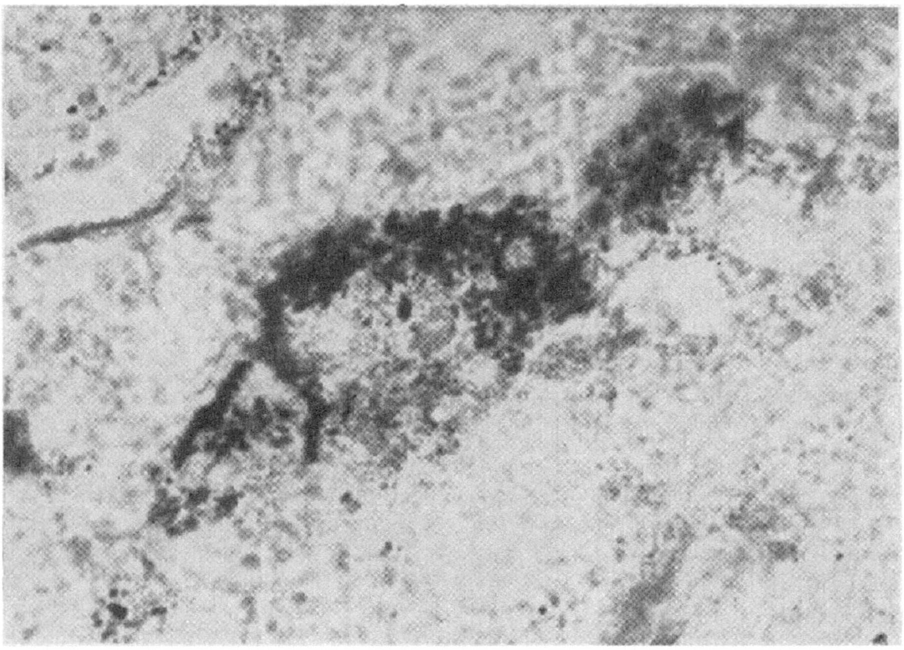

Fig. 31. Silver nitrate reaction in a single adrenal cortical cell of opossum (2,400 ×). The reaction is mainly granular in nature.

blackening, but this was less than in the glands of the various other mammalian species he examined. In the latter the reaction followed in general that already described for the rat. Many medullary cells showed a reaction in the region of the nucleus.

Giroud and Leblond (1940) confirmed the negative reaction of the zona glomerulosa by titrating the isolated portions of the three cortical zones with indophenol and finding that the glomerulosa contained only small amounts of the vitamin compared with the other zones.

The figures are shown below:—

	mg./100 g.
Zona glomerulosa	82
Zona fasciculata, outer half	256
Zona fasciculata, inner half	221
Zona reticularis	170

In embryo rats, and ginea-pigs, LEBLOND (1934) found that vitamin C appeared early and could be detected in the cortical cells in embryos of 10 cm. (rat) and 25 cm. (guinea-pig). The intensity of the reaction and its distribution resembled that found in the adult.

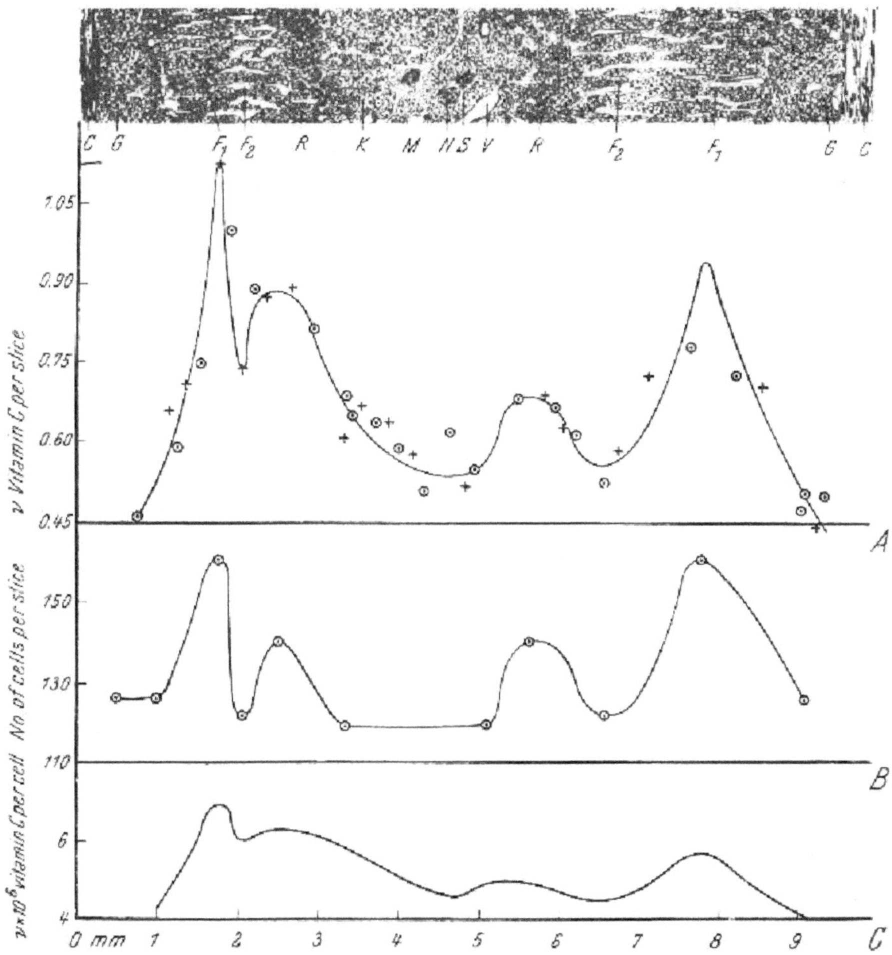

Fig. 32. Showing distribution of vitamin C in various cortical zones and in the medulla of a complete section through an adrenal of an ox. The bottom curve (*C*) gives the average vitamin C per cell in the various regions of the gland.

(From GLICK and BISKIND 1936.)

Similar results for adult adrenals were found by TONUTTI (1939) and TUBA et al. (1946), WESTERGAARD (1934) and various other authors. LEBLOND and GARDNER (1938) investigated the vitamin C reaction in the adrenal of the mouse with special reference to the X-zone. The distribution of vitamin C in the mouse adrenal was found to be similar to that found in other mammals. The X-zone gave an intense positive reaction thus suggesting that it is fundamentally cortical in nature and origin rather than coming from the medulla. The authors point out that all the evidence from comparative histochemistry suggests that adrenal tissues which give a strong positive silver nitrate reaction are cortical in nature, e. g. positive staining of interrenal bodies of Selachians (Szent-Györgyi 1928) of cortical cords of cells in bird adrenals (Giroud and Leblond 1935) and in embryonic adrenals (Leblond 1934).

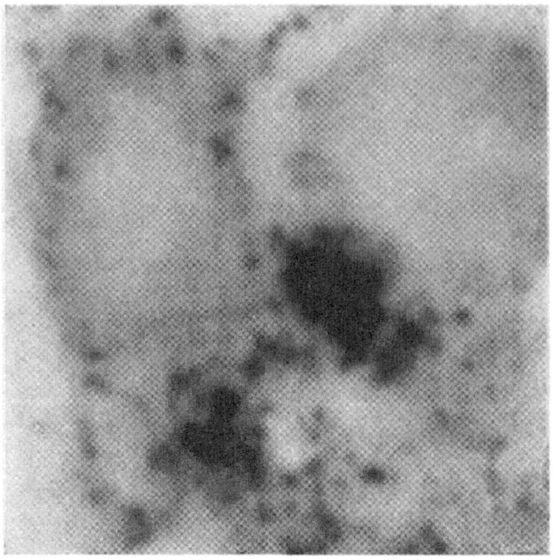

Fig. 33. Silver nitrate reaction in adrenal medullary cell of rat. The reaction is in the form of a few large granules scattered in the cytoplasm.

Deane and Morse (1948) found that in the rat adrenal a positive histochemical reaction was given not only by the cells of the cortex but in many cases by the sinusoids as well. When a positive reaction was given by the sinusoids the cells gave only a slight reaction. This suggested a secretion of the vitamin into the blood stream by the cortical cells. A similar observation was made by Hoch-Ligeti and Bourne (1948) and it was found to occur most constantly in the adrenals of female rats at œstrus. These authors noted a cyclical change in the distribution of vitamin C in the adrenal cortex during the œstrus cycle, this occurred not only in the cortical cells but also in the cells of the capsule suggesting that the latter may have had varying degrees of activity in production of cortical cells. At diœstrus in the capsule cells there was a moderate number of granules generally not in the Golgi area but uniformly distributed. At pro-œstrus there were fewer granules and at œstrus hardly any were present. At pro-œstrus those granules which were present were located chiefly in the Golgi area. At metœstrus a fair number—almost as many as in diœstrus, of either fine or coarse granules were present in the cytoplasm of the cells. The zona glomerulosa cells contained few granules at any stage of the cycle. In diœstrus and pro-œstrus the granules were located chiefly in the Golgi apparatus and in œstrus and metœstrus they were mainly free in the cytoplasm. The

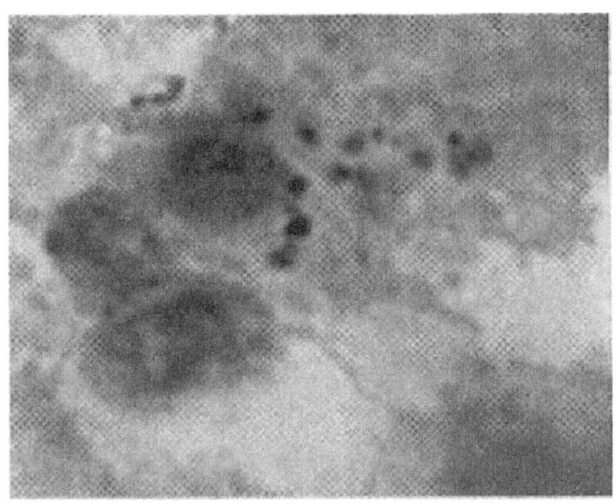

Fig. 34. Silver nitrate reaction in an adrenal medullary cell which has been ultra-centrifuged at ½ million "g" for 30 minutes. The silver nitrate reaction which is still in the form of large granules occupies the same position as the Golgi apparatus in such preparations.

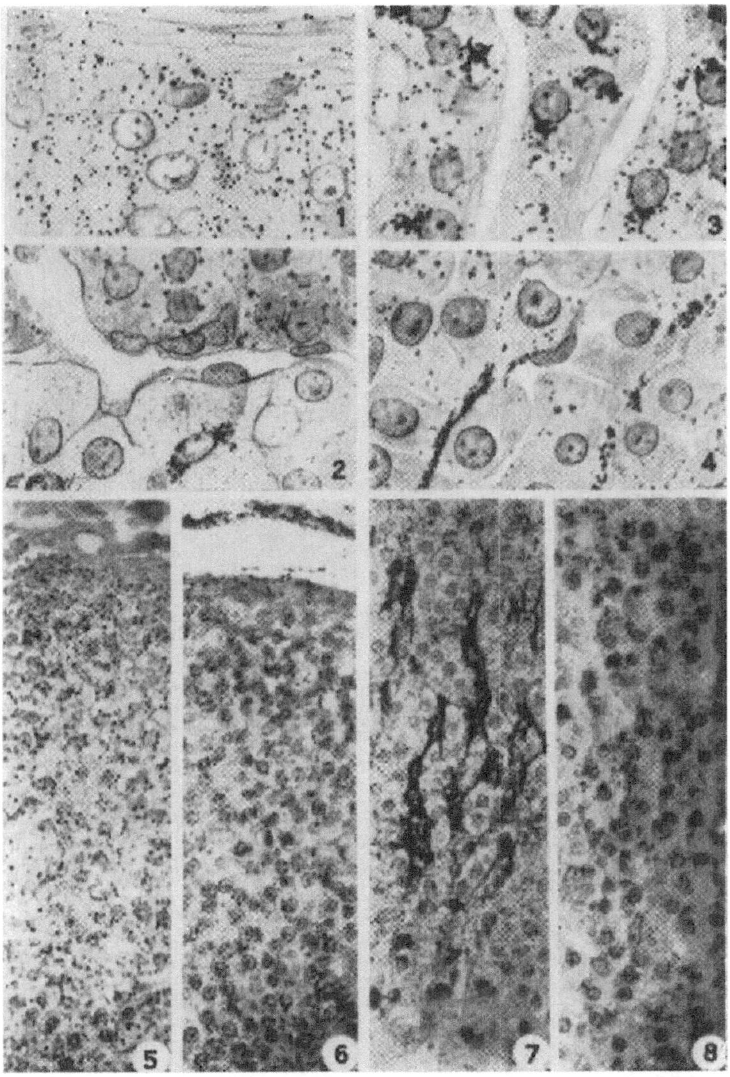

Fig. 35. *1* Drawing of the capsule and zona glomerulosa from the adrenal cortex of a normal rat. Occasional granules occur in the connective tissue; numerous fine granules are scattered in the cytoplasm of the glomerulosal cells and in the sinusoidal spaces between the cells. × 1180. *2* Drawing of the zona reticularis, above, and of the medulla, below, from the adrenal of a normal rat. The granules in the innermost cortical cells are large, moderately numerous and distributed throughout the cytoplasm. Those in the medullary cells are fine and sparse. A conspicuous concentration of granules occurs at the nuclear poles in a phagocyte lying along the wall of a blood vessel in the medulla. × 1180. *3* Drawing of the zona fasciculata from a rat killed 9 minutes after being rendered unconscious by a blow on the head. The granules are aggregated in juxta-nuclear clumps correspondin; to the position of the Golgi apparatus. × 1180. *4* Drawing of the zona fasciculata from a rat starved for 2 days. When considerable reducing substance occurs in the sinusoids, relatively little occurs in the cells directly adjacent (cf. Fig. 7). Cells further from the sinusoids contain more granules. This quantity of ascorbic acid is that normally encountered in the fasciculata and persists even when animals are exposed to longer stress and the inner zones of the cortex become completely depleted of steroids. × 1180. *5* Photomicrograph of the outer part of the cortex from a young, untreated rat. A number of granules occur in all cells, but there are fewer in the glomerulosa than in the fasciculata. × 400. *6* Photomicrograph of the outer part of the cortex from a young rat injected 1 hour before autopsy with 5 mg. adrenotropin. The granules are finer than in Fig. 5, especially in the fasciculata. × 400. *7* Photomicrograph of the inner fasciculata from a young, untreated rat. Granules occur in some sinusoids and are sparse in the cells immediately adjacent (cf. Figs. 4 and 12), while crowded granules occur in the cells further away. × 400. *8* Photomicrograph of the inner fasciculata from a young rat injected 1 hour before autopsy with 5 mg. adrenotropin. No granules whatsoever occur in the sinusoids, and those in the cells are finer than in Fig. 7. × 400.

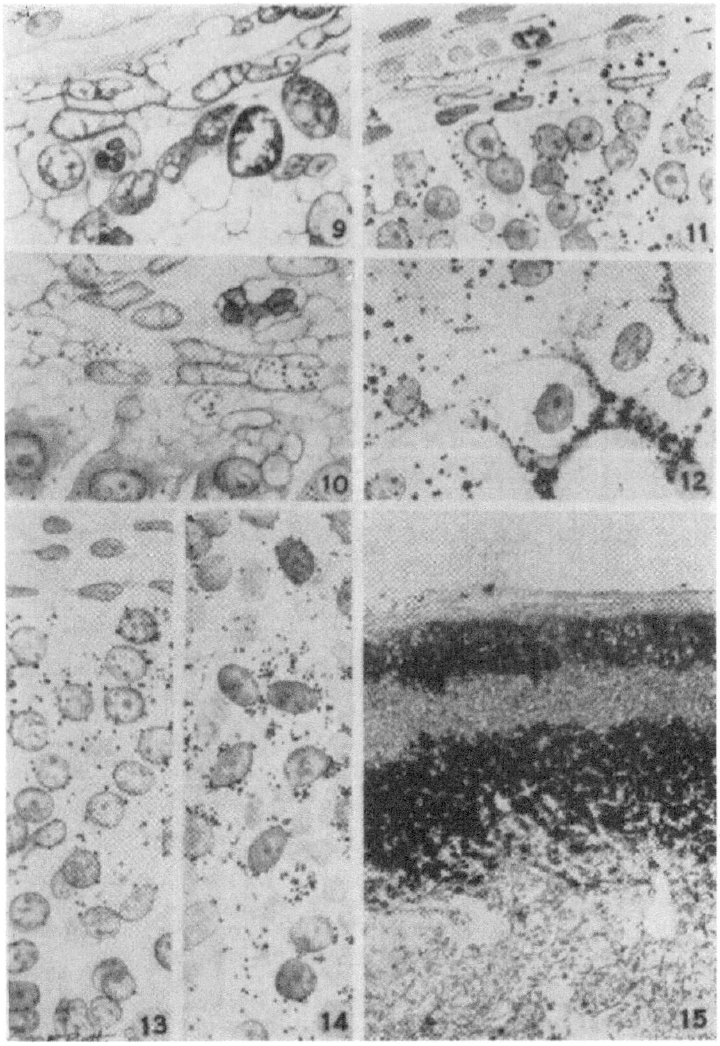

Fig. 36. *9-12* illustrate adrenals that had been enucleated. *9* Drawing of capsule and subcapsular region from an adrenal enucleated for 1 day, showing residual cortical cells and several polymorphonuclear leucocytes. One cortical cell shows an abnormal mitotic figure. No granules of ascorbic acid are present. × 1180. *10* Drawing of the capsule and subcapsular region from an adrenal enucleated for 8 days. Considerable regeneration of the cortical tissue has occurred, and some granules have reappeared in the sinusoids and in the outermost cells. These same cells contain steroid droplets demonstrable by Sudan and birefringence. × 1180. *11* Drawing of the capsule and subcapsular region from an adrenal enucleated for 32 days. The cortex has entirely regenerated and contains steroids in all the parenchymal cells. Granules of ascorbic acid occur in normal concentration. × 1180. *12* Drawing of the inner fasciculata from an adrenal enucleated for 32 days. A normal quantity of ascorbic acid granules occurs in the cells and in the sinusoids (cf. Figs. 4 and 7). × 1180. (*13* to *15* illustrate the adrenals of a female rat that had been hypophysectomized 60 days.) *13* Drawing of the capsule, zona glomerulosa and outer part of the zona fasciculata. A normal number of granules occurs in the glomerulosa, but none occurs in the outer fasciculata. This distribution is comparable to that of lipids (Fig. 15). × 1180. *14* Drawing of the juxta-medullary region of the cortex. Granules of reduced silver occur in these cells, which also contain lipids (Fig. 15). × 1180. *15* Photomicrograph of an adrenal of the rat that had been hypophysectomized 60 days. Sudan IV and hematoxylin. The inner zones of the cortex are atrophied in comparison to normal, and lipids have disappeared from a broad zone between the glomerulosa and juxta-medullary region. × 90.

(These illustrations for Figs. 35 and 36 are from DEANE and MORSE, Anat. Rec. **100**, 127, 1948.)

outer fasciculata in diœstrus showed a number of coarse granules in the cytoplasm of the cells with a few granules located in the Golgi region. At pro-œstrus most of the outer cells showed numerous fine granules concentrated near the cell membrane. At œstrus these cells showed only a few coarse granules, but most sections showed a fairly large accumulation of granules in the sinusoids—an accumulation which was still greater at metœstrus at which stage the cells too showed more granules. These observations suggest that the accumulation of vitamin C reaches its peak just prior to œstrus and with the onset of "heat" the vitamin C is discharged into the sinusoids.

Deane and Morse found a positive reaction in the glomerulosa, but it was much less than in the rest of the cortex and took the form of fine sparse granules. With rapid fixation and impregnation of the glands after death these authors found that no association of granules with the Golgi region occured, but if this process is delayed then Golgi positive preparations were obtained.

Deane and Morse showed that if a mild stress was imposed on an animal, one that could be counteracted by the secretion of additional hormone, the concentration of vitamin C did not appear to alter. In prolonged stress resulting from starvation a high concentration of the vitamin was retained even though the zona fasciculata and the zona reticularis became exhausted of lipoid. If however, adrenotrophin (ACTH) is injected there was a prompt disappearance of the vitamin from the sinusoids and considerable reduction in the cells. Sayers et al. (1946) and other workers have shown that ACTH produces an immediate drop in the titrable amount of vitamin C in the adrenals of rats and guinea-pigs within an hour of the injection. The loss of a reaction from the sinusoids is the most marked cytochemical change following ACTH injection and Deane and Morse suggest that the drop in titrable ascorbic acid may be due to the flushing out of acid which is already in the sinusoids rather than to a loss from the cells. When stresses are imposed on the animal which interfere with the ability of the cortex to form and discharge hormones the amount of cytochemically detectable vitamin C was greatly reduced (e. g., in hypophysectomy). Within two months of this operation both steroids and vitamin C disappear from a broad zone lying between the zona glomerulosa and the cortical region approximating the medulla. According to Deane and Greep (1946), this lack of activity probably represents an inability of this part of the gland to secrete 11-oxygenated corticosteroids. Deane and Morse concluded that the presence of vitamin C in an adrenal cortical cell appears to be associated with its capacity to synthesize steroid hormones.

ii. *Pituitary Gland*

Gough and Zilva (1933) showed macroscopically that there was a marked silver nitrate reaction by the anterior lobe of the ox pituitary gland and they showed that this was due to the presence of anti-scorbutic material. In man they found that the anterior lobe of the pituitary stained more intensely than the adrenal cortex. In fact, in the glands of 23 patients who showed no signs of scurvy, hardly any reaction was given by the adrenals but the pituitary was stained intensely. The present author (1934) also demonstrated that in experimental scurvy in guinea-pigs—animals which showed typical scorbutic symptoms and in which the adrenal showed typical scorbutic hypertrophy and failure to stain with silver—the pituitaries still gave a strong positive silver nitrate reaction.

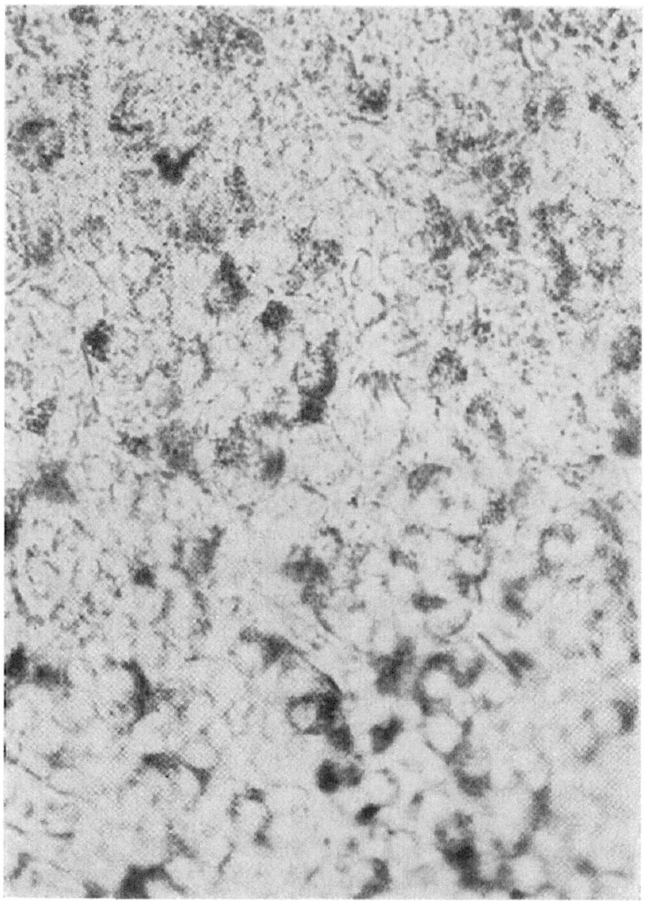

Fig. 37. Silver nitrate reaction in anterior pituitary gland of rat showing granular reaction in chromophil cells.

WESTERGAARD gave a cytochemical description of vitamin C in the pituitary of the ox. He found that only the anterior lobe gave a reaction, that the cytoplasm of the cells were densely packed with positive granules and that the eosinophilic cells gave a stronger positive reaction than the other cells. A number of positive granules were also found in the intercellular spaces, i. e. in the lymph vessels and the connective tissue.

LEBLOND (1934) showed that the pituitary of the rat, cat, guinea-pig, horse and ox gave a strong positive reaction with silver nitrate in the anterior lobe only. The reaction was most intense in the chromophilic cells.

In intensity of reaction the chromophil cells were found to be equivalent to those of the fasciculata or reticularis of the adrenal or of the interstitial cells for the testis. The reaction was in the form of small granules resembling mitochondria in shape, size and distribution (see also GIROUD 1938). GIROUD, RATSIMAMANGA and RABINOWICZ (1935) showed that the

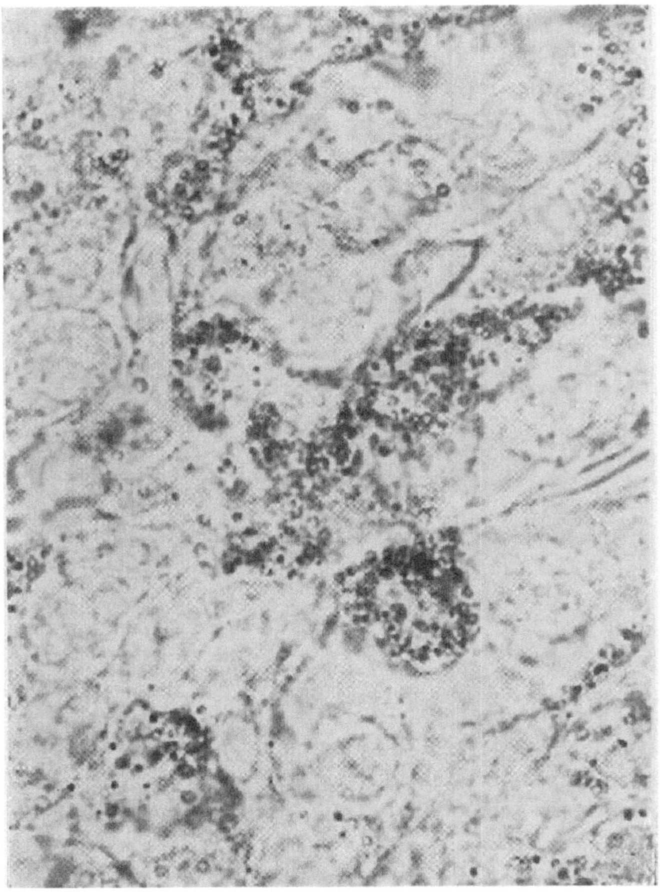

Fig. 38. Silver nitrate reaction in anterior pituitary gland of guinea-pig (× 2,400). Positive granular reaction in chromophil cells.

anterior lobe of the pituitary contained 170 mg. vitamin C per 100 g. of tissue, the intermediate lobe 200 mg. and the posterior lobe 35 mg.

In the fox pituitary (*Vulpes vulpes*) BOURNE (1935) the distribution of vitamin C was found to be the same as in other mammals both macroscopically and microscopically.

b) Gonads

i. *The Ovary*

VON EULER (1933) had been the first to demonstrate the presence of vitamin C in the ovary. LEBLOND (1934) examined the ovaries of guinea-pigs, rabbits, cats, cows and hedgehogs histochemically and found a strong reaction in the corpus luteum in each case. The reaction was granular and scattered between the lipoid droplets and was thus similar to that of the adrenal cortex cells; it appeared mitochondrial in nature. He found that the other parts of the ovary gave a very slight reaction and that the accumulation of the vitamin C in the cells ran parallel with the organization and growth of the corpus luteum. GOUGH and ZILVA (1933) had been the first to carry out macroscopic silver nitrate staining in the ovary.

In the ovary of the fox (BOURNE 1935) scarcely any reaction could be discovered in the cells of the membrana granulosa, the discus proligerus or the zona pellucida, but a number of fine positive granules could be found encircling the ovum near the membrane and a few were scattered in the cytoplasm of the egg near the fatty granules. The stroma cells of

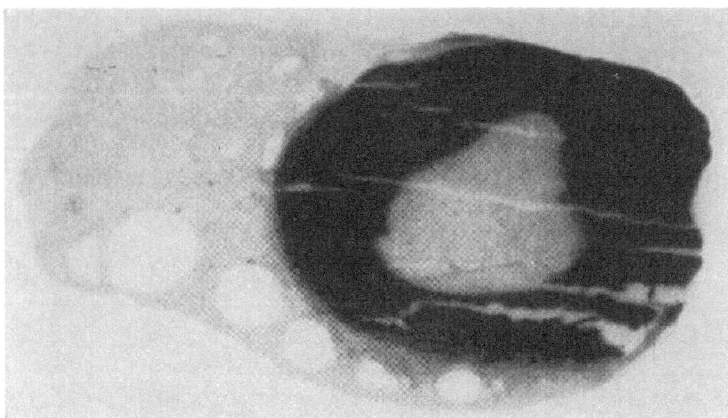

Fig. 39. Section through whole ovary of cow showing positive reaction in peripheral portion of corpus luteum. (From A. GIROUD, L'Acide ascorbique dans la cellule et les tissus. Bornträger, Berlin 1938.)

the ovary reacted very feebly showing only one or two granules but the occasional groups of interstitial cells, which appeared to be most common in the neighbourhood of the follicle, contained quite a number of granules.

HUSZAK (1933) showed that the whole ovary gave a vitamin C value of about 27 mg./100 g. In ovaries without a corpus luteum this may fall as low as 17 mg. but the presence of a corpus luteum may raise it to 37 mg. GIROUD (1938) recorded similar histochemical reactions to those described by BOURNE for the fox ovary and noted the increased reaction in the corpus luteum commenting that the reaction appeared to be given not only by the mitochondria but also in the Golgi region.

HOCH-LIGETI and BOURNE (1948) described the histochemical changes in the rats' ovary at various stages of the œstrus cycle. They found that the absolute weight of the ovaries was lowest in diœstrus, that the vitamin C concentration and content was significantly lower in the œstrus period than during metœstrus or diœstrus and that both content and concentration did not differ significantly in pro-œstrus and œstrus.

The number of granules of reduced silver present in the histochemical preparations was roughly parallel with the chemical values for vitamin C. The greatest number of granules were present in the metœstrus and diœstrus ovaries, which had chemically the greatest ascorbic acid content.

The distribution of granules within the ovaries varied according to the stage of the œstrus cycle.

The germinal epithelium at diœstrus contained fairly numerous granules. In the œstrus ovaries few granules could be found in this region. The metœstrus ovaries showed a dense deposit of granules in the germinal epithelium. There thus appears to be a cyclic accumulation and loss of ascorbic acid in this region of the ovaries.

The corpora lutea of the œstrus cycle are non-functional in the rat and it is therefore not surprizing that there was not a strong reaction for vitamin C. The reactions were as follows:—

Diœstrus—A few granules in each luteal cell.

Pro-œstrus—More granules in individual cells, but smaller in size.

Oestrus—Rather more granules in the luteal cells than in pro-œstrus.

Metœstrus—Few granules in cells.

There is thus a slight difference between the cells of formed corpora lutea in different stages of the cycle.

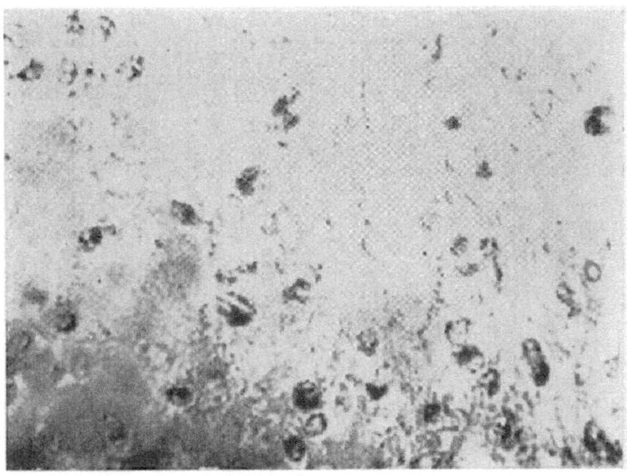

Fig. 40. Showing accumulation of silver nitrate positive histiocytes in healing wound of rat.

At diœstrus and pro-œstrus the zona granulosa cells showed very few granules. At œstrus more were present, but the greatest number was found at metœstrus at which stage they were also present in the liquor folliculi. At œstrus but not in the other stages of the cycle some accumulation of granules in the region of the Golgi apparatus of the granular cells was found. It is of interest that the cytoplasm of most eggs in the follicles showed a fairly dense deposition of positive granules in the region of the zona pellucida and in some diœstrus follicles the cells of the corona radiata gave a strong reaction.

In the stroma there was not much variation in the number of granules present although there were rather more at metœstrus. All ovaries showed the presence of a variable number of cells loaded with granules. Most of these were found in the stroma. They were greatest in number in diœstrus and metœstrus. In former stages they could also be found in the centre of the corpus luteum. It is believed that these cells were macrophages. They are recorded in the ovary also by GIROUD 1938 and macrophages (histiocytes) giving a strong positive reaction for vitamin C have also been found in other sites, e. g. lung (TONUTTI and MATZNER), and in healing wounds (BOURNE 1942 b).

ii. *Testis*

The testis has a vitamin C content which varies from 18–35 mg./100 g. (Bessey and King 1933).

Biskind and Glick (1937) found that in the development of the testis in the fœtus of a cow the value rose from between 30 and 50 mg. to between 50 and 87. Giroud gives values of 43 mg. for the pig, 46 mg. for the horse,

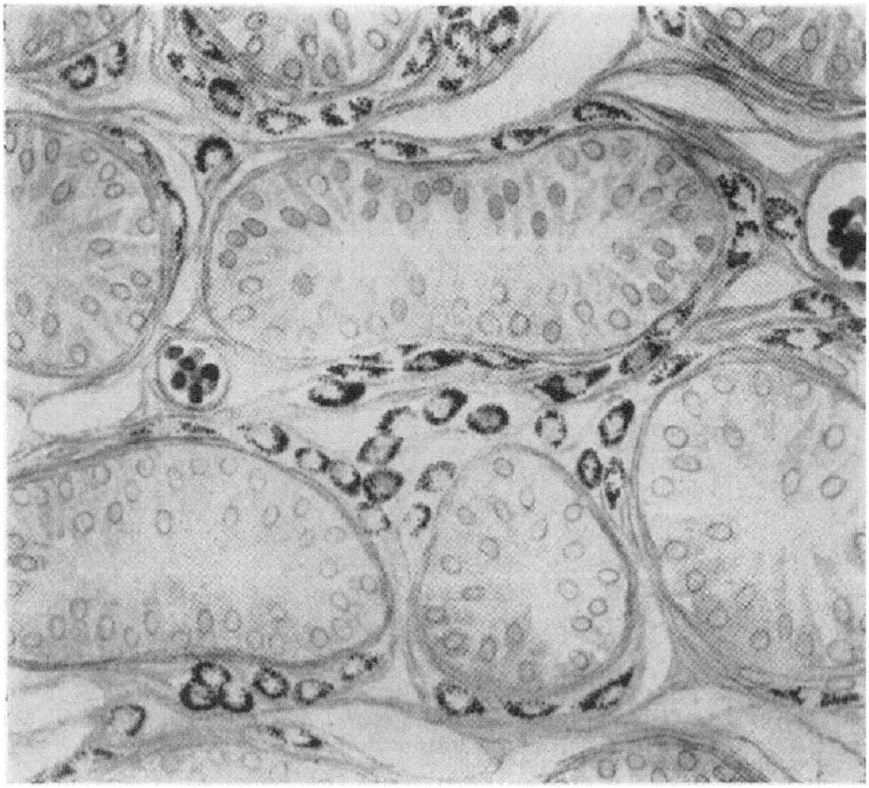

Fig. 41. Intersexual human testis. The interstitial cells show a strong positive reaction. (From Giroud and Leblond, Arch. anat. microsc. **31**, 111, 1935.)

30 for the ox and 45 mg. for the dog. The sperm forming elements have a value of 31.5 mg. and the spermatozoa (taken from the epididymus) about 19.6 mg./100 g.

Leblond (1934) showed that in the testes of rat, mouse, guinea-pig, cat, bull, rabbit, and pig—the strongest silver nitrate reaction was given by Leydig's interstitial cells. Only a slight reaction was given by the Sertoli cells and some of the sexual cells. The reaction in the interstitial cells was similar in intensity to that of the adrenal cortex and corpus luteum and like these the shape, size and distribution of the granules resembled mitochondria. In some of the developing spermatozoa a positive reaction was found in the Golgi region. See also Giroud and Leblond (1934).

Wolf-Heidegger (1942) studied the effects of adrenalectomy on the silver nitrate reaction of the testis of rats. He found that a very intense

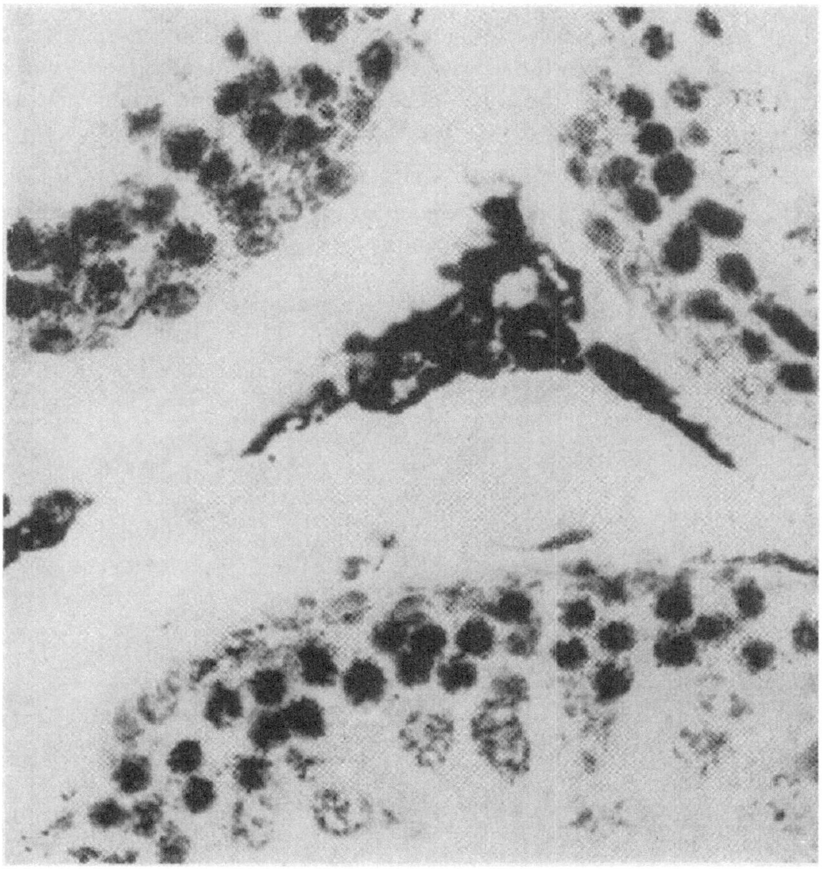

Fig. 42. Testis of young rat 4 days after adrenalectomy. Increased silver nitrate reaction in interstitial cells. Nuclei are counter-stained.
(From Wolf-Heidegger, Z. f. Vitaminforsch. **12**, 52, 1942.)

reaction (stronger than normal) was given by the interstitial cells in young adrenalectomized rats (50 g. B. W.). In older animals (70–90 g. B. W.) the reaction was still intense in these cells, but in addition a reaction was given by the cells of the seminiferous tubules.

c) Liver

The liver contains a variable amount of vitamin C, Svirbely (1933) found 11 mg./100 g. in the rabbit liver and 45 mg./100 g. in the liver of the mouse. However, the application of the silver nitrate reaction to liver results in a virtually negative reaction, according to most authors. In the fox, however, the liver cells gave a granular reaction in the cytoplasm—many of the granules showing a perinuclear reaction. The Kupffer cells gave a positive reaction but it was not more intense than in the other cells of the liver.

Wolf-Heidegger (1941) likewise found very little reaction in rat Kupffer cells, but after adrenalectomy they contained large amounts of the vitamin. This was particularly so in young animals, the reaction was not so strong in the older ones. The author showed that in adrenalectomized young rats the titrable vitamin C of the liver increased after adrenalectomy, decreased in the brain and spleen and was unaffected in the kidney.

d) Kidney

Leblond (1934) found a positive reaction in the renal tubules particularly in those near the glomerulus (proximal convoluted tubules) this may in-

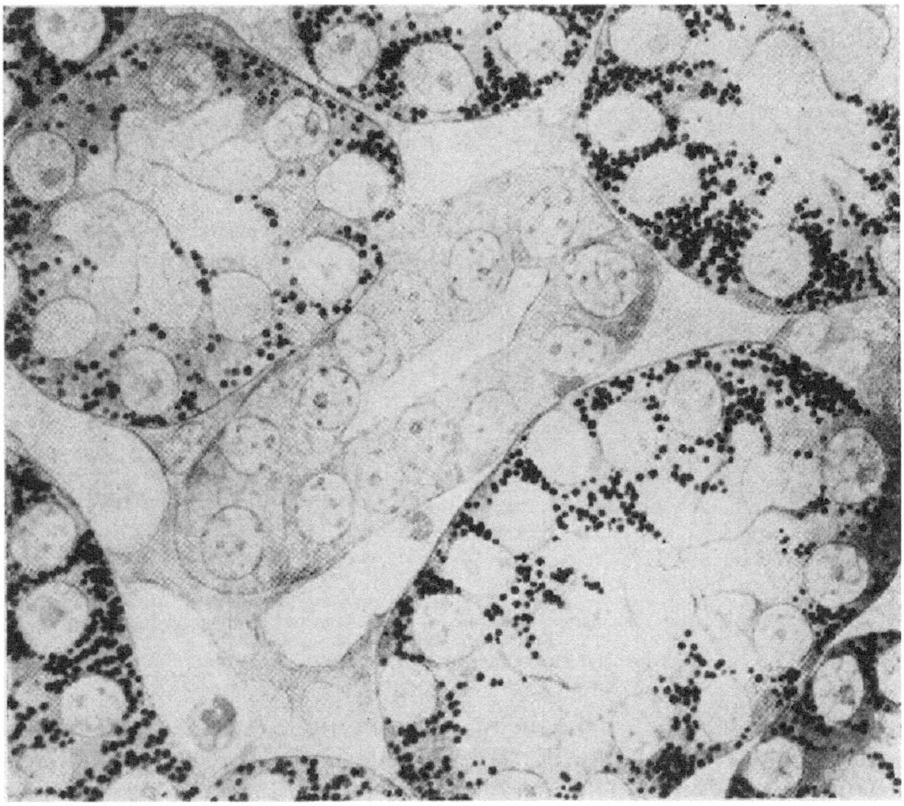

Fig. 43. Proximal and distal convoluted tubules. The reaction occurs only in the cytoplasm of the cells of the proximal convoluted tubules. The fragile membrane limiting the lumen of the proximal tubules has been destroyed by the silver nitrate reaction. The distal convoluted tubules are better preserved and show no ascorbic acid reaction.
(From Giroud and Leblond, Anat. Rec. 68, 113, 1937.)

dicate that these tubules are the site of re-absorption of the vitamin C in the glomerular filtrate. Bourne (1935) found a positive reaction in the form of rodlets and granules in all the cells of the tubules and also in many of the cells of the glomerulus. Giroud and Leblond (1934) made a detailed histochemical study of renal elimination of vitamin C.

After the intravenous injection of vitamin C into guinea-pigs the authors found a strong positive reaction in the tubules of the cortex but practically none in the medulla—with the exception of the blood vessels. The precipitate was present in the latter usually along the walls—indicating its presence in the plasma, but also some red cells gave a strong reaction. Glomeruli were negative—presumably because the cellular membranes are so thin here that negligible amounts of the vitamin would be retained. However, some positive red cells could be seen. The cells of the proximal convoluted tubules gave a very strong reaction—the cytoplasm being filled

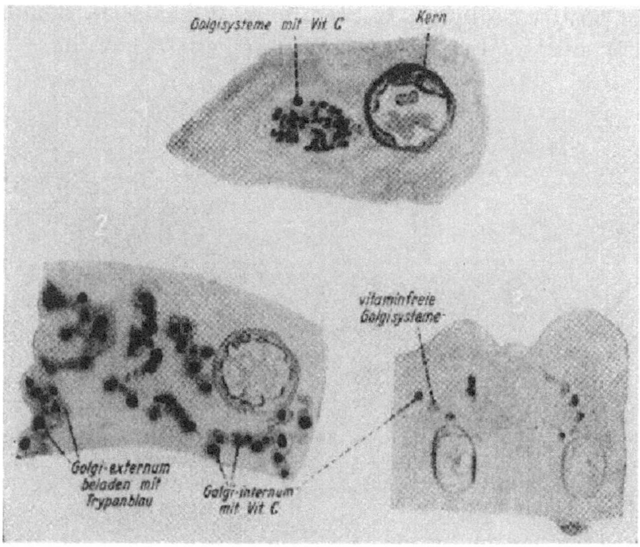

Fig. 44. Association of vitamin C with a carrier substance. *1* Cell of corpus luteum of rabbit. Stained with acid silver nitrate. Association of vitamin C with Golgi material. *2* Kidney tubule cell. Association of silver nitrate (vitamin C) granules with trypan blue staining material—probably Golgi material. The animal had been injected ½ hour previously with the dye and with vitamin C. *3* Similar cells 5 hours after injection of trypan blue and vitamin C. Only a few vitamin C granules remain but trypan blue staining material (Golgi material) is present—some of it without vitamin C granules. These preparations suggest that vitamin C is carried in the tubule cells of the kidney by the Golgi material.

(Taken from Tonutti, Z. mikrosk.-anat. Forsch. **42**, 221, 1937.)

with black granules which were crowded—mostly into the basal part of the cell, the nucleus was negative. The granules in the cytoplasm had a tendency to be organized along parallel lines—perpendicular to the tubule wall. This arrangement corresponds to the distribution of mitochondria. The cells of the descending limb of Henle's loop also gave a strong granular reaction for the vitamin, however, the ascending limb and the distal convoluted tubules, the excretory tubules and the ducts of Bellini gave no reaction.

Giroud and Leblond pointed out that their results might be attributed either to the excretion of the vitamin into the glomerular filtrate by the cells of the first part of the nephron or to the re-absorption of some of the vitamin from the filtrate. However, the reaction appears in the cells within one minute of injection of vitamin C and the authors adduce this as possible evidence that the tubule cells may be concerned with the elimination of the vitamin, although they admit that modern kidney physiology suggests that elimination of vitamin C is more likely to be a function of the glomerulus. They also found a positive histochemical reaction in the kidneys of rats, cats, sheep, pigs, cows and horses. BARNETT and BOURNE (1942) have also demonstrated the apparent passage of vitamin C across the tubule cells of the embryonic chick.

TONUTTI (1938) injected trypan blue and vitamin C together into animals and examined the decidual cells and the tubule cells of the kidney. In each case he found the globules of dye in the cells contained granules which gave a positive vitamin C reaction. It has been demonstrated by JASSWOIN (1925) and by LUDFORD (1928) that cells accumulate trypan blue

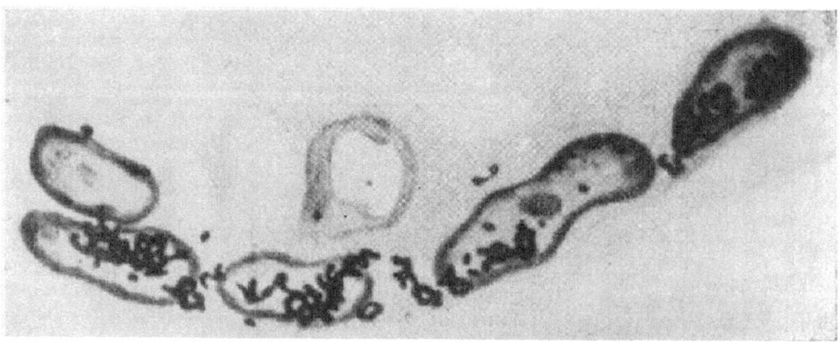

Fig. 45. Gold chloride reduction by placental cells. This technique also demonstrates the localization of vitamin C. It can be seen to take a Golgi-like form.
(Taken from TONUTTI and PLATE, Arch. Gynäk. **164**, 385, 1937.)

droplets first in the region of the Golgi apparatus and then pass them into the body of the cell in the same way as the secretion droplets of gland cells. In view of TONUTTI's results it appears that vitamin C is likewise absorbed on to the Golgi material and segregated together with the trypan blue. It may be that vitamin C is passed across the kidney tubule cells by means of segregated droplets produced by the apparatus. It is of interest in this connection that FISCHER (1938) in induced diuresis of the white mouse has found that the Golgi apparatus of the tubule cells shows a periodical reversal of polarity—if this is so then the Golgi apparatus itself may function in transporting vitamin C across the cells. A similar association between trypan blue droplets and vitamin C was found by TONUTTI in placental cells and it may be that the vitamin is transported across these cells in the same way. This is not in agreement with the finding of GIROUD and LEBLOND for the kidney for they found a coincidence between the vitamin C reaction and the mitochondria. These differing results and conclusions await reconciliation.

e) Miscellaneous tissues

LEBLOND (1934) described the vitamin C reaction in intestinal cells of animals receiving additional vitamin C in the diet. Numerous granules were found in the distal part of the cell situated beneath the striated (brush border). A small number of granules were found on the proximal side of the nucleus. BOURNE (1935) found positive granules and rodlets in the cells of the cardiac region of the stomach of the fox. In the same animal positive reactions were also given by the alveolar cells, the endothelial capillary cells and cells from the bronchi of the lung (5 or 6 positive granules per cell), very fine granules were also associated with the cross striations of skeletal muscle fibres (not confirmed by GIROUD 1938) and from the perimysial connective tissue cells. Cells from the marrow capillaries which were

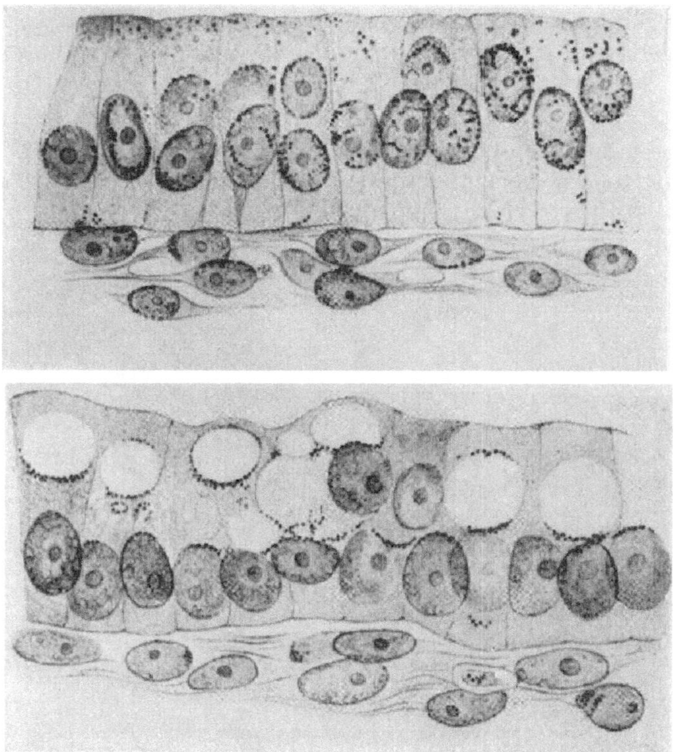

D

E

Fig. 46. *D* Vitamin C reaction in uterine mucous membrane of rat in pro-œstrus stage. Positive granules can be seen in the epithelial cells and in the connective tissue cells underlying the mucosa. *E* Vitamin C reaction in uterine mucous membrane of rat œstrus showing loss of vitamin C in the connective tissue cells and association of the vitamin with vacuoles in the epithelial cells.
(From WOLF-HEIDEGGER, Schweiz. med. Wschr. **71**, 415, 1941.)

described as endothelial cells but which were more likely macrophages associated with the capillaries were shown to contain many large positive granules. Cells of the acini of the pancreas, the Islets of Langerhans, and salivary acini showed up to a dozen medium-sized positive granules scattered in the cytoplasm. In myocardial cells from the ventricle of the heart a number of small granules were seen along the inside of the membrane of the fibre (sarcolemma) and associated with outside of the nuclear membrane. In the skin a reaction was found in the deeper layer of the epidermis, but not in the more superficial layers. This is confirmed by GIROUD (1938) and his co-workers. In hair follicles positive reactions were given by the cells of the outer root sheath and in the epithelial cells of the developing hair, Henle's layer and Huxley's layer were negative.

LEVER and SEDEE (1951) found that in the thyroid follicle cells of cockerels on vitamin C-poor and rich diets vitamin C granules descreased from the apex to the cell base. This distribution was not influenced by thiouracil and it bore no relation to the Golgi apparatus.

WOLF-HEIDEGGER (1941) found strongly positive histocytes in the myometrium of the rat uterus towards the end of pregnancy, the tissue between the embryos in the pregnant uterus was negative. In the normal female the vitamin C was associated with the Golgi apparatus of the epithelial cells and it varied in amount and position with the œstrus cycle.

f) Nervous tissue

Fresh grey matter of the brain has an average vitamin C content of about 15 mg./100 g., the white matter about 10 mg. (GIROUD 1938). MELKA

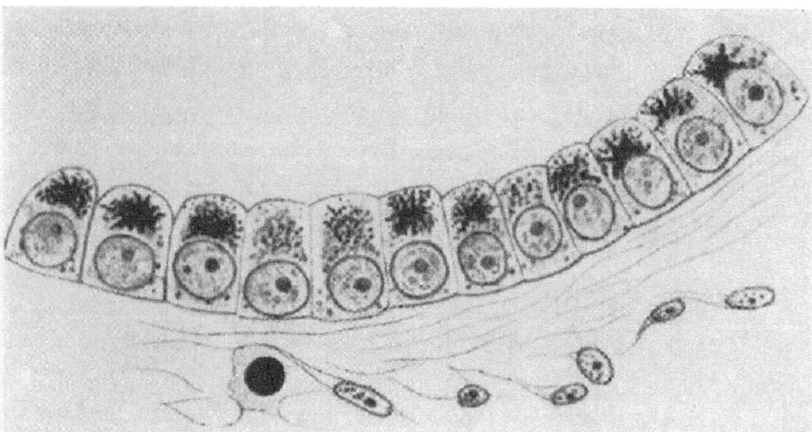

Fig. 47. Choroid plexus of 4th ventricle of guinea-pig showing vitamin C reaction in Golgi region. (Taken from WOLF-HEIDEGGER, Schweiz. med. Wschr. **71**, 347, 1941.)

(1936) found the highest vitamin C value in the brain of the rabbit to be 29 mg./100 g. in the corpora quadrigemina. GIROUD, RATSIMAMANGA and RABINOWICZ (1935) found that spinal ganglia had 15 mg./100 g. of the vitamin and sympathetic ganglia 23 mg. SULKIN (see BOURNE 1956 c) has shown histochemically that there are many fine vitamin C granules in the neurones of sympathetic ganglia but that they are greatly reduced after sympathetic stimulation. They are greatly reduced also in old animals.

Vitamin C has been demonstrated as already described, in developing chick embryo neurones by BARNETT and BOURNE (1942), but very little histochemical work has been done on adult brains of any animals. WOLF-HEIDEGGER (1941) demonstrated the distribution of the vitamin in the cells of the choroid plexus. In basal regions of the cells of the epithelia of the plexus vitamin C was found but it appears first in the Golgi apparatus and can be seen in the form of granules in the distal part of the cytoplasm.

The ependymal cells were free of the vitamin. The author suggests that this can be explained by assuming that the reversibly oxidized vitamin C is absorbed from the vascular system of the tela choroidea becomes reduced by the Golgi apparatus and is passed in the reduced condition into the cerebro-spinal fluid.

IV. The Intracellular Distribution of Vitamin C

The chemical specificity of the histochemical reaction for vitamin C appears to have survived for over 20 years without any serious criticism. A recent criticism, however sugests caution in interpreting the results in organs which contain phosphatides. PEARCE (1953) mentioned that ALSTERBERG (1941) had found that phosphatides will precipitate silver from silver nitrate solutions at an acid pH and since organs such as the adrenal cortex, corpus luteum etc. contain phosphatides this may interfere with the reaction. However, the histochemical reaction for vitamin C is not based solely on chemical reactions it is based on a large amount of careful work including the demonstration of the loss of the reaction in scorbutic animals and of the parallelism between the silver nitrate reaction and the vitamin C content of various organs. It might be argued that the scorbutic conditions may also cause loss of phosphatides from cells. This may be so, but it does not cause complete loss of these substances and yet the vitamin C reaction disappears completely under these circumstances. Strictly speaking, the vitamin C reaction is only valid in guinea-pigs or other animals requiring vitamin C where it can be shown to be negative in scurvy; nevertheless it is reasonable to assume that a reaction which follows the same intensity and distribution in various organs as in guinea-pigs in animals not susceptible to scurvy (rats, chickens, etc.) is demonstrating the same substance. It might also be mentioned here, in connection with the question of the interfering action of phosphatides, that the positive reactions given by yolk granules in the experiments described by BARNETT and BOURNE (1941) on early chick embryos were localized in relation to the embryo and that they were not given indiscriminately by all yolk granules. It seems unlikely that some would contain phosphatides and some would not.

PEARSE gives a reasoned account of criticism of the technique but confuses the situation by referring to the specificity of the reaction when he means its localization. There is no doubt that although chemical specifity of the reaction is not seriously in doubt the accuracy of intra-cellular localization is still a matter for debate.

A number of other authors in addition to PEARSE have questioned the accuracy of the localization and at this point full consideration should be given to their criticisms. These include DEANE and MORSE (1948), SOSA (1945), KEINER (1952), DANIELLI (1953), HAGAN (1954) and ERÄNKO (1954). In addition, an analysis of the technique was given by CHAYEN (1953).

DEANE and MORSE claimed that if material was fixed within five minutes of death the reaction was never found in the Golgi region, but that if there was delay in fixation longer than this the reaction frequently occurred in this part of the cell. The present author has not found that this to be so. SOSA (1945) has claimed that treatment of the tissue with photographic "hypo" an essential part of the technique which removes silver salts from the tissues (these being liable to undergo photogenic decomposition and produce confusing black precipitates), causes a reaction in the Golgi region. The present author has never found this to occur when frozen sections were used for the reaction instead of pieces of tissue and only in the latter if they were left for a considerable time in "hypo." In other words, a Golgi reaction was often found in frozen sections after treatment with silver nitrate and before the use of "hypo" and in such sections the "hypo" did not produce Golgi reactions where none existed before. Also in blocks of tissue cells which would not normally have given a Golgi reaction gave one only if the tissue was left overnight or longer in "hypo" and then not invariably. There is thus some substance in SOSA's criticism but it may be overcome by suitable attention to the timing of the technique.

REINER's criticisms of the localization of the reaction are much more devastating and will be considered in detail.

In the first place it is necessary to correct a series of inaccuracies in the first sentence of his paper. REINER says "The acid silver nitrate method for the identification and localization of ascorbic acid in tissues has been used extensively since its introduction by GOUGH and ZILVA." In the first place the first use of silver nitrate to study microscopically the identification and localization of vitamin C in tissues was used by the present author in 1933, secondly *acid* silver nitrate was first used by LEBLOND and GIROUD (1934) and thirdly GOUGH and ZILVA did nothing more than report on the macroscopic intensity of staining of a number of tissues with neutral aqueous silver nitrate.

REINER carried out a series of six *in vitro* experiments on the technique.

1. A number of substances were added to the acid silver nitrate reagent. The precipitate was washed and the unreduced silver removed with thiosulphate or ammoniacal silver nitrate. Precipitates of metallic silver were obtained with ascorbic acid, 3,4-dihydroxyphenylalanine, hydroquinone, a mixture of calcium and magnesium phosphates and carbonates using thiosulphate to remove unreduced silver. When ammoniacal thiosulphate was used, the above substances (the phosphates and carbonates are not mentioned), and glucose 6-phosphate, α-naphthol and ribose produced a positive reaction.

Since ammoniacal thiosulphate is never used in the vitamin C technique (although ammoniacal thiosulphate was used to remove interfering mineral phosphates in some bone studies by BARNETT, BOURNE, and FISHER) we can exclude the second list of substances. Of the substances mentioned in the first list, hydroquinone is hardly likely to occur in tissues in any significant quantity. If the reaction in normal tissues is due to di-hydroxyphenylalanine then in the case of the guinea-pig, this substance is also depleted from the tissues in scurvy—there is no evidence that this is so. These results therefore, do not constitute a significant criticism of the specificity of the reaction.

2. Gelatin was added to ascorbic acid solution and this was found (a) to delay the development of colour and (b) to cause the reduced silver to remain as a colloidal suspension instead of forming a precipitate. In the sense that gelatin is a protein and as such retards the reaction and prevents the formation of a precipitate this is a reasonable criticism, except that gelatin is a derived protein and does not necessarily occur in living tissues, but presumably the author means to infer that other proteins in the cells may have a similar effect.

3. The inhibiting effect of glutathione was repeated. This has been discussed earlier.

4. Gelatin blocks were fixed in formalin, thoroughly washed and fixed in thiosulphate. If the washings were not thorough the acid thiosulphate reduced the retained silver. The addition of ascorbic acid-free serum increased the tendency to a diffuse silver reaction. This experiment simply emphasises the importance of strict chemical cleanliness and adequate washing, points that have been made many times before by the present author and others.

5. Holes were bored in gelatin blocks and then filled with ascorbic acid—carmine red—gelatin solutions. When the silver nitrate reaction was applied, a positive reaction was found far beyond the limit of the core where the ascorbic acid was originally located. No-one in fact, has ever doubted that the ability of ascorbic acid to diffuse through gelatine. The latter is an extremely poor substitute for the complex organisation which exists in a cell—even a fixed cell and it ignores the mass of results which suggest the association of vitamin C with formed intra-cellular structures—it ignores also the possibility of the association of vitamin C with non-diffusable substances in the cell. The use of gelatin models as a basis of criticism for the vitamin C technique was also made by Barnett and Fisher (1943). They made mixtures of gelatin and vitamin C and olive oil or ground glass and stained them with acid silver nitrate. They found black granules associated with the surfaces of the glass and of the oil droplets. They assumed that vitamin C was evenly distributed through such mixtures and concluded from their results that it was "unjustifiable to infer the whereabouts of ascorbic acid in the cell from the site of silver precipitates obtained by the silver nitrate method." In fact, the authors produced no evidence of the even distribution of vitamin C in such mixtures. They stated that the localization of granules in the region of the Golgi material in cells is due to the fact that such granules will in any event tend to aggregate at surfaces. They do not explain why, therefore, in vitamin C preparations silver granules never aggregate on the surfaces of filamentous mitochondria, but say simply that they present "a different type of interface to that of the Golgi apparatus," as though the Golgi apparatus in a surface at which granules of silver will easily aggregate. In fact, as Silver (1942) has pointed out, it is a well-

known fact that reduced silver will not aggregate on the Golgi surface unless the cell has been first treated with salts of certain heavy metals such as uranium. Even if we assumed, for the sake of argument, that the Golgi material presented such a surface it is still necessary to explain why in some tissues the Golgi region accumulated silver granules after treatment with acid silver nitrate and why in those of other tissues it does not and why the Golgi material in the cells of one tissue will accumulate silver granules at one time and not at another. Hirsch (1938) explains this fact by showing that when a cell is producing droplets of secretion it tends to show an aggregation of silver granules in the Golgi region.

If the results of Barnett and Fisher (1943) are significant, one would expect that in organs such as the adrenal cortex and the corpus luteum, where there are large numbers of small fatty and lipoidal droplets in the cells, thus paralleling the oil droplets in their preparations, the application of the acid silver nitrate would cause these droplets to become surrounded with black granules, but in fact it does not. In this organ and in other organs containing fatty droplets, Giroud has stated that he has never seen black granules deposited on the surface of the droplets.

6. Reiner also studied the application of the silver nitrate test to normal and scorbutic guinea-pigs and those supersaturated with vitamin C—he correlated his observations with biochemical studies, using fresh frozen sections and tissue blocks. He lists a series of vitamin C concentrations of histochemically positive and negative tissues and shows that there is an overlap between the two. For example, kidney from a scorbutic animal having a value of 34 mg./100 g. was histochemically negative, but a testis giving a titre of 29 mg./100 g. was positive. However, no criteria of histochemically "positive" and "negative" are given nor is the time of impregnation recorded and it is impossible to assess these results without this. Reiner points out that bone is always impregnated (scorbutic or otherwise) when neutral thiosulphate is used, one can in fact have no hesitation in accepting the criticism that the reaction is suspect when used on bone. A number of silver artefacts are also recorded such as impregnation of connective tissue, elastic laminae of arteries, basement membranes, etc. Such impregnations have never been seen by the present author in tissues impregnated for the usual time in the dark (e. g. 20–30 minutes) nor have they ever been recorded by Giroud and Leblond and their colleagues in their extensive investigations. It has always been claimed that an essential part of the technique is that the reaction should take place in the dark and this has been specified several times by a number of authors—Reiner does not mention whether his reactions were carried out in the dark or not. However, it should be noted that Eränkö (1954) found that light had no effect on the reaction. Reiner also claims the presence of Liesegang ring phenomena in many of his sections taken from blocks of tissue. The present author has never found this phenomenon in impregnated tissue blocks, but it does occur after a time in preparations of tissue squashed under a cover glass in order to study the development of the reaction microscopically (see Bourne 1950).

REINER admits that the specificity of the reaction is reasonably good, he points out that "interferring artefacts are numerous and difficult to avoid" and that "gross diffusion artefacts render the test useless for localization on a cytological level." While it must be accepted that REINER's method of approach to the problem is most valuable in many respects yet his results cannot justify his concluding remarks. They do draw attention, however, to the possible dangers of diffusion but we do not know yet, to what extent, in various organs vitamin C is able to diffuse. DANIELLI (1953) also takes up the problem of diffusion. He points out that histochemical studies on molecules of low molecular weight such as vitamin C, silver nitrate and so on are always suspect because of the complications of diffusion which may even apply to some extent to the reaction product. DANIELLI conceives of a mixing zone in the cell into which both fresh vitamin C and silver nitrate will be continuously recruited. If the final reaction appears in the Golgi region or associated with mitochondria then one of two things must be true. Firstly, the reaction may really be occurring at the surface of these organelles, "but if this is true, it is not with free ascorbic acid that the reaction is occurring but a substance bound to the mitochondria so as to render it non-diffusible. An alternative explanation is that the technique does involve a reaction of silver with free ascorbic acid, but that the results of the reaction appear adsorbed on surfaces which have a high affinity for the reduced silver and which bear no relationship to the distribution of ascorbic acid in the living cell. A second alternative is that diffusible ascorbic acid is released from the interior of the mitochondria by fixation and precipitates silver in a mixing zone on the surface of the mitochondria."

In fact, the mitochondria do not present a surface at which granules of reduced silver readily accumulate, a technique has been evolved for staining them with silver but only after appropriate mordanting—similarly the Golgi apparatus as mentioned before does not present a surface at which silver micelles readily accumulate unless the tissue has been previously treated with salts of heavy metals, so this aspect of DANIELLI's criticism probably does not apply. Studies of the impregnation of squashes of adrenal cortex under the microscope during the process of impregnation show that vitamin C positive granules appear with spectacular suddenness in the cells within one or two seconds of contact with acid silver nitrate solution (BOURNE 1950). This result suggests that at least in the adrenal cortex and in those cells where the reaction is in the form of discrete granules scattered through the cytoplasm the reaction represents a real localization of the vitamin. This conclusion appeared however, to be contradicted by the observations of HAGEN (1954). This author studied titrimetrically the distribution of vitamin C in cytoplasmic fractions obtained by high speed centrifugation of homogenates of ox adrenals and dog liver. He found that about 90% of the vitamin C of both cortex and medulla of the adrenals and of the liver was present in the supernatant and that the sediment from high speed centrifugation contained only 10% or less of the total vitamin C. This seemed to suggest that the cytochemical results alleging an association of vitamin C with formed elements in the cells are erroneous.

The present author (1953) has carried out a number of experiments designed as an attempt to elucidate the problem of intra-cellular localization of vitamin C. These experiments were carried out on ox and rat adrenal and on human adrenal obtained from operation. Frozen sections of all these glands were made and dropped into acid silver nitrate, some were mounted after subsequent treatment with sodium thiosulphate and some without. No evidence was obtained that the thiosulphate-treated sections had more silver granules aggregated in the Golgi region than those not treated with thiosulphate. The various glands (twenty rat adrenals were compounded together to give enough material) were homogenized in 0.4 molar sucrose. A drop of each homogenate was placed on a slide mixed with a drop of acid silver nitrate, and a coverslip was placed on the mixture which was then examined at once under the microscope. A fine granular precipitate covered the whole of the drop of the homogenate, a few larger and more irregular granules were also present. This result suggested that the vitamin C was, in the main, uniformly distributed through the homogenate. Samples of the homogenate of all three types of adrenal were then spun in a centrifuge at 18,000 g for one hour. This sedimented all mitochondria and most of the microsomes. The supernatant from such centrifugations rapidly reduced acid silver nitrate but the sediment after three washings in sucrose solution turned only a light grey colour, i. e. slightly positive after treatment with the reagent. Under the microscope it showed an occasional black granule about 1—2 μ in diameter, but the rest of the particulate matter was virtually colourless. The protein in other samples of the supernatant was then precipitated with tri-chlor-acetic acid and was filtered, washed, and treated with acid silver nitrate. It went a dark brown colour which could be removed by treatment with gold chloride. The supernatant rapidly reduced silver nitrate solution. These results were identical with the three types of gland used. The human adrenal, however, gave a much less intense reaction with silver nitrate than the other adrenals. This may have been due to one or other of three factors, (1) the patient had received cortisone for three days prior operation, (2) the patient was suffering from mammary carcinoma, (3) the patient was receiving an inadequate intake of the vitamin. There is evidence, however, that cortisone does not cause loss of vitamin C from the adrenal.

It appears that these experiments support Hagen's findings that vitamin C is diffused in the cell and is not associated with any cytoplasmic particles.

However, in a study published a few years ago some good evidence was provided by the present author (Bourne 1950) that vitamin C was associated with particulate material in the adrenal cortical cell. In this work small pieces of adrenal cortex were squashed between cover-slip and slide, a drop of acid silver nitrate was placed in contact with the squash, and its diffusion through the latter observed under the microscope. First of all a clear fringe advanced (this probably contained hydrogen ions—PALADE and CLAUDE [1949 a, b] showed that hydrogen ions moved through such squashes faster than other ions in mixed fixatives). Following the clear fringe was a faint yellow zone. After this zone passed across a given group of cells there was a lag period of 4 or 5 seconds and then suddenly a number of black granules appeared in the cytoplasm of the cell. The rapidity with which these granules appear is of interest in view of the statements by some authors that the vitamin C is diffused through the cytoplasm, and because of the results of HAGEN. The apparent localization of the silver nitrate granules in the formed elements of the cell, it has been suggested, may be due to the aggregation of the silver micelles in these regions following their formation in the cytoplasm. If this were the case, one would expect the granules to come slowly into view, but in fact they appear with startling suddenness: one moment there is nothing and the next moment they have appeared. This suggests that the vitamin is, in fact, associated with particulate material and that the silver nitrate is reduced by the vitamin *in situ*. The granules which develop in this way are fairly evenly distributed through the cell and they are of regular shape and size. This is the distribution shown by the reaction in most of the fasciculata and reticularis cells, although not by all of them. There may be considerable areas of the cortex, in adrenals fixed and impregnated in the usual way by the reagent, in which very little particulate reaction is present and in which such positive granules as occur are in the Golgi region; the reaction in the cells of the zona glomerulosa is almost uniformly in the Golgi region. Although there has been some disagreement as to whether the normal Golgi fixatives do or do not produce myelin figures in cells there is no doubt that acid silver nitrate will produce them in the adrenal cortical cells after about 15 minutes. These myelin figures do not blacken with the silver nitrate though positive granules may be associated with them.

The results described here appear therefore to be at variance with the findings of HAGEN, however, the results obtained by M. R. LEWIS (1948) and in further experiments by the present author may perhaps harmonize them.

M. R. LEWIS found that if mice are fed on nile blue sulphate, fine blue granules may be seen scattered through the body of many of the cells of the adrenal cortex. She found the distribution, shape and size of these granules to be identical with the silver nitrate granules and concluded that the dye showed the localization of vitamin C in the adrenal cortical cell. It is of interest that DALTON and FELIX (1954) have found that Golgi material isolated from epididymal cells by differential centrifugation stains with nile blue sulphate although in the isolated intact cells it does not stain. This raises the question as to whether the granules present in the adrenal cortical cell represent Golgi material. The present author has reproduced LEWIS's results in both rat and mouse adrenals. If, however, adrenals from animals which have been treated with nile blue sulphate are homogenized, the blue granules from the cortical cells can be seen in the homogenate, but they do not reduce acid silver nitrate. Hence in the living cell these granules appear to contain vitamin C, but once the structural organization of the cell is destroyed by homogenization the vitamin C appears to be released into the fluid part of the homogenate which eventually becomes the supernatant. The loose association of vitamin C with these nile blue sulphate granules may explain the very variable results one obtains both with individual sections of the one adrenal and from one adrenal to another, and also the rapid discharge of ascorbic acid from the adrenal cortex under hormonal (ACTH) and other stimulation. It is of interest that Sumerwell and Sealock (1952) have described a bound form of ascorbic acid in the liver which is readily dissociated. These results do not help us to decide whether or not these granules are representatives of the Golgi apparatus but the present author is inclined to the belief that they are derived from it. The presence of vitamin C in the Golgi region of the zona glomerulosa cells seems fairly definite and, although considerable variation occurs here too, the vitamin C does seem to be more firmly bound to the Golgi region of the cell in this zone than it does to the nile blue granules in the other zones. Eränkö (1954) in an exhaustive investigation of the silver nitrate-vitamin C reaction in the adrenal cortex has also shown that the vitamin C is distributed as small granules more or less uniformly through the cytoplasm of the cortical cells.

Lacy (1954) has found no vitamin C in the Golgi apparatus of the mouse pancreas and Dalton and his co-workers (Dalton and Felix, 1954, Schneider and Kuff, 1954) have not found any of the vitamin in preparations of isolated Golgi substance obtained from centrifuged homogenates of epididymal cells. This may be due to the phenomenon already suggested for the adrenal cortical cell or it may be due to the fact that the Golgi material in these cells does not contain the vitamin; there do not appear to be any claims in the literature that in these tissues it does, and there seems no basis for asserting that vitamin C is present inevitably in the Golgi apparatus in all cells although there are indications (Bourne 1951) that it may be present there in a considerable variety of cells.

Further study of this problem by Eränkö have contributed more information of value to the problem of diffusion. He studied fresh frozen and frozen dried sections and impregnated blocks of tissue which were later cut in the usual way. Incidentally this is the first time that the silver nitrate reaction has been applied to frozen-dried sections. Eränkö found that the latter and also fresh frozen sections cut at 40 μ blackened almost instantaneously when placed in the acid silver nitrate reagent, and that after 5 seconds no new granules appeared at least within 10 minutes, or in the adrenal even after prolonged treatment. He points out that such a rapid reaction permits the use of a short period of silver nitrate treatment and that this increases the specificity of the test for vitamin C. He found the granules varied considerably in shape and size and that coarse juxta-nuclear granules were found in some cells. There did not appear to be any difference in cytological distribution of the granules in fresh frozen and frozen-dried sections. The number of granules was reduced in the adrenal cortex of rats treated with ACTH. Eränkö studied also the diffusion of vitamin C from spots placed on a filter paper and of vitamin C from sections placed alongside them. The passage of acid silver nitrate through the filter paper carried the reaction some distance from the point of location of the vitamin spot or the section, so in histochemical preparations the reagent might carry the vitamin C before it with its advancing front. However, there is evidence from squashed tissue preparations with the reagent that this is not so. It might be noted too that in ERÄNKÖ's chromatogram experiments the diffusion of vitamin C from the adrenal sections is almost certainly coming from the cut cells on the surfaces of the sections. It is unlikely that the vitamin is being carried through the intact cells. In damaged cells as has been shown by the centrifugation experiments of BOURNE (1955) vitamin C appears to be discharged from its association with particulate matter in the cell. However, ERÄNKÖ believed that in whole glands immersed in the reagent diffusion phenomena occur. This is due he thinks, to the prior penetration of the solvent and the slower penetration of the silver nitrate (previously reported by BOURNE 1950) which carries the vitamin C before it. However, it should be noted that ERÄNKÖ's experiments do not actually demonstrate that vitamin C is carried by the solvent in *intact* cells, in fact his own experiments on the adrenal squashes and the present authors on the same subject suggest that the opposite is true. However, it is of interest that ERÄNKÖ found that tangential sections of the adrenal gland—incorporating capsule and zona glomerulosa only, showed no reaction with acid silver nitrate. This is in keeping with the findings of a number of other authors. He believes that the positive reaction in these regions in whole impregnated glands shown by others is due to diffusion. ERÄNKÖ's paper is a most valuable contribution to this very controversial subject. The distribution of vitamin C in the adrenal cortical cell was also investigated (BOURNE 1956 b) using an acid solution of selenium dioxide (see LEVINE 1936). This is as specific for vitamin C as is acid silver nitrate and is reduced by the vitamin to a reddish yellow precipitate of selenium. This technique has the advantage of not requiring the use of "hypo" and in addition there is no reaction between the selenium and sodium chloride to produce a light sensitive compound (cf. silver chloride in the silver nitrate reaction). Using such a reagent the reaction was found to be in the form of small granules scattered in the cytoplasm of the cortical cells.

Physiological interpretation of the role of vitamin C in the cell is invidious in the absence of certainty regarding the accuracy of intracellular localization. In any case the function of the vitamin remains obscure. Certain facts have emerged but the vitamin has not been shown yet to be a part either as co-enzyme or otherwise of any of the recognised enzyme systems, as for example members of the vitamin B complex have been.

Despite the doubts however concerning the intracellular distribution of vitamin C, a summary should be given of the evidence in favour of the localization of vitamin C in the Golgi region of some cells. The first evidence is of course derived from the identity between many vitamin C preparations and Golgi preparations of the same organ and there is evidence that in some cells the vitamin may be associated with the mitochondria instead of, or as well as, with the Golgi material. It may be that the Nile blue staining granules in the adrenal cortex to which vitamin C appears to be attached, may in fact be mitochondria, and not Golgi representatives. GIROUD and LEBLOND (see GIROUD 1939) and TONUTTI (1934, 1938, 1939) have published some extremely convincing figures which suggest a very precise localization of vitamin C in the Golgi material. In the histogenesis of chick embryos at about the 10th day vitamin C preparations of the liver cells are identical with Golgi preparations. This is also so in certain nerve cells In the dividing cartilage cells of developing chick embryos it was shown by BARNETT and BOURNE (1942) that the vitamin C reaction was distributed around the spindle figure and chromosomes in exactly the same manner as the Golgi substance.

In one of his papers RIES (1935) figured the egg of *Aplysia* stained to demonstrate granules of vitamin C. These granules, according to HIRSCH appear to represent Golgi pre-substance. MIWA (1939) has shown that the decrease in size of the Golgi apparatus in the damaged liver of rabbits is similar to the decrease in size shown by the area containing vitamin C. There was a parallel increase in the Golgi apparatus and the vitamin C staining area in the liver and capsule of the rabbit after injection of vitamin C. In scurvy in the marmot, MIWA showed a roughly parallel decrease in Golgi apparatus and vitamin C staining area in kidney and liver cells, and again injection of vitamin C into a scorbutic marmot caused a parallel increase in Golgi apparatus and the vitamin C staining area in liver capsule and kidney cells. HIRSCH demonstrated that if strips of intestine of stained Ascaris were incubated in a 0.1% solution of vitamin C the cells absorbed the vitamin and concentrated it in the Golgi apparatus. HIRSCH believed that the cells absorbed the vitamin in a finely divided form which could not be made microscopically visible (probably molecular diffusion) and that it then concentrated the vitamin in the Golgi apparatus. The present author has obtained similar results with rats' intestines incubated with vitamin C in normal saline.

HIRSCH believes that the vitamin C first penetrates through the externum of the Golgi apparatus, but that it eventually passes into the internum and is concerned with the formation of the product which the Golgi apparatus is presumed to synthesise.

Fibroblasts in culture give very little reaction with acid silver nitrate and occasionally show a few granules associated with the idiozome, i. e. in the region of the Golgi apparatus. However, in fibroblasts which contain a good deal of fat the Golgi apparatus is fragmented into small granules which are sometimes attached to the droplets of fat. Vitamin C granules are distributed in such fibroblasts in an identical fashion to the granules of Golgi material. TONUTTI has injected trypan blue into animals and finds that it tends to be located in the Golgi region of the cells. A fact which has been reported many times before (see JASSWOIN). In fact, the trypan blue appears to be localized at first in the Golgi region in the form of granules and then as the latter increase in number they pass into the body of the cell. TONUTTI found that vitamin C if injected with trypan blue could also be localized in the Golgi region of kidney and decidual cells by the acid silver nitrate technique and that granules of the dye which passed into the cytoplasm could be seen to contain a black granule after treatment with the reagent. It appears that in these organs the vitamin C is aggregated into the Golgi apparatus in the same way as the trypan blue. It may be that vitamin C is passed across the kidney tubules and decidual cells by being transported attached to or contained in, fragments of Golgi material. FISCHER hat demonstrated that in artificially induced diuresis in the white mouse the Golgi apparatus of the tubule cells shows a periodical reversal of polarity. In vitamin C preparations of the metanephros of the chick embryo the granules of vitamin C can be seen to occupy a series of positions similar to those figured by FISCHER for the Golgi apparatus in mouse tubule cells. So it may be that the Golgi apparatus actually moves across the cell and ferries the vitamin C across. It seems from these results that vitamin C does not diffuse freely across the cell. BAKER has demonstrated that the vitamin C reaction in oocytes is localized in the osmiophilic portion of the Golgi element and in the acrosome of newt spermatozoa.

In studies on the adrenals and ovaries of rats HOCH-LIGETI and BOURNE (1948) found that the distribution of vitamin C in the adrenal cortical cells seemed to undergo a series of cycles in which the vitamin was periodically associated with the Golgi material.

In a single organ such as the ovary, HOCH-LIGETI and BOURNE showed that there are some cells, in a particular tissue only (i. e. zona granulosa cells)—which show a concentration of granules when those of surrounding tissues do not. Furthermore these zona granulosa cells show a positive Golgi reaction only at a particular stage of these œstrus cycle. If the localization of vitamin C in the Golgi region was an artefact one would expect cells of parts of the organ other than the zona granulosa to show it.

A further experiment by the present author might be described here. The adrenal of a rat was ultra-centrifuged at 300,000 g for 45 minutes. It has been shown by DORNFIELD that when this is done the contents of the cell become stratified. The nucleus is thrown centrifugally together with the mitochondria. The Golgi apparatus is situated above the nucleus (centripetal to it) and is often broken up into small granules. In the medullary cell the nucleus is of a different specific gravity relative to the cytoplasm and is thrown centripetally although the chromatin which it contains is thrown centrifugally within the nuclear membrane. The Golgi apparatus is centripetal to the nucleus and the mitochondria are thrown centrifugally. Upon applying the acid silver nitrate technique to such an adrenal some cells in cortex and medulla showed granules localized in both mitochondrial and Golgi regions, some showed granules located almost entirely in the Golgi region and some almost entirely in the mitochondrial region. These findings lend support to the claim that the distribution of vitamin C in the adrenal cortical cell varies according to the physiological state of the cell, and it supports the claim that vitamin C may on occasions actually be found in the Golgi apparatus. The fact that in some cells positive granules are found only in the mitochondrial section suggests that the nile blue sulphate staining bodies in the adrenal cortical cell described earlier in this review and to which the vitamin C seems to be attached are mitochondrial in nature.

The present author is of the opinion that the results listed here make it impossible to dogmatize one way or the other about the intracellular distribution of vitamin C with the exception that one can say that vitamin C is almost certainly not diffused freely in the cytoplasm *in vivo*.

V. The Function of Vitamin C in the Animal Cell

It has been known for many years that vitamin C deficiency had a disastrous effect on many tissues of the body in particular upon the connective tissues. The early literature of scurvy abounds with references to fractures which would not consolidate and wounds that would not heal. Höjer in 1923 showed a degeneration of connective tissue throughout the body in vitamin C deficiency and later work has shown in experimental scurvy in animals that there is a direct relationship between the degree of healing—that is the rate of formation of fascial scars—in wounds and the dose of vitamin C. For details of this work, see Bourne 1956 a. It is of interest too that Lauber and Rosenfeld (1938) found that there was an increase of local vitamin C concentration round a wound.

The present author and a number of others have shown an inhibition of collagen formation in healing skin wounds and in fractures, in other words, the synthetic activity of the fibroblast cells in production of collagen is inhibited in scurvy or in partial scurvy. The relation between vitamin C and collagen production seems now to be definitely established. Jeney and Törö in 1936 found that if vitamin C is added to the culture medium in which fibroblasts were being grown fibres were produced more rapidly. Mazoué (1937) demonstrated a close association between the dose of vitamin C and the time of first appearance of fibroblasts and fibres around Kieselgur injected intra-peritoneally into a guinea-pig and in the organization of a clot produced by severing the limb muscles of guinea-pigs—Querido and Gaillard (1939) demonstrated the relation between the vitamin and the production of collagen fibres by culturing osteogenetic cells from the chick in three types of plasma. Those used were from (1) scorbutic guinea-pigs, (2) scorbutic guinea-pigs, but with crystalline vitamin C added to it, (3) scorbutic guinea-pigs which had been treated with large doses of vitamin C for a few days before the experiment. Hardly any fibres were formed by the cells in (1) but in (2) and (3) fibres were formed as rapidly as in normal plasma but the cells in the scorbutic plasma showed fatty degeneration. Various other authors, Hunt (1941), Bourne (1942) and Danielli, Fell and Kodicek (1943) showed also that there was a delay in the change from pre-collagen to mature collagen in scorbutic guinea-pigs. The latter authors also showed a lack of phosphatase in the wounds of deficent animals, see also Bunting and White (1948). The present author (1946) found a deficiency of phosphatase in healing scorbutic bones, but this appeared to be due not so much to the fact that there was less phosphatase but that there was less phosphatase-containing osteoid formed. DANIELLI and his co-workers showed that as the pre-collagen fibres matured into collagen they lost their phosphatase. So vitamin C in these cells appears to be associated with two processes—(1) The secretion of pre-collagen, (2) the extracellular maturation of pre-collagen into collagen. There is no certain knowledge as to how vitamin C may affect these two processes partly because the precise mechanism of formation of these fibres is still in doubt. WOLBACH and HOWE (1926), for instance, claimed that collagen fibres were produced in the intercellular ground substance by a sort of jellying process and that in scurvy it was this process which was affected, the cells remaining more or less normal. This view is supported by a number of other workers, e. g. DALLORF (1939). Others, e. g. HÖJER (1923), FISH and HARRIS (1934) and HAM and ELLIOTT (1938) considered that it is the cells which are affected in scurvy. Recent support for this contention has been obtained by HILL and BOURNE (1956) using S^{35} labelled sulphate they found that in normal animals the sulphate was rapidly taken up by cartilage cells and incorporated probably into sulphated mucopolysaccharides and excreted from the cell into the intercellular matrix. In scorbutic animals, while the cells seem still to be able to take up the labelled sulphate they do not appear able to incorporate it into the matrix. In the cartilage of such animals for example, autoradiographs show a strong reaction above the cartilage cells but very little above the matrix.

It is of interest, in connection with the relation of vitamin C to matrix formation that many mesenchyme cells in 5 day old chick embryos contain vitamin C granules. It was shown by BARNETT and BOURNE 1947 that in certain sites the mesenchyme cells became chondroblastic and the process of this transition was signalled by the withdrawal of their processes and the appearance of a mucinoid matrix—the resulting tissue being precartilage. Prior to this change, however, an increased amount of vitamin C appeared in the cells, being localized particularly in the processes. A similar cycle was found in the cells of cartilage undergoing accretionary growth.

In the light of other findings it may well be that the accumulation of vitamin C in these cells is associated with the production of ground substance. It is of interest that mature cartilage and connective tissue cells do not contain significantly demonstrable amounts of vitamin C and yet they are, of course, amongst the first cells to be affected by deficiency. It may be that in the resting condition they take up just enough vitamin C for their metabolic requirements and never accumulate detectable amounts. How the vitamin is used in the production of collagen or of ground substance it is impossible to say at present.

It should be mentioned that in scurvy WOLBACH and MADDOCK (1952) found that cartilage cells did not produce matrix, that they developed an abnormal appearance, and became shrunken and irregular, the nuclei stained very deeply with basic dyes and the cells were separated from each other by small quantities of material which did not give the normal staining reaction for matrix. The results of Reddi and Norström (1954) in which they found that the incorporation of sulphate into chondroitin sulphate is reduced to about 1/3 in scurvy supports the previously quoted work by Hill and Bourne (1956). Ffriburg and Ringertz (1954) have also found a reduction in uptake of radioactive sulphur all over the body in scurvy. Follis (1951) has shown that in cartilage cells in scorbutic guinea-pigs there is no histochemically detectable cytochrome oxidase, no mucopolysaccharide and a reduction in ribonucleic acid and in glycogen.

It has been suggested that (Neumann, see Bourne 1956 a) in the secretion of collagen small collagen units are synthesised in the cells with their free groupings attached to phosphate, during secretion it is thought that phosphatase removes the phosphate and the units then link up to form a fibre. Phosphatase in fact seems to be incorporated into or to surround closely the individual fibres on formation and in scurvy although the phosphatase reaction is decreased in healing wounds of both flesh and bone this is probably due to a decrease in the total number of fibres formed. The reaction in individual fibres, does not appear to be significantly affected, so far as it is possible to tell. This suggests that vitamin C is concerned with the production of the collagen units rather than with their subsequent linking up to form fibres. The significance of the association of the vitamin with matrix production is difficult to assess. Perhaps it forms a structural component—Gersh and Catchpole (1949) have shown that fibroblasts contain a glycoprotein to which a CHO radical is attached—this they believe might be a precursor of ground substance and it is possible that this glycoprotein may be derived in part from ascorbic acid.

Although there is a reduction in the amount of fibrous material formed in scurvy Penney and Balfour (1949) claimed that in wounds in scorbutic guinea-pigs there was a good deal of metachromatic material (acid mucopolysaccharide) furthermore an increased concentration of periodic acid-Schiff positive material was found associated with the edges of long trabeculae in costo-chondral junctions (Hill and Bourne 1954). Bunting and White (1948) also demonstrated increased formation of mucopolysaccharides in scurvy. According to Bradfield and Kodíček (1951), this increased mucopolysaccharide was abnormal, it was not removed by amylase or hyaluronidase and was non-sulphated. This correlates with the findings by Hill and Bourne (1956) and by other authors (previously mentioned) that radioactive sulphur is not incorporated into ground substance in scurvy.

Kodíček and Loewi (1955) showed, using S^{35}, that granulation tissue both *in vivo* and *in vitro* readily fixed sulphate (see also Layton 1950), but that any treatment in the latter which disrupted the cells prevented the uptake. The authors obtained evidence that the S^{35} was being used for the formation of a sulphated polysaccharide and that the normal functioning of respiratory processes and the presence of SH groups was necessary for such sulphation to take place. They also obtained evidence that the uptake of sulphate or the intra-cellular transport of sulphate required oxidative phosphorylation, but not glycolysis. The largest uptake of sulphate appeared to be, according to these authors, when relatively large amounts of polysaccharide were present in the granulation tissue and there was an appearance of large numbers of few fibres and they suggest that sulphation of polysaccharide is an essential precursor of collagen formation. The effect of vitamin C deficiency was to reduce the uptake of sulphate by granulation tissue but at the same time the hexosamine content was unaffected. The former finding suggests that the failure of collagen formation in scurvy may be due primarily to the breakdown of the sulphation process upon the success of which collagen formation may depend. This failure of sulphation may, according to Kodíček and Loewi, be due to the formation of an abnormal polysaccharide which cannot be sulphated or to a failure of the enzyme system concerned with this process. Since the authors found that sulphate uptake by granulation tissue is increased by oxygen it may be that failure of sulphation is due to the diminished activity of enzymes concerned with aerobic metabolism already recorded by Harrer and King and by Hill and Bourne (1954).

It is a curious fact that although cortisone injections produce the same results in wound healing as deficiency of vitamin C it is not possible to affect the changes induced by the former by administering vitamin C—even in large doses. See Bourne (1952 and 1956). Persson (1953) made a detailed comparison of the changes in scurvy and those produced by cortisone. These were as follows:—

1. There was an increased concentration of ground substance mucopolysaccharides in scurvy and the concentration of hexosamine within the skin was increased above that of normal animals. This ground substance was in an abnormal state of organization in scurvy, showing an increased solubility in water and a significantly lowered resistance towards penetrating agents, the dermal spread of Evans blue was increased. The water-binding capacity of the skin was also increased in scurvy. In wound repair a depolymerized water-soluble ground substance accumulated in the granulation tissue. This ground substance was metachromatic but gave a positive periodic acid-Schiff reaction. Injection of cortisone caused a marked gelation of the matrix. The dermal spreading of Evans blue was depressed, the amount of hexosamine in the skin was decreased and the dermal water was lowered by comparison with scorbutic animals. In scorbutic animals treated with cortisone the nature of the ground substance changed and became metachromatic but its ability to react with the periodic acid-Schiff reagent was decreased.

Bensley (1934) characterized healing processes as consisting of three stages:—(1) Oedema, (2) Gelation, (3) Fibre production and Persson points out that in scurvy the process stops at the first stage, i. e. at œdema, in cortisone treated animals it stops at the second, i. e. at gelation.

There are thus some differences in the two conditions (scurvy and cortisone treatment), but it might be noted that in both these conditions there is delay in the incorporation of sulphate into chondroitin sulphate (see Layton 1951).

The failure of production of a proper ground substance and of fibres in scurvy is expressed as failure of callus formation in broken bones (see

Bourne 1956). Although the results of vitamin C deficiency are now well known it is difficult to explain precisely what function the vitamin has in normal physiological processes in cells of tissues of mesenchymal origin and what function it has in cells of organs such as the adrenal cortex and the anterior pituitary where it is present in high concentration.

In healing holes in the parietal bones of experimental animals it was found (Bourne 1948) that not only was fibre production and capillary formation delayed in the injured area in scurvy but that there was delayed migration of all the kinds of cells which are normally present in such injured areas and van Wersch has found a loss of alkaline phosphatase activity from osteoblasts in scurvy. Failure of these cells to migrate may of course be due to some interference with the normal pathway of aerobic metabolism. For example, Harrer and King have shown biochemically and Hill and Bourne (1956) histochemically that there is decreased succinic dehydrogenase and cytochrome oxidase in scorbutic tissues. However, it should be stressed that there is no evidence that vitamin C can be regarded as a respiratory catalyst. On the other hand, there is little doubt that it can function as a hydrogen transport agent probably in association with its ascorbone and/or SS-SH system. Lloyd and Sinclair (1953) say that it seems likely that the rôle of vitamin C does not lie in the main pathways by which oxygen is reduced in energy-yielding processes, but in special side-lines of oxidation such as that of tyrosine. It is of interest, nevertheless, that exercise and cold lead to an increased requirement of vitamin C and that Kersten et al. (1955) have shown that vitamin C increases the oxidation rate of diphosphopyridine nucleotide by adrenal cortex mitochondria either with or without the presence of cytochrome oxidase. In vitamin C deficiency the tyrosine metabolism of animals is disturbed and in premature babies without ascorbic supplementation and in scorbutic adults consuming appreciable amounts of tyrosine, increased amounts of tyrosyl substances can be detected in the urine. It has been shown by Sealock and Lan (1947) that scorbutic kidney slices *in vitro* have a reduced ability to oxidise amino acids. Detailed investigations in a number of laboratories have established that "α-ketoglutarate and ascorbate are the major co-factors in the oxidation of tyrosine" (Lloyd and Sinclair 1953). According to these authors, vitamin C can cause *in vitro* depolymerization of certain ground substance components, it is said to inhibit glucuronidase and hyaluronidase. They quote the hypothesis of Meyer on the relation of vitamin C to collagen production as follows:—"the young fibroblast secretes hyaluronic acid, a precursor of collagen and a chondroitin sulphate. By local acidification in the immediate neighbourhood of the cells—possibly ascorbic acid promotes this by catalysis of the oxidation of thiol sulphur to sulphate—denaturation of the native soluble collagen gives insoluble fibres on the surface of which lies a layer of polysaccharides. With ageing of fibres the polysaccharide layer becomes thinner and hyaluronic acid is replaced more and more by chondroitin sulphate. It is possible that ascorbic acid is needed for the removal of hyaluronate—presumably by hydrolysis."

There is no evidence that vitamin C is incorporated into collagen as a structural component so that its relationship to collagen production is presumably along the lines outlined above.

In addition to its relation to tyrosine metabolism and to collagen production there is evidence that vitamin C is concerned in some way with haemopoiesis, complement formation, bacteriacidal and antitoxic action, capillary resistance and detoxification of metals and drugs. According to PURR (1934), it activates amylase activity.

It is of interest in view of the suggested anti-infective effect of the vitamin that it is not normally present in significant amounts in histiocytes, but in lungs infected with pneumonia (TONUTTI and MATZNER 1937) and in healing wounds (BOURNE 1942 b) these cells appear to contain large amounts —as demonstrated by the acid-silver nitrate technique. Blood leucocytes also contain appreciable amounts of vitamin C as shown by chemical estimation.

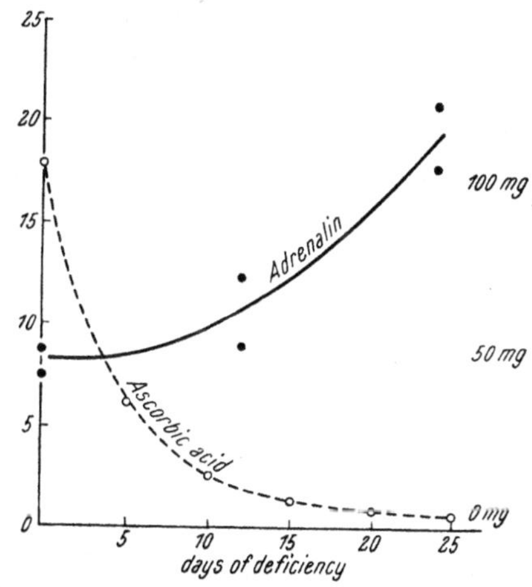

Fig. 48. Variation of adrenalin in the adrenal medulla during the course of scurvy. The increase of adrenalin is very marked in the latter part of the disease.

(From GIROUD and MARTINET, Bull. Soc. Chim. biol. **23**, 456, 1941.)

The wide distribution of vitamin C in the various organs of the chick embryo suggests that the vitamin plays an important part in the development of various organs and tissues.

Probably the most intriguing fact about vitamin C is its distribution in certain steroid hormone producing organs and in the anterior pituitary gland.

It is probably significant that organs such as the adrenal cortex, the corpus luteum and the Leydig cells of the testis produce chemically related hormones which overlap in some respects physiologically (e. g. it was shown by the present author, BOURNE 1938, that progesterone keeps adrenalectomized animals alive) and contain a high content of vitamin C. It is also of interest that rat corpora lutea of œstrus, which are not functional, that is, do not produce progesterone, contain relatively small amounts of vitamin C (HOCH-LIGETI and BOURNE 1948). Furthermore, the zona granulosa cells of a discharged follicle show very little vitamin C, at this stage they are presumably producing œstrone, but as they grow and take on the form of luteal cells and produce progesterone they appear the accumulate vitamin C. GLICK (1936) has shown also that te cells of an œstrin-producing tumour of the ovary contain very little vitamin C.

It is characteristic that, excluding the anterior pituitary gland those endocrines which are rich in vitamin C are rich in cholesterol and/or its esters, fats and phospholipids, carotenoids and glutathione. It has also been shown that physiological conditions (e. g. various types of stress) which cause discharge of the steroid material, particularly in the case of the adrenal cortex, result in loss of vitamin C. A similar result is obtained by the injection of ACTH and the relation between the amount of ACTH injected and the vitamin C retained in the adrenal is so close, that estimation of the adrenal vitamin C has been used for the assay of ACTH preparations. BACCHUS (1954) has shown histochemically a concurrent loss of cholesterol and vitamin C from the adrenal cortex exposed to cold. It is possible that cholesterol and its esters form a convenient storage form of the adrenal cortico-steroids. ACTH converts the cholesterol and its esters into two groups of compounds, those containing C_{19} and those containing C_{21}. These can then by synthesised without further requirement for ACTH into the appropriate adrenal cortical hormones. The C_{21} compounds feed back into the circulation and control the liberation of further ACTH. Where vitamin C fits into this scheme it is impossible to say—it is possible that it plays some part in the transformation of cholesterol to active corticosteroids, but whatever it does it appears to be used up in the process. It is of interest that LONG and colleagues (1951) and KING et al. (1953) found an accumulation of cholesterol in the adrenals of scorbutic guinea-pigs.

KING and his colleagues showed, that the C_{14} labelled carbon of radioactive vitamin C was not incorporated into cholesterol. In progressive scurvy there was an increase in the synthesis of cholesterol and other steroids from acetate and this in severely scorbutic animals reached six times that figure for adrenals of controls. This result may possibly be explained by the fact that the convertion of cholesterol in to cortical ketosteroids in inhibited in the absence of vitamin C.

BOOKER et al. (1955) have found that administration of cortisone to stressed animals prevents a diminution of the vitamin C in the adrenal cortex but does not prevent the loss of cholesterol. RATSIMAMANGA and his colleagues in a series of papers, have attempted to sort out this complicated story. For example, they have found that if normal and scorbutic adrenal homogenates are incubated at 37° C. the former loses its cortical hormone action more slowly than the scorbutic homogenate. This may be due to the action of vitamin C in retarding oxidation in the normal homogenates. If such an homogenate was incubated with cholesterone then steroid substances of the cortisone and corticosterone type were produced but this did not happen with homogenates of scorbutic adrenals. When scorbutic adrenal homogenates were incubated with desoxycorticosterone toxic substances were produced and SENECA and co-workers (1950) showed that normal adrenal homogenates were able to oxidize desoxycorticosterone to cortisone. It is obvious, therefore, that in the absence of vitamin C the scorbutic adrenal metabolizes steroid substances imperfectly. Further papers by these authors showed that scorbutic animals could synthesise, some corticosteroids but those containing C_{11} were present only in small amounts. It appears, therefore, that vitamin C is associated with an enzyme system concerned in steroid synthesis. They also showed that vitamin C plays an important rôle not only in the elaboration of cortical hormones but also at the point of action of the hormone. For example, they demonstrated that the maximum effect of corticoids on muscular glycogen and capability of muscular work can only be obtained if vitamin C is present with the hormone and BACCHUS (1954) has shown that if vitamin C is administered simultaneously with cortisone to adrenalectomized rats the level of 17-hydroxycorticosteroids is maintained for 72 hours and he suggests that the vitamin depresses the metabolism of cortisone by the liver. CORNFORTH and LANG (1953) suggested that cortisone promotes the peripheral oxidation of vitamin C. RATSIMAMANGA and his co-authors picture the cortical hormone as an assemblage of corticosteroids, water-soluble vitamins such as vitamin C and pantothenic acid and possibly also

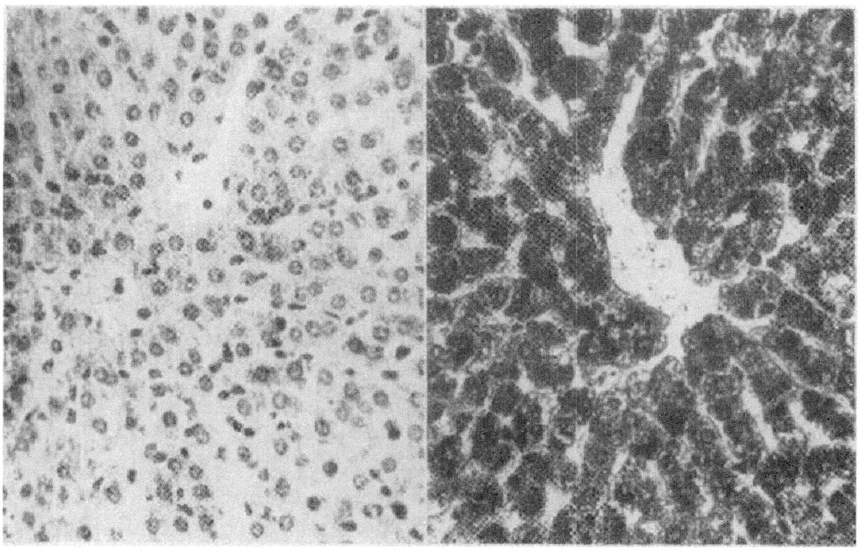

Fig. 49. Difference in glycogen reaction (Best's carmine stain) in liver of scorbutic guinea-pig (left) and guinea-pig receiving 30 mg. daily of vitamin C (right).
(From A. GIROUD after RATSIMAMANGA, L'Acide ascorbique dans la cellule et les tissus. Bornträger, Berlin.)

some enzymes, including co-enzyme A. The decrease of vitamin C in the adrenal cortex following ACTH or stress may be due to the fact that it is used up in steroid production as already mentioned, or it is discharged from the gland into the blood stream. LOWENSTEIN and ZWEMER (1946) suggested in fact that a steroid-vitamin C complex was discharged from the gland following stimulation. However, VOGT (1948) showed that there is no increase in vitamin C in the adrenal vein following stimulation of the gland with ACTH. However, the vitamin may have been present in the oxidized state or associated with the steroid in a way that made it difficult to assay. STEPTO and co-authors (1951) came to the conclusion that there is an optimal ratio between vitamin C and cholesterol in the adrenal cortex for normal steroid production. They pointed out that reduction of some steroids in the adrenal in scurvy might be due to exhaustion of the adrenal due to the "stress" effect of vitamin C deficiency or to diminished production of cortico-steroids due to lack of ascorbic acid available for the synthesis. There is some work which supports the first of these ideas (e. g. HYMAN et al. 1950, TREAGER et al. 1950 and EISENSTEIN and SHANK 1951). The results of these authors do not support the conception that vitamin C is essential in the production of corticosteroids and suggest that other substances may be able to take its place in this process. STEPTO et al. (1951) point out on the other hand that their results support the view that vitamin C is an essential factor in cortical steroid formation. The necessity for ascorbic acid to be present at the target organs for cortical steroids to have their effects is supported by the earlier work of McKEE et al. (1949), but not by SCHAFFENBURG et al. (1950) and PIRANI et al. (1951).

HUGHES et al. (1952) showed that ACTH did not stimulate the cortex of the adrenal gland to produce the oxy-type of adreno-cortical hormones, but it has been claimed by SEALOCK and GOODLAND (1951) that vitamin C can serve as a co-enzyme in a biological oxidation system. DEANE and MORSE in 1948 had previously provided evidence that vitamin C is related to the production of adrenal steroid and in the case of the rat they showed that after hypophysectomy the adrenal loses the ability to form 11-oxygenated corticosteroids and that vitamin C is permanently lost from the cells of the outer fasciculata which appears to be the site of synthesis of these substances. It is of interest that CLAYTON and PRUNTY (1951) found increased keto-steroid excretion by guinea-pigs in scurvy and that STEPTO et al. (1952) found that the adreno-corticotrophin content of the anterior pituitary was increased in vitamin C deficiency.

Most of the work on the relation of vitamin C to steroid hormones has ben carried out with the adrenal cortex, but it is very likely that the function of the vitamin in other steroid-producing organs such as the corpus luteum and the Leydig cells of the testis is fundamentally similar. The apparent lack of association of the vitamin with the production of œstrogens should however, be noted.

Even if we could understand the rôle of vitamin C in the steroid hormone-producing organs we are still faced with the problem of its high concentration in the anterior lobe of the pituitary gland and its greater concentration in the chromophilic cells. The pituitary is the last organ to lose its vitamin C in scurvy. Here again we have the problem of whether its presence is associated with the production of the hormones of the pituitary, in which case it presumably plays a very different rôle from that in the steroid organs or is it functioning non-specifically as a reducing substance—is it excreted with the hormone and does it potentiate the action of the excreted hormone? All these and many other problems of the rôle of vitamin C in the animal cell await solution.

References

ALEXENKO, A., 1930: Z. Zellforsch. **11**, 658.
ALSTERBERG, G., 1941: Z. Zellforsch. **31**, 364.
ASCHOFF, L., and W. KOCH, 1919: Skorbut. Eine pathologisch-anatomische Studie. Gustav Fischer, Jena.
AULT, R. G., et al., 1933: J. chem. Soc. 1419.
BACCHUS, H., 1951: Anat. Rec. (Am.) **110**, 495.
— 1954: Endocrinology **54**, 402.
BARLOW, T., 1894: Lancet **2**, 1075.
BARNETT, S. A., 1942: J. exper. Biol. **19**, 88.
— et al., 1941: Nature (Brit.) **147**, 542.
— and G. H. BOURNE, 1941: J. Anat. (Brit.) **75**, 251.
— — 1942: Quart. J. microsc. Sci. **83**, 259.
— and R. B. FISHER, 1943: J. exper. Biol. **20**, 14.
BARRON, E. S. G., et al., 1935: J. biol. Chem. (Am.) **112**, 625.
BECKER, R. R., et al., 1953: J. amer. Chem. Soc. **75**, 2020.
BENSLEY, S. H., 1934: Anat. Rec. (Am.) **60**, 93.
BESSEY, O. A., and C. G. KING, 1933: J. biol. Chem. (Am.) **103**, 687.
— M. L. MENTEN, and C. G. KING, 1934: Proc. Soc. exper. Biol. a. Med. (Am.) **31**, 455.
BIRCH, T. W., and W. J. DANN, 1933: Nature (Brit.) **131**, 469.
— L. J. HARRIS, and S. N. RAY, 1933: Biochem. J. (Brit.) **27**, 590.
BISKIND, G. R., and D. GLICK, 1936: J. biol. Chem. (Am.) **113**, 27.
— — 1937: Arch. Path. (Am.) **23**, 363.
BOLLE, C., 1902: Z. diät. u. physik. Ther. **6**, 354.
BOOKER, W. M., et al., 1955: Amer. J. Physiol. **181**, 374.
BORSOOK, H. W., et al. 1937: J. biol. Chem. (Am.) **117**, 237.
BOURNE, G. H., 1933 a: Nature (Brit.) **131**, 874.
— 1933 b: Austral. J. exper. Biol. a. Med. Sci. **11**, 261.
— 1933 c: Nature (Brit.) **132**, 859.
— 1934: Austral. J. exper. Biol. a. Med. Sci. **12**, 123.
— 1935 a: Austral. J. exper. Biol. a. Med. Sci. **13**, 113.
— 1935 b: Nature (Brit.) **135**, 148.
— 1935 c: Austral. J. exper. Biol. a. Med. Sci. **13**, 239.
— 1935 d: Austral. J. exper. Biol. a. Med. Sci. **13**, 113.
— 1936 a: Anat. Rec. (Am.) **66**, 369.
— 1936 b: Physiol. Rev. (Am.) **16**, 442.
— 1942 a: Quart. J. exper. Physiol. **31**, 319.
— 1942 b: Lancet **11**, 661.
— 1942 c: J. Physiol. (Brit.) **101**, 327.
— 1948: J. Anat. (Brit.) **82**, 208.
— 1950 a: J. Roy. microsc. Soc. **70**, 367.
— 1950 b: Nature (Brit.) **166**, 549.
— 1951: In Cytology and Cell Physiology. Ed. G. H. BOURNE. Oxford Univ. Press.
— 1952: Intern. Rev. Vit. Res. **24**, 318.
— 1953: Structural changes in vitamin deficiency. In Biochemistry and Physiology of Nutrition. Ed. G. H. BOURNE and G. W. KIDDER.
— 1955: J, Roy. microsc. Soc. **74**, 180.
— 1956 a: In Biochemistry and Physiology of Bone. Ed. G. H. BOURNE. Academic Press, New York.
— 1956 b: Proc. Nut. Soc. (in press).
— 1956 c: In Modern Advances in Geriatrics. Butterworth. London.
BRADFIELD, J. R. G., and E. KORIČEK, 1951: Biochem. J. (Brit.) **49**, xvii.
BUNTING, H., and R. F. WHITE, 1948: Arch. Path. (Am.) **49**, 500.
BUTLER, A. M., and M. CUSHAMON, 1940: J. clin. Invest. (Am.) **19**, 5.
CARRICK, C. W., and S. M. HAUGE, 1925: J. biol. Chem. (Am.) **63**, 115.
CHAYEN, J., 1953: Int. Rev. Cytology **2**, 77.
CLAYTON, B. E., and F. G. T. PRUNTY, 1951: Brit. med. J. **2**, 927.
CONNELL, S. J. B., and S. S. ZILVA, 1924: Biochem. J. (Brit.) **18**, 638, 641.
CORNFORTH, J. W., and D. A. LONG, 1953: Lancet **264**, 160.
DALLDORF, G., 1938: J. Amer. med. Assoc. **111**, 1376.

DALTON, A. J., 1934: Anat. Rec. (Am.) **58**, 321.
— and M. D. FELIX, 1954: Amer. J. Anat. **94**, 171.
DANIELLI, J. F., 1953: Cytochemistry. Wiley & Sons. New York.
— H. B. FELL, and E. KODÍČEK, 1946: Brit. J. exper. Path. **26**, 367.
DANTSCHAKOFF, W., 1908: Anat. H. **37**, 7.
DEANE, H. W., and R. O. GREEP, 1946: Amer. J. Anat. **79**, 117.
— and A. MORSE, 1948: Anat. Rec. (Am.) **100**, 127.
DEMOLE, V., et al., 1935: Klin. Wschr. **14**, 966.
DORNFIELD, J., 1936: Anat. Rec. (Am.), **65**, 403.
EBBELL, B., 1938: Altägyptische Bezeichnungen für Krankheiten und Symptome. Jacob Dybowad. Oslo.
EISENSTEIN, A. B., and R. E. SHANK, 1951: Proc. Soc. exper. Biol. a. Med. (Am.) **78**, 619.
EMMERIE, A., 1934: Acta neerld. Physiol. etc. **4**, 141.
ERÄNKÖ, O., 1954: J. Histochem. a. Cytochem. **2**, 167.
EULER, H. von, 1933: Arkiv. Kemi. Mineral. Geol. **11 B**, No. 19.
— und M. MALMBERG, 1934: Naturw. **22**, 205.
FELL, H. B., 1925: J. Morph. a. Physiol. (Am.) **40**, 56.
— and J. F. Danielli, 1943: Brit. J. exper. Path. **24**, 196.
FISCHER, 1938: Z. mikrosk.-anat. Forsch. **43**, 342.
FISH, E. W., and L. J. HARRIS, 1934: Phil. trans. roy. Soc. Lond., **B 223**, 489.
FLEISCHHACKER, H., und SCHÜRER-WALDHEIM, 1938: Wien. Klin. Wschr. **51**, 46.
FOLLIS, R. H., 1948: The Pathology of Nutritional Diseases. Blackwell Scientific Publications. Oxford.
— 1951: Bull. Hopkins Hosp., Baltim. **89**, 9.
FRIBURG, U., and N. R. RINGERTZ, 1954: Exper. Cell Res. **6**, 527.
GALVAO, A., et G. CARDOSO, 1934: C. r. Soc. Biol. **115**, 350.
GERSH, I., and H. R. CATCHPOLE, 1949: Amer. J. Anat. **85**, 457.
GIROUD, A., 1938: L'acide ascorbique dans la cellule et les tissus. Protoplasma-Monographien. Gebrüder Borntraeger. Berlin.
— 1951: Les Annales d'Endocrinologie **12**, 733.
— et al., 1935: C. r. Soc. Biol. **120**, 414.
— et al., 1936: J. Physiol. et Path. gén. **34**, 29.
— et al., 1937 a: Gynéc. et Obstétr. **35**, 1.
— et al., 1937 b: Bull. Soc. Chim. biol. (Fr.) **19**, 1105.
— and C. P. LEBLOND, 1934: Bull. Histol. appl. etc. **11**, 365.
— — 1935: Arch. Anat. microsc. (Fr.) **31**, 111.
— — 1936: Nature (Fr.) **138**, 247.
— — 1937: Anat. Rec. (Am.) **68**, 113.
— — 1940: Presse Medicale **82**, 1.
— A. R. RATSIMAMANGA, and M. RABINOWICZ, 1935: C. R. Soc. Biol. **118**, 1311.
— — 1936: Bull. Soc. Chim. biol. (Fr.) **18**, 375.
GLICK, D., 1935: J. biol. Chem. (Am.) **109**, 433.
— 1936: Science **84**, 186.
— and G. R. BISKIND, 1935: J. biol. Chem. (Am.) **110**, 1, 583.
— — 1936 a: J. biol. Chem. (Am.) **113**, 27.
— — 1936 b: J. biol. Chem. (Am.) **114**, 1.
— — 1936 c: J. biol. Chem. (Am.) **115**, 551.
— — 1936 d: J. biol. Chem. (Am.) **113**, 427.
— — 1936 e: Proc. Soc. exper. Biol. a. Med. (Am.) **34**, 866.
GOL'DSTEIN, B. I., et al., 1950: Biokimiya **15**, 414.
GOTH, E., and I. LITTMANN, 1947: Orv. Lap. Nep. **3**, 518.
GOUGH, J., and S. S. ZILVA, 1933: Biochem. J. (Brit.) **27**, 1279.
HAGAN, P., 1954: Biochem. J. (Brit.) **56**, 44.
HAM, A. W., and H. C. ELLIOTT, 1938: Amer. J. Path. **14**, 323.
HARDE, E., 1934: C. r. Acad. Sci. **199**, 618.
HARRER, G. G., and C. G. KING, 1941: J. Biol. Chem. **138**, 111.
HARRIS, L. J., 1933 a: Nature (Brit.) **132**, 27.
— 1933 b: Nature (Brit.) **132**, 605.
— and S. N. RAY, 1932: Biochem. J. (Am.) **26**, 2067.
— — 1933 a: Biochem. J. (Am.) **27**, 580.
— — 1933 b: Biochem. J. **27**, 1303.

HEINEMANN, M., 1936: Acta neerld. Physiol. etc. **6**, 1.
— 1938: J. clin. Invest. (Am.) **17**, 43.
— and P. M. HALD, 1940: J. clin. Invest. (Am.) **19**, 31.
HERBERT, R. W., and E. L. HIRST, 1933: Nature (Brit.) **130**, 205.
HILL, C. R., and G. H. BOURNE, 1954: Brit. J. Nutrit. **13**, X.
— — 1955: Proc. Nut. Soc. **14**, IX.
— and J. D. SMYTH, 1944: Nature (Brit.) **153**, 21.
HIRSCH, A., 1885: Handbook of Geographical and Historical Pathology. Vol II. The New Sydenham Society. London.
HIRSCH, G. C., 1939: Form- und Stoffwechsel der Golgi-Körper. Protoplasma-Monographien. Gebrüder Borntraeger. Berlin.
HIS, W., 1892: Anat. Anz. **7**, 69.
HOCH LIGETI, C., and G. H. BOURNE, 1948: Brit. J. exper. Path. **29**, 400.
HÖJER, I. A., 1923: Acta paediatr. (Schwd.) (Supplement 3).
HÖLST, H., and T. FRÖLICH, 1907: J. Hyg. (Brit.) **7**, 634.
HUGHES, C. D., et al., 1952: Science **116**, 252.
HUNT, A., 1941: Brit. J. Surg. **28**, 436.
HUSZÁK, ST., 1933: Z. physiol. Chem. **219**, 275.
HYMAN, G. A., et al., 1950: Proc. Soc. exper. Biol. a. Med. (Am.) **75**, 470.
JASSWOIN, 1925: Z. Zellforsch. **3**, 741.
JENEY, A., and E. TÖRÖ, 1936: Virchows Arch. **298**, 87.
JOINVILLE, J. S. DE, 1250: Seneschal de Champagne (1250) Writings. New Edition by Claud Menard. Sebastien Cromoisy. Paris 1617.
KENNAWAY, E. L., and M. M. TIPPLER, 1947 a: Brit. J. exper. Path. **28**, 274.
— — 1947 b: Brit. J. exper. Path. **28**, 351.
KERSTEN, W., et al., 1955: Biochem. Z. **326**, 469.
KING, C. G., 1936: Physiol. Rev. (Am.) **16**, 238.
— 1938: J. Amer. med. Assoc. **111**, 1098.
— 1950: J. Amer. med. Assoc. **142**, 563.
— and W. A. WAUGH, 1932: Science **75**, 357.
— et al., 1953: Fed. Proc. **12**, 470.
KLEIN, L., 1938: Anat. Anz. **87**, 14.
KODÍČEK, E., and G. LOEWI, 1955: Proc. roy. Soc. Lond. **B 144**, 100.
LACY, D., 1954: Nature (Brit.) **173**, 1235.
LAUBER, H. J., und W. ROSENFELD, 1938: Klin. Wschr. **17**, 1587.
LAYTON, L. L., 1951: Proc. Soc. exper. Biol. a. Med. (Am.) **76**, 596.
LEBLOND, C. P., 1934: La vitamine C dans l'organisme. Thesis, University of Paris.
— and W. U. GARDNER: Anat. Rec. (Am.) **72**, 119.
LEVER, J., en J. M. SEDEE, 1951: Kon. Ned. Akad. Wetenschap. **54**, 53.
LEVINE, V. E., 1936: Proc. Soc. exper. Biol. a. Med. (Am.) **35**, 231.
LEWIS, M. R., 1948: Anat. Rec. (Am.) **102**, 37.
LILLIE, F. R., 1908: The development of the chick. New York.
LIND, J., 1753: Treatise on scurvy. S. Crowder. London.
LLOYD, B., and H. SINCLAIR, 1953: Biochemistry and Physiology of Nutrition. Vol. I, Ed. G. H. BOURNE. Academic Press. New York.
LONGNECKER, E., et al., 1940: J. biol. Chem. (Am.) **135**, 407.
LOWENSTEIN, B. E., and R. L. ZWEMER, 1946: Endocrinology **39**, 63.
LUDFORD, R. J., 1928: Proc. roy. Soc., Lond. **B 103**, 288.
MANCEAU, P., et al., 1936: Bull. Soc. Chim. biol. (Fr.) **18**, 1623.
MAZOUÉ, H., 1937: Arch. Anat. microsc. (Fr.) **33**, 129.
— 1939: Arch. Anat. microsc. (Fr.) **35**, 91.
MCKEE, R. W., et al., 1949: Endocrinology **45**, 21.
MELKA, J., 1936: Pflügers Arch. **237**, 216.
MENSHIKOV, F. K., 1938: Trans. Novosibirsk Inst. Sci. Nutrit. **2**, 17; Abstract in Nutrit. Abstr. a. Rev. 1939, **9**, 378.
MIWA, A., 1939: Orient. J. Dis. Infants (Jap.) **26**, 3.
MOORE, T., and S. N. RAY, 1932: Nature (Brit.) **130**, 997.
MOURIQUAND, G., et A. COEUR, 1935: C. r. Soc. Biol. **119**, 615.
MUSULIN, R. R., et al., 1939: J. biol. Chem. (Am.) **129**, 439.
NEEDHAM, J., 1934: Biol. Rev. **9**, 1.
NEUMANN, H., 1956: See Phosphatase and Bone by G. H. BOURNE. In: Biochem. a. Physiol. of Bone. Ed. G. H. BOURNE. Academic Press. New York.

NIGEON-DUREUIL, M., 1951 a: J. Physiol. et Path. gén. **43**, 837.
— 1951 b: C. r. Soc. Biol. **145**, 984.
— 1951 c: C. r. Soc. Biol. **145**, 363.
— et al., 1954 a: J. Physiol. et Path. gén. **46**, 482.
— et al., 1954 b: C. r. Soc. Biol. **148**, 47.
— et al., 1955 a: J. Physiol. et Path. gén. **47**, 254.
— et al., 1955 b: C. r. Soc. Biol. **149**, 1203.
— et A. R. RATSIMAMANGA, 1955: C. r. Soc. Biol. **149**, 21.
PALADE, G. E., and A. CLAUDE, 1949 a: J. Morph. (Am.) **85**, 35.
— — 1949 b: J. Morph. (Am.) **85**, 71.
PEARSE, A. G. E., 1953: Histochemistry, Theoretical and Applied. J. & A. Churchill Ltd. London.
PENNEY, J. R., and B. M. BALFOUR, 1949: J. Path. a. Bacter. **61**, 171.
PERSSON, B. H., 1953: Studies on Connective Tissue Ground Substance. Almquist & Wiksells. Upsala.
PIRANIA et al., 1951: J. exper. Med. (Am.) **93**, 217.
PURR, A., 1934: Biochem. J. (Brit.) **28**, 1141.
QUERIDO, A., en P. J. GAILLARD, 1939: Acta Neerld. Physiol. etc. **9**, 70.
RABINOWICZ, M., et A. R. RATSIMAMANGA, 1954: C. r. Soc. Biol. **148**, 971.
RAHANDRAHA, T., et A. R. RATSIMAMANGA, 1954: J. Physiol. et Path. gén. **46**, 507.
— — 1955: C. r. Soc. Biol. **149**, 1206.
RATSIMAMANGA, A. R., 1950: Bull. Soc. sci. Hyg. aliment. **38**, 1.
— et L. ZIZINE, 1953: C. r. Soc. Biol. **147**, 378.
RAY, S. N., 1934: Biochem. J. (Brit.) **28**, 189.
REDDI, K. K., and A. NORSTRÖM, 1954: Nature (Brit.) **173**, 1232.
REICHSTEIN, T., et al., 1933: Helvet. chim. Acta **16**, 1019.
REINER, C. B., 1952: Proc. Soc. exper. Biol. a. Med. (Am.) **80**, 455.
RIES, 1935: Z. Zellforsch. **23**, 63.
ROHMER, P., et al., 1938: C. r. Soc. Biol. **127**, 3.
SAYERS, G., et al., 1945: Endocrinology **37**, 96.
— — 1946: Endocrinology **38**, 1.
SCHAFFENBURG, C. et al., 1950: Proc. Soc. exper. Biol. a. Med. (Am.) **74**, 358.
SCHNEIDER, W. C., and E. L. KUFF, 1954: Amer. J. Anat. **94**, 209.
SEALOCK, R. R., and R. L. GOODLAND, 1949: J. biol. Chem. (Am.) **178**, 939.
— and T. H. LAN, 1947: J. biol. Chem. (Am.) **167**, 689.
SIEHRS and MILLER, 1934: J. Nutrit. (Am.) **8**, 221.
SILVER, G., 1942: Anat. Rec. (Am.) **82**, 507.
SMITH, TH., 1895: U. S. Dept. Agric. Bureau of Animal Industry. Ann Rept., p. 172.
SOSA, J. M., 1952: Exper. Cell Res. **3**, 184.
STEPTO, R. C., et al., 1951: Endocrinology **49**, 755.
— — 1952: Fed. Proc. **11**, 429.
SULKIN, N. M., See BOURNE 1956 c.
SUMERWELL, W. N., and R. R. SEALOCK, 1952: J. biol. Chem. (Am.) **196**, 753.
SVIRBELY, J. L., 1933: Biochem. J. (Brit.) **27**, 960.
— 1935: Biochem. J. (Brit.) **29**, 1547.
— and A. SZENT-GYÖRGYI, 1932 a: Nature (Brit.) **129**, 576.
— — 1932 b: Biochem. J. (Brit.) **26**, 865.
SZENT-GYÖRGYI, A., 1928: Biochem. J. (Brit.) **22**, 1387.
— 1933: Nature (Brit.) **131**, 225.
— and W. N. HAWORTH, 1933: Nature (Brit.) **131**, 32.
TILLMANS, J., et al., 1928: Z. Unters. Leb.mitt. **56**, 272.
— — 1932: Z. Unters. Leb.mitt. **63**, 267.
TONUTTI, E., 1937: Z. mikrosk.-anat. Forsch. **42**, 221.
— 1938: Protoplasma **31**, 151.
— 1939: Z. Vitaminforsch. (Schwz) **9**, 349.
— und K. H. MATZNER, 1937: Z. mikrosk.-anat. Forsch. **42**, 193.
— and E. PLATE, 1937: Arch. Gynäk. **164**, 385.
TREAGER, H. S., et al., 1950: Proc. Soc. exper. Biol. a. Med. (Am.) **75**, 517:
TUBA, J., et al., 1946: Canad. J. Res. **24**, 182.
UOTILA, U. U., 1939: Anat. Rec. (Am.) **75**, 43.
VARGHA, L. V., 1932: Nature **130**, 847.
VOGT, M., 1948: J. Physiol. (Brit.) **107**, 239.

WALTER, R., 1748: A Voyage round the World. J. & P. Knapton. London.
WEEL, P. B. VAN, 1939: Rep. Strangeways Res. Lab. Cambridge, p. 8.
WERSCH, H. J. VAN, 1954: Scurvy as a Skeletal Disease. Dekker and Van de Vegt. Utrecht.
WESTERGAARD. B., 1934: Biochem. J. (Brit.) **28**, 1212.
WILCOX, W. H., 1922: Official History of the War. I, 409.
WILLIER, B. H., 1939: In: Allen's Sex and Internal Secretion. London.
WOLBACH, S. B., and P. R. HOWE, 1926: Arch. Path. (Am.) **1**, 1.
— and C. L. MADDOCK, 1952: Arch. Path. (Am.) **53**, 54.
WOLF-HEIDEGGER, G. VAN, 1941 a: Schweiz. med. Wschr. **71**. 347.
— 1941 b: Schweiz. med. Wschr. **71**, 413.
— 1942: Z. Vitaminforsch. (Schwz) **12**, 52.
YAVORSKY, M., P. ALMADEN, and C. G. KING, 1934: J. biol. Chem. (Am.) **106**, 525.
ZILVA, S. S., 1924: Biochem. J. (Brit.) **18**, 182, 186.
— 1927: Biochem. J. (Brit.) **21**, 689.
— 1928: Biochem. J. (Brit.) **22**, 779.
— 1930: Biochem. J. (Brit.) **24**, 1687.
— 1932: Biochem. J. (Brit.) **26**, 2182.

Acknowledgments

We are indebted to the following for permission to reproduce the illustrations:—

Professor A. GIROUD: Figs. 3, 39, 41, 43, 48, and 49.
Drs. A. GLICK and G. BISKIND: Figs. 4, 5, and 32.
Dr. S. S. ZILVA: Fig. 7.
Dr. C. P. LEBLOND: Figs. 8, 41, and 43.
Dr. H. DEANNE and A. MORSE: Figs. 35 and 36.
Dr. G. VAN WOLF-HEIDEGGER: Figs. 42, 46, and 47.
Dr. E. TONUTTI: Figs. 44 and 45.
The Editors of Bull. Soc. Chim. Biol.: Figs. 3 and 48.
The Editors of J. Biol. Chem.: Figs. 4, 5, and 32.
The Editors of J. Anatomy: Figs. 10 and 14.
The Editors of Bioch. J. for Fig. 7.
The Editors of Quart. J. Micr. Sci. for Figs. 15—28.
The Wistar Institute for Figs. 35, 36 , and 43.
Gebrüder Bornträger for Figs. 39 and 49.
The Editors Arch Anat. microscop. for Fig. 41.
The Editors of Z. f. Vit.Forschung for Fig. 42.
The Editors of Z. f. Mikr.Anat.Forschung for Fig. 44.
The Editors of Arch. Gynäk. for Fig. 45.
The Editors of Schweiz. Med. Wschr. for Figs. 46 and 47.

GPSR Compliance

The European Union's (EU) General Product Safety Regulation (GPSR) is a set of rules that requires consumer products to be safe and our obligations to ensure this.

If you have any concerns about our products, you can contact us on ProductSafety@springernature.com

In case Publisher is established outside the EU, the EU authorized representative is:

Springer Nature Customer Service Center GmbH
Europaplatz 3
69115 Heidelberg, Germany

Batch number: 10578397

Printed by Printforce, the Netherlands